AF545791

Der **Onlineservice InfoClick** bietet unter www.vogel-fachbuch.de/infoclick nach Codeeingabe zusätzliche Informationen und Aktualisierungen zu diesem Buch.

InfoClick **In zwei Schritten zum Onlineservice**

1. Einfach www.vogel-fachbuch.de/infoclick aufrufen.
2. Den unten stehenden Zugangscode eingeben.

Ihr persönlicher Zugang zum Onlineservice  346903330002

Die Herausgeber:

Dr.-Ing. Christoph Klahn
Prof. Dr.-Ing. Mirko Meboldt

Die Autoren:

Dr.-Ing. Christoph Klahn, inspire AG
Prof. Dr.-Ing. Mirko Meboldt, ETH Zürich, inspire AG
Dr. sc. ETH Zürich Filippo Fontana, EMBRIO
Dr. sc. ETH Zürich Bastian Leutenecker-Twelsiek, Hochschule Düsseldorf
Daniel Omidvarkarjan, inspire AG
Jasmin Jansen, ETH Zürich, inspire AG

Weitere Informationen:
www.vogel-fachbuch.de
http://twitter.com/vogelfachbuch
www.facebook.com/vogel-fachbuch
www.vogel-fachbuch.de/rss/buch.rss_

ISBN 978-3-8343-3469-5
2. Auflage. 2021

Printed in Germany

Christoph Klahn (Hrsg.) /
Mirko Meboldt (Hrsg.)
Christoph Klahn / Mirko Meboldt / Filippo
Fontana / Bastian Leutenecker-Twelsiek /
Daniel Omidvarkarjan / Jasmin Jansen

Entwicklung und Konstruktion für die Additive Fertigung

Grundlagen und Methoden für den Einsatz in industriellen Endkundenprodukten

Vorwort

Seit der Entwicklung des ersten additiven Fertigungsverfahrens im Jahr 1984 ist daraus bis heute eine ganze Verfahrensfamilie mit über zwei Dutzend verschiedenen Prozesstechnologien entstanden. Diese Entwicklung zeigt den beeindruckenden technologischen Fortschritt im Bereich der Additiven Fertigung. Die Technologie ist noch jung, und die intensiven Forschungs- und Entwicklungsaktivitäten in Industrie und Universitäten lassen noch viele kontinuierliche Verbesserungen und bahnbrechende Technologiesprünge erwarten. Die Additive Fertigung (AM, engl.: *Additive Manufacturing*) heute ist eine reife Produktionstechnologie in ihren Anfängen.

Seit den 1990er-Jahren hat die Additive Fertigung im Bereich Prototypen-, Werkzeug- und Musterbau unbemerkt vom breiten Interesse Einzug in die industrielle Praxis gehalten. In diesen Bereichen ist sie zu einem relevanten Wertschöpfungstreiber geworden und dort inzwischen nicht mehr wegzudenken. Mit dem breiten Medieninteresse und der steten Weiterentwicklung der Verfahren und Werkstoffe ist die Additive Fertigung seit der ersten Auflage dieses Buches weiter in den Fokus für den Einsatz in der Fertigung von Serien- und Endkundenteilen gerückt.

Doch wird dieser Schritt in Richtung Serien- und Endkundenanwendungen meist unterschätzt. Oft sind die Verfahren bekannt und etabliert aus dem Prototypenbau, doch mit dem Schritt in neue Anwendungsfelder betreten die meisten Firmen absolutes Neuland: Standards, Dimensionierungsgrundlagen, Konstruktionsmethoden, technisch-wirtschaftliche Berechnungsgrundlagen, CAD-Tools und Erfahrung für die Entwicklung von additiven Serien- und Endkundenteilen existieren zum Großteil noch nicht oder sind wenig etabliert. Industrieunternehmen, die das Ziel haben, additiv gefertigte Endkundenteile zu entwickeln, sehen sich schnell ähnlichen Fragestellungen gegenüber. Das Buch widmet jeder dieser Fragestellungen ein Kapitel mit praxisorientierten Methoden und Beispielen.

- Welche AM-Verfahren gibt es und welche eignen sich für industrielle Endkundenbauteile? (Kapitel 1)
- Wie können AM-Verfahren mit konventioneller Fertigung kombiniert werden? (Kapitel 2)
- Wie sieht die digitale Prozesskette aus? (Kapitel 3)
- Welche Qualität haben AM-Bauteile und wie kann sie geprüft werden? (Kapitel 4)
- Wie sieht die Kostenstruktur von AM-Bauteilen aus? (Kapitel 5)
- Was sind etablierte Anwendungsfelder für AM? (Kapitel 6)
- Wie können potenzialträchtige Bauteile und Anwendungsfelder für AM identifiziert werden? (Kapitel 7)
- Wie werden Bauteile für AM optimal konstruiert? (Kapitel 8)
- Was sind Beispiele für erfolgreich implementierte AM-Endkundenbauteile? (Kapitel 9)
- Wie sehen die Schritte aus, mit denen sich AM erfolgreich im Unternehmen implementieren lässt? (Kapitel 10)

Ziel dieses Buches ist es, nicht nur einen Überblick über die vielfältigen Einsatzmöglichkeiten der Additiven Fertigung zu geben, sondern diese auch so anschaulich wie möglich zu präsentieren. Aus diesem Grund stellen die Autoren zahlreiche Beispiele additiv gefertigter Produkte aus der Industrie vor, die als Anschauungsmaterial dienen. Es kann vorkommen, dass einige dieser Beispiele in den unterschiedlichen Kapiteln mehrfach vorgestellt werden, wobei verschiedene Aspekte und Besonderheiten des jeweiligen Produkts bzw. seiner Herstellung hervorgehoben werden. Auch einige grundlegende Informationen zur Additiven Fertigung werden in den diversen Kapiteln mehrfach aufgegriffen.

Dieses Vorgehen soll bewusst das Querlesen des Buches erleichtern, ohne die Notwendigkeit des dauernden «Hin- und Herblätterns» auf der Suche nach vorhergehenden Informationen.

Der Einstieg in die Technologie ist eine Herausforderung, und viele Unternehmen entscheiden sich dazu abzuwarten, da das Potenzial nur vage abgeschätzt werden kann und der Aufwand und das damit verbundene Risiko als zu groß angesehen werden. Bei einem richtigen Einsatz und den geeigneten Anwendungen birgt die Additive Fertigung jedoch ein hohes Innovationspotenzial und auch schon kurzfristig messbaren Nutzen. Die Anzahl von spezifischen AM-Patenten in Anwendungen steigt rasant.

Das vorliegende Buch schafft ein Grundlagenwerk für die industrielle Entwicklung und Konstruktion von additiv gefertigten Serien- und Endkundenteilen, indem es praxisgerecht Methoden und Wissen bereitstellt, die eine erfolgreiche Implementierung additiver Verfahren in Unternehmen unterstützen. Neben neuen Methoden und Vorgehensweisen zeigt das Buch anschaulich Möglichkeiten der Implementierung anhand einer Vielzahl von erfolgreichen Produktbeispielen aus der Industrie.

Erfolgreiche Pionieranwendungen zeigen eindeutig, dass die additive Technologie reif ist für Serienanwendungen. Die Herausforderung besteht in einem ersten Schritt darin, die richtigen Anwendungsfelder im eigenen Unternehmen zu identifizieren und in einem zweiten Schritt Lösungen für die Additive Fertigung zu entwickeln. Der Weg, dies zu realisieren, ist nicht einfach. Es erfordert die Bereitschaft, Lösungen komplett neu zu denken – und zwar von der Konstruktion bis zur kompletten Wertschöpfungskette. Rückblickend scheinen alle Lösungen offensichtlich zu sein – denn, so hat es Oscar Wilde einmal gesagt: «Die Zukunft gehört denen, die die Möglichkeiten erkennen, bevor sie offensichtlich werden.»

Unternehmen, die schon heute die Fähigkeit besitzen, Additive Fertigung wirtschaftlich erfolgreich in Serien- und Endkundenprodukten einzusetzen, sind in einer exzellenten Ausgangssituation, von zukünftigen Entwicklungen weiter zu profitieren.

Dr.-Ing. Christoph Klahn
Prof. Dr.-Ing. Mirko Meboldt

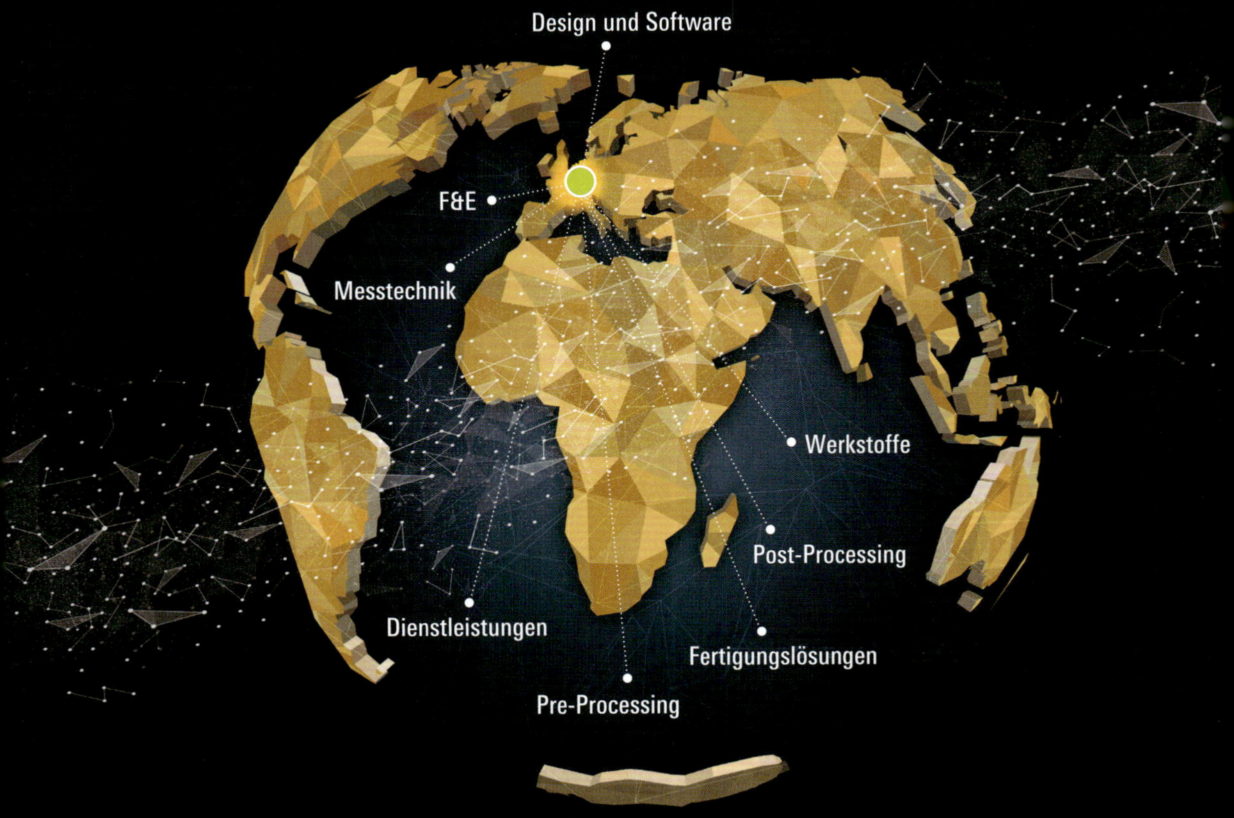

Inhaltsverzeichnis

1 Überblick über die additiven Fertigungsverfahren

Additive Fertigungsverfahren sind heutzutage so weit entwickelt, dass sie für die Herstellung von Bauteilen in Industrie- und Endkundenprodukten eingesetzt werden. Durch weitere Fortschritte in Sachen Produktivität und Qualität wird die Additive Fertigung zukünftig in immer mehr Bereichen Anwendung finden. Dieses Kapitel stellt das Prinzip der Additiven Fertigung vor und beschreibt die derzeit im industriellen Kontext wichtigsten Verfahren. Die Additive Fertigung ist verglichen mit anderen, konventionellen Fertigungsverfahren eine noch recht junge Technologie. Deshalb ist ein Großteil der zugehörigen Begriffe bis dato nicht normiert und es ist nicht immer absehbar, welche Bezeichnungen sich in der Normung und im allgemeinen Sprachgebrauch durchsetzen werden. Ein weiterer Schwerpunkt dieses Kapitels liegt deshalb auf der Definition der im Rahmen dieses Buches verwendeten Begrifflichkeiten.

1.1 Prinzip der Additiven Fertigung

Additive Fertigungsverfahren (AM, engl.: *Additive Manufacturing*) zeichnen sich dadurch aus, dass dreidimensionale Bauteile in einem automatisierten Prozess schichtweise aus einem formlosen oder formneutralen Material aufgebaut werden.

Entsprechend der Systematik der Fertigungsverfahren aus DIN 8580 zählt die Additive Fertigung zu den urformenden Verfahren, da die Bauteile aus einem formlosen Ausgangsmaterial (Flüssigkeit, Pulver) oder formneutralen Ausgangsmaterial (Filament) hergestellt werden. Die entscheidenden Merkmale sind hierbei

- der schichtweise Aufbau, als Abgrenzung zu subtraktiven Verfahren (z. B. Fräsen) und anderen urformenden Verfahren (z. B. Feinguss), sowie
- der automatisierte Prozess, der handwerkliche Verfahren (z. B. Handlaminieren) ausschließt.

Bild 1.1 zeigt das Prinzip der Additiven Fertigung am Beispiel eines pulverbettbasierten Verfahrens, bei dem der Werkstoff mit einem Laserstrahl Schicht für Schicht verschmolzen wird. Für den Fertigungsprozess muss das 3D-CAD-Modell des Bauteils zunächst mit einem geeigneten Programm ausgerichtet, angepasst und in einzelne Schichten zerlegt werden. Kapitel 3 stellt die Schritte dieser Datenvorbereitung eingehender vor.

DEFINITION

Additive Fertigung (AM, engl.: *Additive Manufacturing*): Gruppe von Fertigungsverfahren, die dreidimensionale Bauteile in einem automatisierten, schichtweisen Prozess aus einem formlosen oder formneutralen Material aufbauen.

Die AM-Maschine steuert anhand der vorbereiteten Daten den zyklischen Prozess aus Auftragen einer Pulverschicht, Aufschmelzen der Bauteilschicht durch Belichtung mit einem Laserstrahl und Absenken von Bauteil und Pulverbett. Dieser Zyklus wird so lange durchlaufen, bis die letzte Schicht abgeschlossen ist. Danach wird das Pulver entfernt und das Bauteil aus der Maschine entnommen.

Die additiven Verfahren Lasersintern (SLS, engl.: *Selective Laser Sintering*) und Laserschmelzen (SLM, engl.: *Selective Laser Melting*) fertigen Bauteile nach diesem Prinzip. Sie werden in den Abschnitten 1.4 und 1.5 ausführlich vorgestellt.

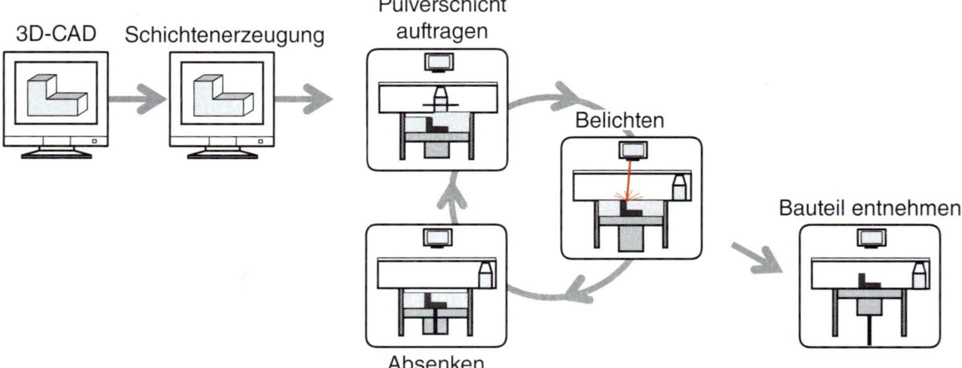

Bild 1.1 *Prinzip der Additiven Fertigung am Beispiel eines pulverbettbasierten Laserverfahrens* [Quelle: ETHZ pd|z, nach Poprawe 2005]

Das Erstellen eines dreidimensionalen Datenmodells für die Additive Fertigung, das Zerlegen des Modells in einzelne Schichten und die Steuerung des Fertigungsprozesses erfordern eine ausreichende Rechenleistung. Obwohl erste Konzepte zur Additiven Fertigung bereits in den 1960er-Jahren veröffentlicht wurden, erfolgte die Entwicklung von kommerziellen Systemen deshalb erst seit Mitte der 1980er-Jahre. Da die additiven Verfahren verglichen mit anderen Fertigungsverfahren noch relativ jung sind, befinden sich sowohl die Prozesse selbst als auch die verwendeten Bezeichnungen in einem kontinuierlichen Prozess der Weiterentwicklung. Dieses Buch orientiert sich bei der Begriffswahl an den aktuell gebräuchlichen Namen im deutschsprachigen Raum. Alternative Bezeichnungen aus Veröffentlichungen, Normen oder Richtlinien werden bei erster Erwähnung zusätzlich angegeben.

In der Anfangszeit der Additiven Fertigung war die Auswahl an Prozessen und Materialien sehr begrenzt. Prozessstabilität, Bauteiltoleranzen, Oberflächengüte, Festigkeit und Langzeitstabilität der Bauteile waren noch nicht ausreichend für Industrie- oder Endkundenbauteile. Die Verfahren wurden daher primär für die Herstellung von Prototypen eingesetzt. Aus dieser ersten Anwendung ist der Begriff *Rapid Prototyping* entstanden, der sowohl für die Anwendung «schnelle Herstellung von Mustern» als auch für die Gruppe der eingesetzten additiven Fertigungsverfahren verwendet wurde.

Mit der Weiterentwicklung der Verfahren verbesserte sich die Auswahl an Materialien und Prozessen. Additive Fertigung war nun in der Lage, belastbare Bauteile herzustellen, die unter immer anspruchsvolleren Randbedingungen eingesetzt werden konnten. In Anlehnung an das Rapid Prototyping wurden die Begriffe *Rapid Tooling* für die Herstellung von Formen und Werkzeugen und *Rapid Manufacturing* für die direkte Herstellung von Kundenbauteilen eingeführt.

Da diese neuen Anwendungsbereiche der additiven Verfahren nicht mehr zum Begriff des Rapid Prototyping passten, wurde im deutschsprachigen Raum zunächst der Begriff der generativen Fertigungsverfahren eingeführt, der auch in der ersten Ausgabe der VDI-Richtlinie 3404 aus dem Jahr 2009 verwendet wurde. Später wurde die englische Bezeichnung des Additive Manufacturing übernommen und als Additive Fertigung eingedeutscht.

DEFINITION
Der Begriff «Additive Fertigung» unterstreicht zwei wichtige Merkmale der Verfahren: die Herstellung von Bauteilen durch das Hinzufügen von Material und die Eignung als industrielles Fertigungsverfahren. Er hebt sich dadurch vom Begriff des «3D-Drucks» ab, der in den Medien häufig synonym verwendet wird.

Heutzutage existiert eine Vielzahl von additiven Verfahren, die mit unterschiedlichen Wirkprinzipien und Werkstoffen arbeiten. Die Eigenschaften und möglichen Anwendungsgebiete der damit hergestellten Bauteile unterscheiden sich erheblich. Einige Verfahren sind nach wie vor nur zur Fertigung gering belasteter Bauteile geeignet, wie beispielsweise Prototypen oder Gussmodelle für indirekte Prozesse. Andere Verfahren können Bauteile für sicherheitsrelevante Anwendungen mit hohen Belastungen direkt produzieren. Bild 1.2 zeigt eine Übersicht der additiven Fertigungsverfahren *Stereolithografie* (SL), *Photopolymere Jetting* (PJ), *Binder Jetting* (BJ), *Laserschmelzen* (SLM), *Elektronenstrahlschmelzen* (EBM), *Fused Deposition Modelling* (FDM), *Lasersintern* (SLS) und *Material Jetting* (MJ), geordnet entsprechend ihrem Wirkprinzip und der verarbeiteten Materialien. Dies ist nur eine Auswahl der verbreitetsten Verfahren.

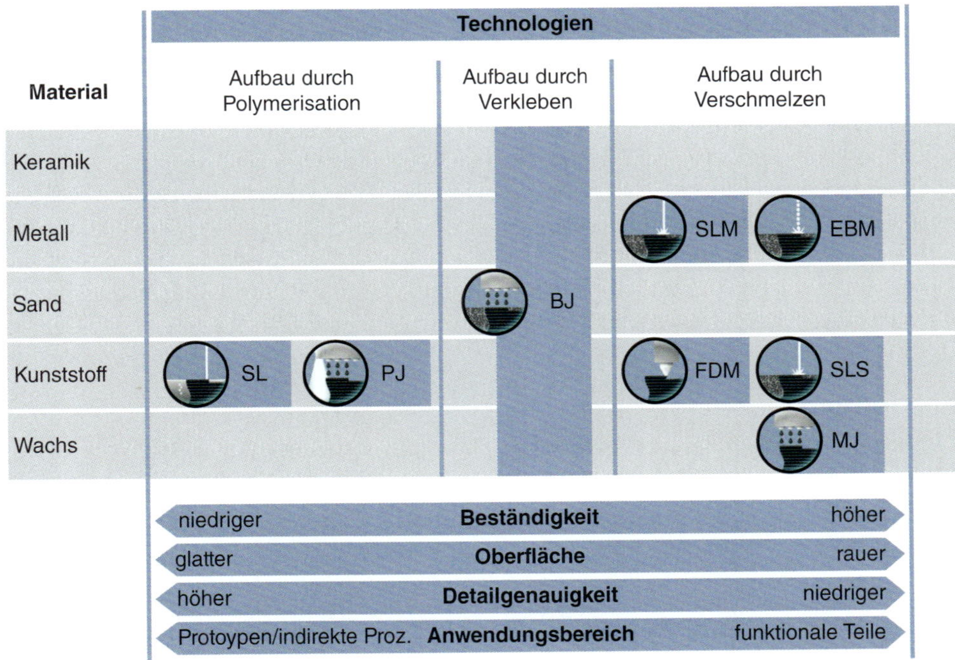

Bild 1.2 *Übersicht über Materialien und Wirkprinzip ausgewählter additiver Fertigungsverfahren* [Quelle: Additively AG]

Die Übersicht in Bild 1.2 ist nicht vollständig und dient einer groben Orientierung in der Vielfalt der AM-Verfahren. Gemeinsam ist den additiven Verfahren, dass der Herstellungsprozess ein nahezu beliebig komplexes, dreidimensionales Bauteil in eine Abfolge von einfachen, zweidimensionalen Prozessschritten zerlegt. Die Verarbeitung der einzelnen Schichten erfolgt dabei weitgehend unabhängig von der Form der vorhergehenden oder nachfolgenden Schichten. Die

Prozesszeit wird so nicht mehr von der Komplexität des Bauteils bestimmt, wie z. B. beim Fräsen, sondern im Wesentlichen durch die Bauteilhöhe und das Volumen. Aus Bauteilhöhe und Dicke der einzelnen Schichten ergibt sich die Anzahl der Schichten und damit die Zeit für die Beschichtungsvorgänge während des Baujobs. Das Bauteilvolumen und die Schichtdicke bestimmen, wie groß die Fläche ist, die in den einzelnen Schichten verfestigt werden soll. Diese Unabhängigkeit der Fertigungszeit von der geometrischen Komplexität der Bauteilform ist in Bild 1.3a dargestellt und wird durch das Schlagwort *Complexity for Free* beschrieben.

DEFINITION

Complexity for Free: Große Gestaltungsfreiheit durch die weitgehende Unabhängigkeit der Fertigungskosten von der Bauteilkomplexität.

Der zweite große Unterschied zu konventionellen Fertigungsverfahren sind die im Verhältnis geringen einmaligen Produktionskosten. Die Additive Fertigung erfordert keine bauteilspezifischen Werkzeuge oder Formen. Auch die Vorbereitung der Daten vom 3D-CAD-Modell zu den Schichtinformationen für die Steuerung des Prozesses ist deutlich einfacher und schneller als beispielsweise die Erstellung eines CNC-Programms für eine Fräsmaschine. Dadurch ist die Anfangsinvestition in die Fertigung eines neuen Bauteils geringer als bei anderen Verfahren und die Stückkosten einer Produktion sind weitgehend unabhängig von der produzierten Stückzahl. Es macht also nur einen geringen Unterschied in den Stückkosten, ob beispielsweise 20 identische Teile gefertigt werden oder 20 individualisierte Teile mit ähnlichem Volumen. Demgegenüber sind die wiederkehrenden Kosten pro Bauteil im Allgemeinen höher als in konventionellen Fertigungsverfahren. Aufgrund dieser *Losgrößenunabhängigkeit* ihrer Kostenstruktur eignet sich die Additive Fertigung, wie in Bild 1.3b dargestellt, vor allem für die Herstellung von kleinen Losgrößen und Einzelteilen und weniger für die Massenfertigung von identischen Teilen. Bis zu welcher Stückzahl die Additive Fertigung günstiger ist als eine konventionelle Fertigung, hängt stark vom Bauteil und den eingesetzten Verfahren ab. Kapitel 5 geht ausführlicher auf die Kostenstruktur der Additiven Fertigung ein.

DEFINITION

Losgrößenunabhängigkeit: Größere Flexibilität in der Produktion durch die weitgehende Unabhängigkeit der Stückkosten von der Anzahl der produzierten Bauteile.

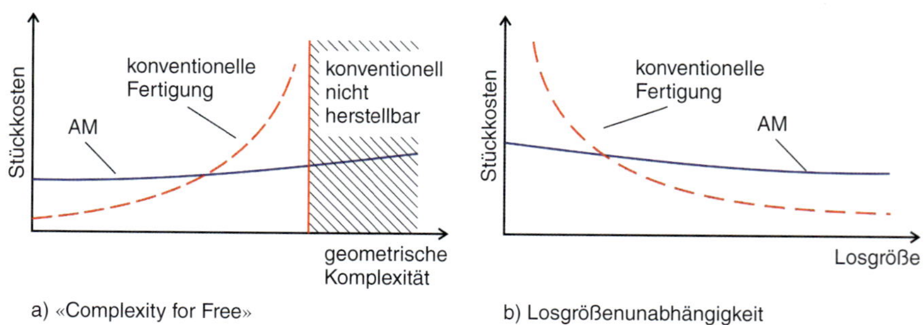

Bild 1.3 *Vergleich der Stückkosten bei konventioneller und Additiver Fertigung als Funktion von Bauteilkomplexität und Losgröße* [Quelle: ETHZ pd|z]

In den nachfolgenden Abschnitten werden die vier additiven Fertigungsverfahren *Binder Jetting*, *Fused Deposition Modelling*, *Lasersintern* und *Laserschmelzen* detaillierter vorgestellt. Diese vier additiven Verfahren haben gegenwärtig die größte Bedeutung in der direkten Herstellung von Industrie- und Endkundenbauteilen.

1.2 Binder Jetting

Binder Jetting und verwandte Verfahren sind die additiven Fertigungsverfahren, die einem dreidimensionalen Drucken am nächsten kommen. In der Baukammer werden dünne Schichten eines Pulvers aufgetragen und mit einem Druckkopf wird ein flüssiger Binder gezielt auf die Oberfläche des Pulverbetts aufgebracht. Der aktuelle Normentwurf der DIN EN ISO/ASTM 52900 bezeichnet die Verfahren als Freistrahl-Bindemittelauftrag.

Die Funktionsweise des Druckkopfes ist einem klassischen Tintenstrahldrucker für Papier sehr ähnlich. Die aufgebrachte Flüssigkeit stellt dabei direkt oder indirekt den Zusammenhalt der Pulverpartikel her. Die direkte Verbindung der Partikel erfolgt über verschiedene Wirkprinzipien, die den Binder aushärten. Beispiele für derartige Bindersysteme sind Klebstoffe, Photopolymere und geschmolzene Wachse. Ein Beispiel für ein indirektes Zusammenfügen findet sich beispielsweise im Multijet-Fusion-Verfahren von HP für Kunststoffe. Das Verfahren druckt einen Infrarotabsorber in das Kunststoffpulver und bestrahlt es im Anschluss mit Heizstrahlern. Nur in den bedruckten Bereichen wird genügend Infrarotstrahlung absorbiert, um das Kunststoffpulver zu schmelzen. Diese Fügeprozesse erlauben kleine Details und führen zu keinem Verzug der Bauteile.

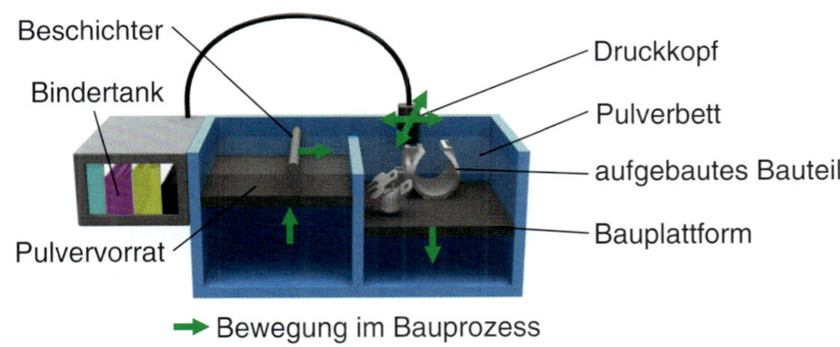

Bild 1.4 *Aufbau einer Binder-Jetting-Anlage* [Quelle: ETHZ pd|z]

DEFINITION

Binder Jetting: Additives Fertigungsverfahren, das – ähnlich einem Tintenstrahldrucker – flüssige Binder in ein Pulverbett druckt. Hierbei können auch mehrere verschiedene Binder parallel aufgebracht werden.

Durch eine geeignete Wahl von Pulverwerkstoff und Bindemitteln lässt sich eine große Bandbreite an Material- und Bauteileigenschaften realisieren. Dieser Vorteil des Verfahrens ermöglich vollfarbige Anschauungsmodelle und Prototypen mit sehr unterschiedlichen Steifigkeiten. Die Festigkeit und Lebensdauer der Bauteile werden primär durch die Klebeverbindung zwischen den Partikeln bestimmt. Die kommerzielle Bedeutung des Binder Jettings lag daher in der Vergangenheit vor allem im Prototyping.

In der Fertigung von Endkundenbauteilen wurde Binder Jetting vor allem zur Herstellung von verlorenen Formen und Modellen für Urformverfahren genutzt. Zu dieser indirekten Integration in die Prozesskette (vgl. Abschnitt 2.2) sind in den letzten Jahren weitere Systeme für die direkte Fertigung von Endkundenbauteilen in einem mehrstufigen Prozess hinzugekommen. Mittels Binder Jetting lassen sich Bauteile aus zusammengeklebten Metall- oder Keramikpartikeln herstellen. In weiteren Prozessschritten werden der Binder entfernt und die Bauteile ähnlich einem Grünling gesintert. Dieser Teil der Prozesskette ähnelt den bekannten Prozessen bei der Verarbeitung von technischen Keramiken, Hartmetallen und dem MIM (***m**etal **i**njection **m**olding*). Die erreichbaren Eigenschaften und Bauteildichten sind daher ähnlich. Allerdings ist auch zu beachten, dass ein Sinterschwund von bis zu 30% üblich ist. Diese Schrumpfung muss in der Konstruktion und in der Baujobvorbereitung berücksichtigt werden.

Ein weiteres Anwendungsfeld für Binder Jetting sind die Biotechnologie und Medizin. Das Verfahren ist vergleichsweise schonend zu den verarbeiteten Werkstoffen. Diese werden im Prozess keinen großen Drücken und Scherkräften ausgesetzt und für die Aushärtung des Binders sind keine erhöhten Temperaturen erforderlich. Somit lassen sich auch sensible Werkstoffe wie lebende Zellen, Medikamente oder Nahrungsmittel verarbeiten, ohne diese zu schädigen.

Inwieweit sich diese Verfahren in der industriellen Anwendung durchsetzen, ist noch nicht abzusehen. Den Vorteilen eines schnellen Druckprozesses mit geringer Materialschädigung und ohne Verzug steht eine mehrstufige Prozesskette gegenüber. Jeder Schritt in dieser Prozesskette erfordert die notwendige Infrastruktur und Erfahrung und birgt das Risiko von Prozessfehlern.

1.3 Fused Deposition Modelling

Fused Deposition Modelling (FDM) ist ein additives Fertigungsverfahren, bei dem das Bauteil aus einzelnen Kunststoffsträngen aufgebaut wird, indem ein Kunststoffdraht, *Filament* genannt, durch eine beheizte Düse extrudiert wird. Die VDI-Richtlinie VDI 3405 verwendet für diese Verfahren den Begriff *Strangablegeverfahren*, da Fused Deposition Modelling ein eingetragener Markenname der Firma Stratasys ist. Wie viele andere AM-Verfahren wurde das FDM-Verfahren in den 1980er-Jahren entwickelt und die grundlegenden Patente für den Prozess sind inzwischen abgelaufen. Da die erforderliche Anlagentechnik für diesen Prozess vergleichsweise simpel ist, existiert nun eine Vielzahl von Maschinen und Bausätzen, die auch für Heimanwender bezahlbar sind. Zudem ist der FDM-Prozess durch die Verwendung von Kunststofffilament als Ausgangsmaterial deutlich sauberer als andere AM-Verfahren, die Pulver oder Flüssigkeiten verwenden. Die günstigen Geräte und die Möglichkeit, diese direkt im Büro oder zuhause zu betreiben, haben erheblich zu der ausgeprägten aktuellen Aufmerksamkeit in den Medien für den 3D-Druck beigetragen.

Bild 1.5 zeigt den Aufbau einer FDM-Anlage. Das Filament befindet sich auf Spulen und wird mit geriffelten Transportrollen in eine beheizte Düse gedrückt. In dieser schmilzt das Filament und der Kunststoff tritt als zähflüssige Schmelze aus der Düse aus. Die Düse wird mit einem *x-y-*Antrieb über die Bauplattform bewegt und legt die Schmelze als Strang auf dieser ab. Nach jeder Schicht wird die Bauplattform um eine Schichtdicke nach unten verfahren. Für besonders große Bauteile existieren auch Maschinen, bei denen die Bauplattform fest steht und der Düsenkopf nach oben bewegt wird. In professionelleren Maschinen wird der Bauraum beheizt, um eine bessere Verbindung zwischen der Schmelze und den bereits abgelegten Strängen zu erreichen. Da die Düse die Schmelze nicht in der Luft ablegen kann, sondern nur auf festen Strukturen, erfordern Überhänge eine darunterliegende stützende Supportstruktur. Diese Struktur wird als Gitter oder dünne Wand aufgebaut und muss nach dem Bauprozess wieder entfernt werden.

DEFINITION

Fused Deposition Modelling (FDM, dt.: Strangablegeverfahren): Additives Fertigungsverfahren, bei dem ein Kunststofffilament in einer beheizten Düse aufgeschmolzen und extrudiert wird. Die Bauteile werden durch schichtweises Ablegen der Schmelze in dünnen Strängen aufgebaut.

Um das Entfernen der Supportstrukturen zu erleichtern, besitzen höherwertige FDM-Maschinen zwei Düsenköpfe, so dass sie neben dem eigentlichen Baumaterial noch ein zusätzliches Supportmaterial verarbeiten können. Hierfür wird ein Kunststoff gewählt, dessen Schmelztemperatur über der des Baumaterials liegt, damit Bauteil und Stützstruktur nicht miteinander verschmelzen. Besonders vorteilhaft ist es, wenn der Kunststoff des Stützmaterials sich mit einer Flüssigkeit auflösen lässt, die den Bauteilwerkstoff nicht angreift. Dann muss der Support nicht mechanisch entfernt werden, sondern kann in einem Bad aufgelöst werden.

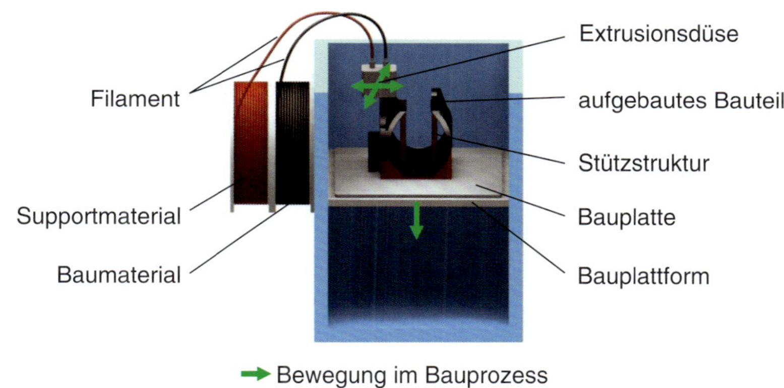

Bild 1.5 *Aufbau einer FDM-Anlage* [Quelle: ETHZ pd|z]

Um den Rand jeder Bauteilschicht wird ein Kunststoffstrang extrudiert. Durch den Strang dieser Konturfahrt fühlt sich die Oberfläche von FDM-Bauteilen entlang der Schichten sehr glatt an, zeigt jedoch ausgeprägte Rillen zwischen den einzelnen Schichten. Da diese Schichten mit 0,1 mm bis 0,2 mm im Vergleich mit anderen AM-Verfahren recht dick sind, zeigt sich auf geneigten Oberflächen ein ausgeprägter Treppenstufeneffekt (vgl. Bild 1.6). Bauteile aus ABS-Kunststoff lassen sich durch eine Bedampfung mit Aceton nachträglich glätten.

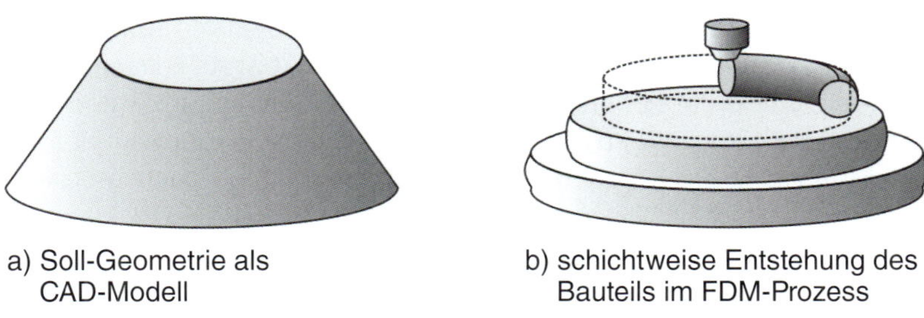

Bild 1.6 *Schichtweiser Aufbau eines Bauteils im FDM-Prozess* [Quelle: ETHZ pd|z]

ABS-Kunststoff ist momentan das Standardmaterial für den FDM-Prozess. Da es allerdings relativ einfach ist, einen beliebigen Kunststoff zu einem Filament in passendem Durchmesser zu extrudieren, sind auch andere Kunststoffe als Ausgangswerkstoff für FDM-Drucker erhältlich. Neben dem Finden geeigneter Prozessparameter ist die größte Hürde für die Verarbeitung von individuellen Kunststoffen die Tatsache, dass die großen Anlagenhersteller ihr Materialgeschäft mit codierten Materialkassetten schützen.

Hinsichtlich der mechanischen Eigenschaften unterscheiden sich FDM-gefertigte Bauteile deutlich von Bauteilen, die mit konventionellen Verfahren der Kunststoffverarbeitung, wie Spritzguss oder Extrusion, aus dem gleichen Kunststoff hergestellt wurden. Die Festigkeit von Kunststoffen resultiert aus den langen Polymerketten, die in einer zufälligen (amorphen) oder teilweise regelmäßigen (teilkristallinen) Anordnung den Werkstoff ausmachen. Im FDM-Prozess werden Stränge aus Kunststoffschmelze auf bereits erstarrten Kunststoffsträngen abgelegt. Die Wärme der Schmelze reicht nur aus, um an den Kontaktflächen zu dem bestehenden Bauteil eine dünne Randschicht zu erwärmen. Nur in dieser Randschicht erlangen die Polymerketten eine ausreichende Beweglichkeit, um sich mit den Ketten der Schmelze zu verbinden oder zu verschränken. Die Verbindung zwischen den einzelnen Strängen ist entsprechend schwach, verglichen zur Festigkeit entlang der Stränge. FDM-Bauteile weisen daher eine deutliche *Anisotropie* der mechanischen Eigenschaften auf. Die Festigkeit in Aufbaurichtung z ist deutlich geringer als parallel zur Bauplatte in der x-y-Ebene. Eine höhere Bauraumtemperatur und damit auch eine höhere Temperatur der erstarrten Stränge vergrößern den Bereich, in denen die Ketten beweglich sind, und reduzieren so die Anisotropie.

DEFINITION

Anisotropie: Richtungsabhängigkeit der Werkstoffeigenschaften.

Bild 1.7 zeigt Aufnahmen der Bruchflächen von zwei Proben aus ABS P400. Die Stränge in den einzelnen Schichten sind im rechten Winkel zueinander angeordnet. Die Probe in Bild 1.7a wurde entlang bzw. quer zu den Strängen belastet, während die Belastung der Probe in Bild 1.7b im Winkel von $\pm 45°$ zu den Strängen erfolgte. Im Vergleich der beiden Bruchflächen ist deutlich zu erkennen, dass die Verbindungen zwischen den benachbarten Strängen die Schwachstellen des FDM-Verfahrens sind. Der Bruch der Stränge erfolgte normal zur Strangrichtung und an der Kontaktfläche zwischen den parallelen Strängen.

Die Füllstrategien beim FDM zielen darauf, eine möglichst geringe Anisotropie zu erreichen. In Aufbaurichtung lässt sich diese bedingt durch den schichtweisen Aufbau der Bauteile nicht vermeiden. Innerhalb der Schichten wird die Fläche meist mit langen durchgehenden Strängen gefüllt, deren Ausrichtung – ähnlich der Proben in Bild 1.7 – zwischen den Schichten variiert. Eine Anpassung der Füllstrategie an die spätere Belastung des Bauteils ist auf kommerziellen Anlagen nicht möglich. Bei diesen bietet die Software für die Datenvorbereitung nur Einstellungen, um den Abstand der Stränge zu erhöhen und durch einen reduzierten Füllgrad die Bauzeit zu verkürzen. Somit zielen diese Maschinen eher auf die schnelle Fertigung von Anschauungsobjekten als auf die Herstellung von funktionalen Bauteilen für Endnutzer.

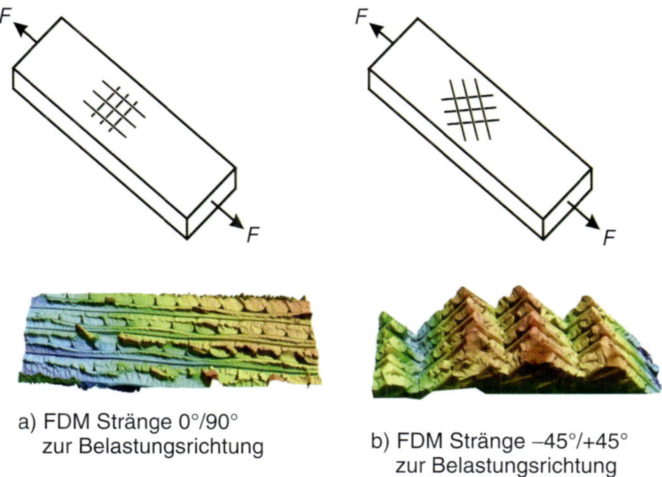

Bild 1.7 *Bruchflächen von FDM-Zugproben bei unterschiedlichen Belastungsrichtungen relativ zur Strangrichtung* [Quelle: ETHZ pd|z]

1.4 Lasersintern

Beim (selektiven) Lasersintern (SLS, engl.: *Selective Laser Sintering*) werden Bauteile aus thermoplastischem Kunststoff entsprechend dem in Bild 1.1 dargestellten Prozess in einem Pulverbett aufgebaut. Das Verfahren wurde Ende der 1970er-/Anfang der 1980er-Jahre entwickelt und in den folgenden Jahren kommerzialisiert. Da die grundlegenden SLS-Patente inzwischen abgelaufen sind, gibt es neben den beiden großen Anlagenherstellern 3D Systems und EOS eine Reihe kleinerer Hersteller von SLS-Anlagen, die lokale Märkte bedienen oder als Startup Nischen erschließen.

Der prinzipielle Aufbau von Lasersinteranlagen ist in Bild 1.8 dargestellt. In industriellen SLS-Anlagen werden CO_2-Laser als Strahlquelle eingesetzt, da die Wellenlänge dieser Laser gut zum Absorptionsspektrum von Kunststoffen passt. Für das Lasersintern ist eine Laserleistung von 50 W ausreichend. SLS-Anlagen für den semiprofessionellen Bereich verwenden teilweise Diodenlaser, da diese kostengünstiger sind und trotz der geringeren Leistung einen Sinterprozess erlauben. Von der Strahlquelle wird der Laser über Spiegel in die Prozesskammer geleitet. Diese ist mit Stickstoff geflutet, um eine Oxidation des Pulvers zu verhindern. Die Steuerung der Temperatur ist sehr wichtig für den Lasersinterprozess, daher sind verschiedene Heizelemente über die Prozesskammer verteilt. Die Oberfläche des Pulverbetts wird mit Infrarotstrahlern beheizt. In den Wänden der Prozesskammer und teilweise auch im Pulvervorratsbehälter sind ebenfalls Heizelemente angebracht.

Der SLS-Herstellungsprozess erfolgt in einem zyklischen Ablauf. Ein Beschichter holt aus einem vorgeheizten Pulverbehälter Kunststoffpulver und trägt dieses mit einer Klinge oder einer Walze als dünne Schicht auf das Baufeld auf. Infrarotstrahler heizen das Pulver bis kurz unterhalb der Schmelztemperatur auf. Ein Laserstrahl bringt dann die erforderliche Energie ein, um das Pulver gezielt aufzuschmelzen. Nach dieser Belichtung wird die Bauplattform mit dem Pulverbett um eine Schichtdicke abgesenkt und eine neue Schicht aufgetragen. Das Pulver im Bauraum wird dabei weiter über die Wände der Baukammer beheizt und erst nach Ende des Bauprozesses langsam abgekühlt. Durch die hohe Bauraumtemperatur verfestigt sich das Pulverbett zu einem brüchigen Pulverkuchen.

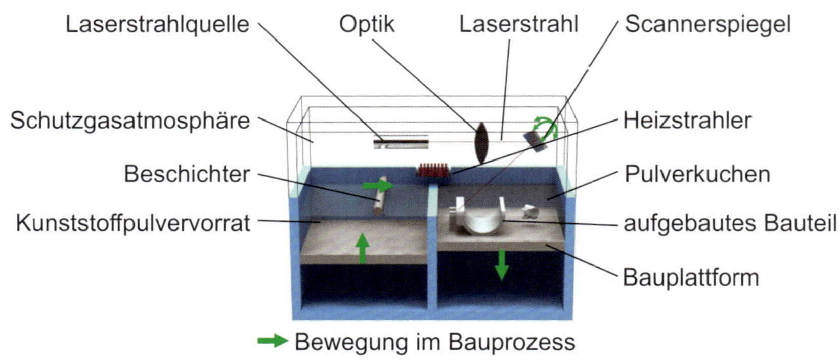

Bild 1.8 *Aufbau einer Anlage zum Lasersintern* [Quelle: ETHZ pd|z]

DEFINITION

Lasersintern (SLS, engl.: *Selective Laser Sintering*): Pulverbettbasiertes Additives Fertigungsverfahren, bei dem Kunststoffpulverschichten mit einem Laserstrahl entsprechend der aktuellen Bauteilschicht aufgeschmolzen werden.

Die Kontrolle der Temperatur ist beim Lasersintern von entscheidender Bedeutung für die Stabilität des Fertigungsprozesses und die Qualität der Bauteile. Die Temperatur des Pulvers und der Bauteile sollten sich oberhalb der Kristallisationstemperatur befinden, um Kristallisation und einen daraus folgenden Verzug zu verhindern. Dabei darf die Schmelztemperatur nicht überschritten werden, damit nur die jeweils aktuelle Schicht vom Laser aufgeschmolzen wird. Der Temperaturbereich zwischen Kristallisation und Schmelzen wird als *Sinterfenster* bezeichnet und sollte möglichst groß sein, damit ein Kunststoff prozesssicher verarbeitet werden kann. Während der Belichtung mit dem Laserstrahl darf die Zersetzungstemperatur nicht überschritten werden, da sonst die Polymerketten zerstört werden.

Zu den engen thermischen Randbedingungen für den Kunststoff kommen Anforderungen an die Viskosität der Kunststoffschmelze, die für einen stabilen SLS-Prozess erfüllt sein müssen. Für porenfreie Bauteile mit guten mechanischen Eigenschaften ist es wichtig, dass die Schmelze eine niedrige Viskosität hat und gut mit den umgebenden Partikeln zusammenfließt. Kunststoffschmelzen sind keine newtonschen Fluide, sondern ihre Viskosität nimmt mit steigender Scherung ab. Allerdings wird beim Lasersintern die Schmelze nicht geschert, da die Schmelze keinen Kräften ausgesetzt wird. Daher besteht die Anforderung an den Kunststoff, dass die Schmelze im unbelasteten Zustand eine möglichst niedrige Nullviskosität aufweist.

Diese thermischen und rheologischen Randbedingungen schränken die Auswahl an möglichen Kunststoffen für das Lasersintern erheblich ein. Die Gruppe der amorphen Thermoplaste ist allgemein nicht geeignet, da bei diesen der Fließpunkt variabel ist und von den Verarbeitungsbedingungen abhängt. Hinzu kommt, dass nach dem Schmelzen die Viskosität hoch ist und die Partikel nicht zusammenfließen, sondern nur Sinterhälse zu den benachbarten Partikeln ausbilden. Die mechanischen Eigenschaften von so hergestellten Bauteilen sind entsprechend schlecht. Teilkristalline Thermoplaste sind besser geeignet, da der Phasenübergang von fest nach flüssig direkt beim Erreichen der Schmelztemperatur erfolgt und die Schmelze dünnflüssiger ist.

Die überwiegende Mehrheit der Kunststoffpulver für den Lasersinterprozess sind Polyamide (Nylon). Mit Abstand am häufigsten wird PA12 verarbeitet. Neben dem PA12-Basispulver werden auch Trockenmischungen mit verschiedenen Additiven und Füllstoffen kommerziell angeboten. Weitere SLS-Werkstoffe sind die Polyamide PA6 und PA11, Polypropylen (PP), Polystyrol (PS), Polyetherketon (PEEK) sowie einige wenige thermoplastische Elastomere.

Durch die hohen Temperaturen im Bauprozess verändert sich das Kunststoffpulver und es altert. Einmal benutztes Pulver sollte daher nicht direkt für weitere Baujobs verwendet werden, sondern sollte mit neuem Pulver gemischt werden. Das am besten geeignete Mischungsverhältnis zwischen Altpulver und Neupulver hängt ab vom verwendeten Kunststoff und den Qualitätsansprüchen an die Bauteile. Für PA12 empfiehlt ein Hersteller ein Mischungsverhältnis von 50:50, während PEEK-Pulver nach dem Bauprozess nicht wiederverwendet werden kann. Die Verwendung von Pulver mit einem zu hohen Altpulveranteil führt zu Bauteilen mit schlechter Oberflächenqualität. Durch die Alterung steigt die Schmelzviskosität, die Fließfähigkeit der Schmelze nimmt ab und auf den Bauteilen zeigt sich eine sogenannte Orangenhaut (vgl. Kapitel 4). Die ausschließliche Verwendung von Neupulver liefert zwar eine gute Bauteilqualität, ist allerdings wirtschaftlich nicht sinnvoll. Auch bei guter Auslastung des Bauraums wird nur ein geringer Prozentsatz des Pulvers in der Maschine zu Bauteilen verarbeitet. Ohne eine Wiederverwendung des Pulvers wären SLS-Bauteile unverhältnismäßig teuer. Die große Preisspanne zwischen unterschiedlichen SLS-Dienstleistern ergibt sich unter anderem aus dem Pulvermischungsverhältnis wie auch der aktuellen Ausnutzung des Bauraums (vgl. Kapitel 5). So mag ein Dienstleister vielleicht in der Lage sein, das angefragte Bauteil noch in einer Lücke zwischen anderen Bauteilen zu platzieren, während ein anderer hierfür die Aufbauhöhe des Baujobs erhöhen muss und dadurch mehr Pulver verbraucht.

Die Möglichkeit, Bauteile im Bauraum übereinander zu platzieren oder ineinander zu verschachteln, ist ein Vorteil des Lasersinterns gegenüber anderen additiven Fertigungsverfahren für Kunststoffe, wie beispielsweise dem Fused Deposition Modelling. Durch die hohe Bauraumtemperatur beim SLS-Verfahren altert nicht nur das Pulver, sondern die Partikel verbacken auch miteinander. Aus dem anfangs fließfähigen Pulver wird ein fester Pulverkuchen, der die Bauteile stützt und während des Bauprozesses fixiert. Stützstrukturen wie beim Fused Deposition Modelling sind daher nicht erforderlich. Dass das Pulver im Lasersinterprozess verbackt, hat allerdings auch einen Nachteil. Die Bauteile können nach dem Bauprozess und dem Abkühlen des Pulverkuchens nicht einfach aus dem Pulver entnommen werden, sondern das anhaftende Pulver muss mit einer Bürste mechanisch entfernt werden. Insbesondere bei komplexen Oberflächen und innenliegenden Strukturen, wie Hohlräumen und Kanälen, kann die Pulverentfernung sehr arbeitsintensiv sein.

1.5 Laserschmelzen

(Selektives) Laserschmelzen (SLM, engl.: *Selective Laser Melting*) ist ein pulverbettbasiertes Verfahren, bei dem ein Metallpulver schichtweise aufgetragen und entsprechend der aktuellen Bauteilschicht mit einem Laserstrahl aufgeschmolzen wird. In der englischsprachigen Normung von ISO und ASTM hat sich die Bezeichnung Laser-based Powder Bed Fusion of metals (L-PBF/M) durchgesetzt. Der Prozessablauf folgt dabei der Darstellung in Bild 1.1. Er ähnelt dem Lasersintern und ist historisch aus diesem hervorgegangen. Erste Versuche, Metallbauteile schichtweise herzustellen, erfolgten auf Lasersintermaschinen. Da die Laserleistung dieser Maschinen nicht ausreichte, um beispielsweise ein Stahlpulver vollständig aufzuschmelzen, und Laser mit höherer Leistung noch sehr teuer waren, wurden mehrkomponentige Pulver aus einem Werkstoff mit niedrigem Schmelzpunkt und einem Werkstoff mit höherer Festigkeit verwendet. Ein niedrigschmelzender Werkstoff, wie beispielsweise Bronzepulver, diente dabei als Binder und gab den Bauteilen die nötige Stabilität für die nachfolgenden Prozessschritte, bei denen die Festigkeit weiter erhöht wurde. Ab Ende der 1990er-Jahre waren die Kosten von Laserstrahlquellen so weit gesunken, dass erste Systeme entwickelt wurden, die auch einkomponentige Metallpulver verarbeiten konnten. Die Energie des Laserstrahls reicht aus, um das Pulver im Laserfokus vollständig aufzuschmelzen.

Für den Prozess des Laserschmelzens finden sich eine ganze Reihe anderer Bezeichnungen in der Literatur. Aufgrund seiner Historie wird das Verfahren zur Herstellung von Metallteilen in einem Pulverbett mit einem Laserstrahl in frühen Veröffentlichungen auch Lasersintern genannt, da die Laserleistung nicht ausreichte, um das Pulver vollständig aufzuschmelzen. Stattdessen wurde die Oberfläche nur angeschmolzen und durch die Oberflächenspannung der Schmelze bildeten sich Verbindungsbrücken zwischen den Partikeln, die unter dem Mikroskop aussahen wie die Sinterhälse in Keramiken.

DEFINITION

Laserschmelzen (SLM, engl.: *Selective Laser Melting*): Pulverbettbasiertes additives Fertigungsverfahren, bei dem Metallpulverschichten mit einem Laserstrahl entsprechend der aktuellen Bauteilschicht verschweißt werden.

Technisch gesehen ist das heutige Laserschmelzen ein Laserschweißprozess. Bild 1.9 zeigt den Aufbau einer Anlage zum Laserschmelzen. In der Prozesskammer befindet sich die Bauplattform mit der Bauplatte, die während des Prozesses schrittweise jeweils um eine Schichtdicke nach unten verfahren wird. Die Abmessungen der Bauplattform und der maximale Verfahrweg abzüglich der Bauplattendicke definieren den verfügbaren Bauraum einer Maschine. Bei einigen Anlagenmodellen wird der Bauraum mit einer Heizung unter der Bauplatte beheizt. Ein Beschichter holt sich aus dem Pulvervorrat eine definierte Menge Pulver und trägt damit eine neue Pulverschicht auf. Überschüssiges Pulver wird im Pulverüberlauf gesammelt. Der Fertigungsprozess läuft immer auf der Ebene des Beschichters ab, da hier der Laserstrahl auf die oberste Schicht des Pulverbetts trifft. Die Prozesskammer über dem Pulverbett ist während des Fertigungsprozesses mit einem Schutzgas – meistens Stickstoff oder Argon – geflutet, da das Metallpulver aufgrund seiner großen Oberfläche entzündlich ist. Der Restsauerstoffgehalt in der Prozesskammer wird mit Sensoren überwacht und sollte deutlich unter 1 % liegen. Düsen leiten das Schutzgas in die Prozesskammer und eine definierte Schutzgasströmung transportiert Schmauch und Schmelzspritzer aus der Bearbeitungszone des Lasers ab und schützt so die Optik. Das Schutzgas wird in einem Kreislauf aus der Prozesskammer durch einen Filter geleitet und strömt dann durch die erwähnten Düsen zurück in die Kammer.

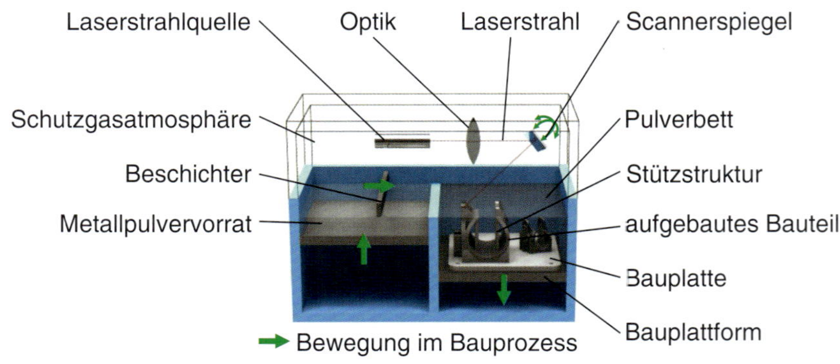

Bild 1.9 *Aufbau einer Anlage zum Laserschmelzen* [Quelle: ETHZ pd|z]

Über der Prozesskammer befindet sich die optische Bank. Der Laserstrahl wird hier geformt und mit einem Scanner über die Prozessebene gelenkt. In dem Scanner befinden sich zwei Spiegel, die mit Galvanometern geschwenkt werden und so den Laserstrahl sehr schnell über die Prozessebene bewegen. Die Fokussiereinrichtung stellt sicher, dass sich der Laserfokus immer auf Höhe des Pulverbetts befindet. Der Abstand zwischen Scanner und Bearbeitungszone ändert sich je nachdem, ob der Laserstrahl auf die Mitte der Prozessebene oder an den Rand gerichtet wird. Anlagen mit einem kleinen bis mittleren Bauraum verwenden hier eine F-Theta-Linse, während bei großen Bauräumen der Laserfokus häufig mit einer Vario-Optik verschoben wird. In der optischen Bank sind auch Sensoren zur Qualitätssicherung untergebracht, die die Laserleistung überwachen bzw. Leuchtintensität und Form des Schmelzpools messen können. Der Laserstrahl wird in der Strahlquelle erzeugt. Üblich sind Nd:YAG-Laser mit einer Wellenlänge von 1064 nm und einer Laserleistung von 200 W bis 1000 W. Bei Fertigungsanlagen mit mehreren Lasern sind die optischen Komponenten mehrfach vorhanden.

Wo der Laserstrahl auf die Oberfläche des Pulverbetts trifft, bildet sich ein kleiner Bereich, in dem das Pulver vollständig aufschmilzt. Am Grund dieses Schmelzpools wird auch die darunterliegende Schicht angeschmolzen und so eine gute Verbindung zwischen den Schichten der Dicke s sichergestellt. Der Scanner bewegt den Laser über das Pulverbett und erzeugt eine durchgehende Schweißraupe. Die wichtigsten Parameter für einen stabilen Prozess sind die Laserleistung P_L und die Scangeschwindigkeit v_S des Laserfokus auf dem Pulverbett. Die Streckenenergie in Gl. 1.1 ist ein gutes Modell, um sich das Zusammenspiel der Parameter vor Augen zu führen. Die Aussagefähigkeit der Streckenenergie ist allerdings sehr begrenzt, da bei gleicher Streckenenergie sehr unterschiedliche Prozess- und Bauteileigenschaften auftreten können.

$$E_S = P_L/(v_S \cdot s) \qquad \text{(Gl. 1.1)}$$

Übliche Scangeschwindigkeiten bei der Verarbeitung von Stahl-, Aluminium- oder Titanlegierungen in Maschinen mit einem 200-W-Laser sind 600 mm/s bis 800 mm/s. Entsprechend kurz ist die Zeit, in der das Pulver aufgeschmolzen wird und wieder erstarrt. Durch die Oberflächenspannung der Schmelze zieht sich diese zusammen. Damit dies keine negativen Auswirkungen auf die Prozessstabilität und die Festigkeit der Bauteile hat, sollte sich die erstarrte Schmelze an bestehende feste Strukturen anlegen können. Bei einer einzelnen Schmelzspur zieht sich die Schmelze, wie in Bild 1.10 gezeigt, zusammen. Dies kann dazu führen, dass sie nach oben aus dem umgebenden Pulverbett herausragt. Um den Schmelzpool zu stabilisieren und diese Spurüberhöhung zu verhindern, werden nachfolgende Spuren mit einem leichten Überlapp platziert, damit sich die neue Schmelzspur an bereits erstarrte Spuren anlegen kann.

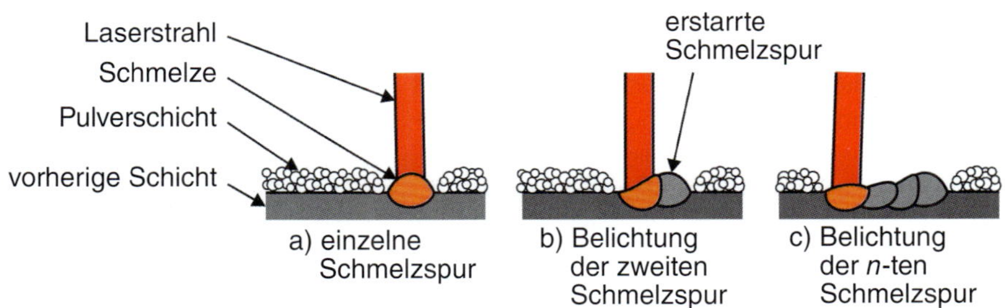

Bild 1.10 *Stabilisierung der Schmelze durch Anlegen an bereits erstarrte Schmelzspuren*
[Quelle: Klahn 2015 nach Yadroitsev, Smurov 2011]

Beim Laserschmelzen wird, anders als beim Lasersintern, nahezu die gesamte Energie über den Laserstrahl in die Bearbeitungszone eingebracht. Dies führt zu starken Temperaturunterschieden auf kleinstem Raum. Durch die beiden im Folgenden beschriebenen Mechanismen können thermische Eigenspannungen im Bauteil entstehen und zu einem Verzug führen.

Der Temperatur-Gradienten-Mechanismus tritt bei lokaler Energieeinbringung auf und ist in Bild 1.11 skizziert. Durch den Laserstrahl erwärmt sich der Werkstoff und dehnt sich lokal aus. Dies erzeugt Druckspannungen im umgebenden Material. In der Wärmeeinflusszone reduziert sich durch die hohe Temperatur die Fließspannung und die entstandenen Spannungen werden teilweise durch plastische Verformung abgebaut. Wenn sich nun das Material wieder abkühlt, zieht es sich zusammen und es entstehen Zugspannungen, die das Bauteil in Aufbaurichtung verziehen.

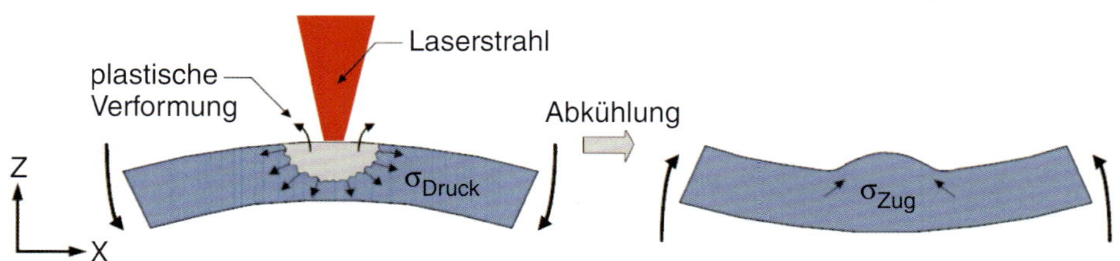

Bild 1.11 *Bauteilverzug durch den Temperatur-Gradienten-Mechanismus*
[Quelle: Munsch 2013 nach Vollertsen 1996]

Auch abkühlungsbedingtes Schrumpfen kann zu einem Verzug des Bauteils in Aufbaurichtung führen. Bild 1.12 zeigt diesen Mechanismus anhand der Gegenüberstellung von Bauteilschichten mit und ohne feste Verbindung. Der bereits gefertigte Teil eines Bauteils hat in etwa die Temperatur des Bauraums. Beim Fertigen der nächsten Schicht wird das Pulver entsprechend der aktuellen Bauteilschicht mit dem Laserstrahl aufgeschmolzen. Hat diese neue Schicht keine Verbindung zum bestehenden Bauteil, kann sie beim Abkühlen ungehindert schrumpfen. Da die Schichten beim Laserschmelzen miteinander verbunden sind, behindert das bereits gefertigte Bauteil das Schrumpfen und es entstehen Zug- und Druckspannungen, die zu einem Verzug in Aufbaurichtung führen.

Beide Mechanismen sind von den thermischen und mechanischen Eigenschaften des Werkstoffs abhängig. Es gibt Werkstoffe, die weniger verzugsanfällig sind (z. B. Aluminiumlegierungen), und anspruchsvollere Werkstoffe (z. B. Titanlegierungen), bei denen besonderes Augenmerk auf die Eigenspannungen gerichtet werden sollte.

Eigenspannungen können bereits während des Bauprozesses zu einer Verformung des Bauteils führen und dadurch Prozessabbrüche provozieren. Es ist deshalb ausgesprochen wichtig, die Bauteile während der Fertigung durch eine Anbindung an die Bauplattform zu fixieren. Dies geschieht mit Supportstrukturen, die im Prozess als Gitter gemeinsam mit dem Bauteil aufgebaut werden. Sie verbinden überhängende Bauteilbereiche mit der Bauplatte und verhindern dadurch einen Verzug in Aufbaurichtung. Nach dem Bauprozess wird die Platte mit dem gefertigten Bauteil einer Wärmebehandlung unterzogen, um die Eigenspannungen abzubauen. Erst nach dem Spannungsarmglühen kann das Bauteil ohne Verformung von der Platte getrennt werden. Bild 1.13 zeigt ein Musterbauteil aus dem Edelstahl 1.4404 mit verschiedenen Überhängen. Bei dem flachen Überhang war der Support nicht ausreichend und ist an der markierten Stelle durch die

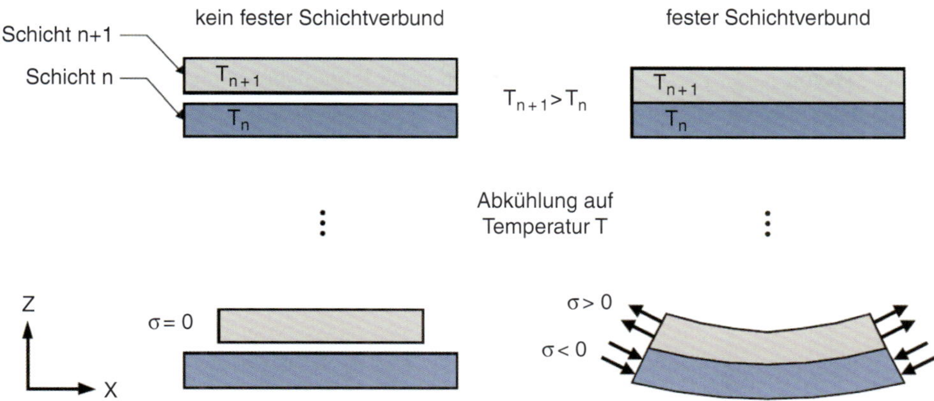

Bild 1.12 *Bauteilverzug durch das Abkühlen der Schichten* [Quelle: MUNSCH 2013 nach MEINERS 1999]

Eigenspannungen gebrochen. Die überhängende Wand hat sich in Aufbaurichtung verzogen (vgl. Kapitel 8). Die Unterseite des Bauteils hat sich von dem Support zur Bauplatte gelöst und in Aufbaurichtung verzogen.

Ein weiterer Grund für den Einsatz von Supportstrukturen ist die hohe Fließfähigkeit des Metallpulvers, durch die ein Bauteil ohne feste Verbindung zur Bauplatte leicht im Pulverbett versinkt oder beim Auftragen einer neuen Pulverschicht verschoben wird.

Bild 1.13 *Überhängende Wände mit Supportstrukturen, die teilweise versagt haben* [Quelle: ETHZ pd|z]

Für einen stabilen Bauprozess und einen geringen Verzug der Bauteile ist es wichtig, die Bildung thermischer Eigenspannungen bereits während des Bauprozesses zu reduzieren. Eine wesentliche Maßnahme ist es, die zugeführte Energie gleichmäßiger in das Bauteil einzubringen. Ähnlich dem schrittweisen Schweißen von langen Schweißnähten an großen Bauteilen, wird die zu belichtende Fläche in viele kurze Scanvektoren aufgeteilt. Die empfohlene Anordnung der

Scanvektoren unterscheidet sich dabei je nach Anlagenhersteller. Im Allgemeinen wird eine Belichtung mit durchgehenden Scanvektoren, wie in Bild 1.14a dargestellt, nicht empfohlen, da die sehr langen Schmelzspuren zu hohen Spannungen entlang der Bahnen führen. Stattdessen wird die zu belichtende Fläche in Streifen (Bild 1.14b) oder Rechtecke im Schachbrettmuster (Bild 1.14c) unterteilt, die dann mit Vektoren gleicher Länge gefüllt werden. Die Belichtung der Schachbrettfelder kann in einer zufälligen Reihenfolge geschehen, um die Energie noch weiter verteilt in das Bauteil einzubringen. Für eine bessere Oberflächenqualität wird noch eine durchgehende Schmelzspur um den Rand der belichteten Fläche aufgeschmolzen. Diese Konturfahrt deckt die Anfänge und Enden der Schmelzspuren der Flächenschraffur ab und kann mit anderen Prozessparametern erfolgen, damit weniger Pulverpartikel an der Bauteiloberfläche anhaften.

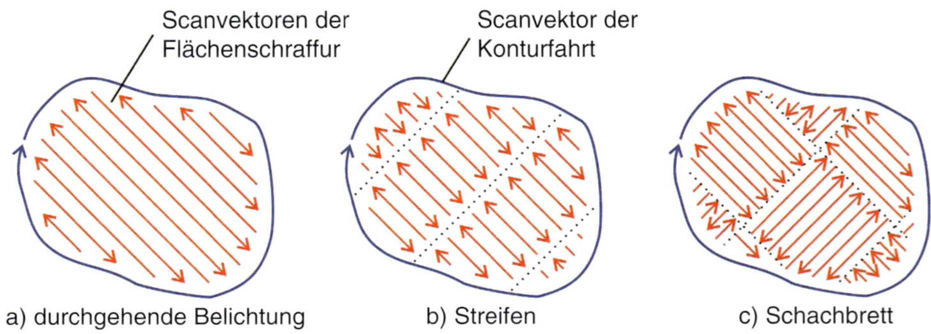

Bild 1.14 *Unterschiedliche Belichtungsmuster zum Füllen einer Schicht mit Schmelzspuren* [Quelle: Klahn 2015]

Das Belichtungsmuster der Schichten wird variiert, um gleichmäßigere Materialeigenschaften in allen Raumrichtungen zu erreichen. Außerdem besteht an den Anfangs- und Endpunkten der Schmelzspuren ein erhöhtes Risiko für Fehlstellen. Durch die Variation des Musters wird erreicht, dass die Fehlstellen nicht gehäuft in einer Bauteilregion auftreten und Poren beim Aufschmelzen der nachfolgenden Schicht geschlossen werden. Bild 1.15 zeigt solch eine Variation des Belichtungsmusters am Beispiel eines Schachtbrettmusters, bei dem die Position der Felder verschoben wird und zusätzlich die Richtung der Schraffur in den Feldern um 90° gedreht wird.

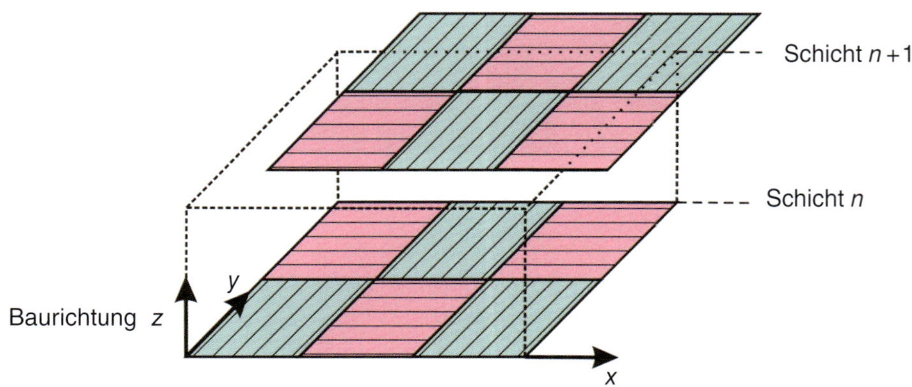

Bild 1.15 *Variation des Belichtungsmusters zwischen zwei Schichten* [Quelle: Klahn 2015]

Mit den vorgestellten Belichtungsstrategien wird eine relative Bauteildichte von über 99 % erreicht, bezogen auf eine porenfreie Probe aus dem gleichen Material. Die thermischen Eigenspannungen werden durch eine geeignete Belichtungsstrategie zwar reduziert, können allerdings nicht vollständig vermieden werden.

Bei vielen Laserschmelzanlagen bieten die Hersteller als Option eine Bauraumheizung an. Bei den entsprechenden Modellen sind unter der Bauplatte und teilweise auch in den Wänden des Bauraums elektrische Heizungen eingebaut. Diese heizen das Bauteil und das Pulverbett bei den meisten Anlagen auf 200 °C bis 250 °C und reduzieren so den Temperaturunterschied zwischen der Bearbeitungszone und dem restlichen Bauteil. Durch den geringeren Temperaturgradienten entstehen auch weniger Eigenspannungen. Bauraumheizungen für 500 °C und mehr sind ebenfalls auf dem Markt verfügbar. Der Vorteil solch hoher Bauraumtemperaturen ist, dass die Bauteile bereits im Prozess spannungsarm geglüht werden. Damit kann nicht nur die Entstehung von Eigenspannungen reduziert, sondern diese auch abgebaut werden. Die Nachteile liegen in einem deutlich erhöhten Aufwand bei der Anlagenentwicklung, da die Maschine über einen großen Temperaturbereich gasdicht sein muss, sowie in längeren Rüstzeiten für das Aufheizen und Abkühlen der Prozesskammer.

2 Integration additiver Fertigungsverfahren in die Produktion

Bei der Herstellung von Produkten sind additive Fertigungsverfahren häufig nur ein Produktionsschritt in einer längeren Prozesskette. Dabei kann entweder eine Teilgeometrie additiv gefertigt und gemeinsam mit vor- und nachgelagerten Prozessen zum finalen Bauteil bearbeitet werden, oder das additiv gefertigte Bauteil ist als Fertigungsmittel indirekt an der Produktentstehung beteiligt. In diesem Kapitel werden bekannte Verfahrenskombinationen vorgestellt.

2.1 Direkte Integration der Additiven Fertigung in die Prozesskette

Bei einer direkten Integration von AM-Bauteilen ist das additiv gefertigte Bauteil Bestandteil des finalen Produkts. In Bild 2.1 ist eine vereinfachte Prozesskette zur direkten Herstellung von Produkten skizziert.

Bild 2.1 *Prozesskette zur direkten Herstellung von Bauteilen mittels Additiver Fertigung* [Quelle: ETHZ pd|z]

Im einfachsten Fall einer direkten Integration wird das Bauteil additiv gefertigt, an den erforderlichen Stellen konventionell nachbearbeitet und ist dann fertig. In einer solchen Prozesskette ist das additiv gefertigte Bauteil vergleichbar mit einem Gussrohling, der ebenfalls häufig noch weiter bearbeitet wird. Der Konstrukteur kann die Nachbearbeitung erleichtern, indem er beispielsweise Spannflächen und Referenzpunkte in das Bauteildesign einbringt. Auch sollte er das Aufmaß für die Nachbearbeitung möglichst gering halten, indem er beispielsweise bei Gewinden bereits das Kernloch in der AM-Konstruktion vorsieht, so dass bei der Nachbearbeitung nur noch der Gewindeschneider zum Einsatz kommen muss.

Bei Verfahren, bei denen das Bauteil auf eine Bauplattform aufgebaut wird, kann diese für eine leichtere Nachbearbeitung genutzt werden. So entfällt beispielsweise die Notwendigkeit von aufwendigen Spannhilfen, wenn das Bauteil erst nach der Zerspanung von der Bauplatte getrennt wird, da diese sehr einfach in einer Werkzeugmaschine befestigt werden kann. Befinden sich mehrere Bauteile auf der Bauplatte, können diese nacheinander in einer Aufspannung bearbeitet werden, was die Rüstzeiten deutlich reduziert. Um dieses Vorgehen zu ermöglichen, muss die Nachbearbeitung bereits in der Konstruktion berücksichtigt werden.

Konventionelle Verfahren können nicht nur bei der Nachbearbeitung additiv gefertigter Bauteile zum Einsatz kommen, sondern auch für die Herstellung von Halbzeugen, auf die dann ein additiver Bereich aufgebaut wird. Das bekannteste Beispiel hierfür sind sogenannte hybride Werkzeugeinsätze für Spritzgussformen. Bei diesen wird nicht der komplette Werkzeugeinsatz additiv hergestellt, sondern nur der Bereich mit der komplexen Werkzeugoberfläche mit einer darunter liegenden konturnahen Kühlung wird mittels Laserschmelzen auf ein vorgefertigtes Frästeil aufgebaut. Bild 2.2 zeigt einen hybriden Werkzeugeinsatz im CAD-Modell und als Bauteil vor der Nachbearbeitung. In diesem Beispiel werden im Vergleich mit einem komplett additiv gefertigten Einsatz Produktionskosten eingespart, da ein Großteil des Bauteilvolumens mit günstigen konventionellen Prozessen hergestellt wird, während das vergleichsweise teure SLM-Verfahren nur für komplexe Bereiche eingesetzt wird, die konventionell nicht herstellbar wären. Ein anderer Grund für hybride Bauteile ist die Möglichkeit, unterschiedliche Werkstoffe miteinander zu kombinieren. Hierbei ist jedoch zu beachten, ob sich die beiden Werkstoffe miteinander verschweißen lassen.

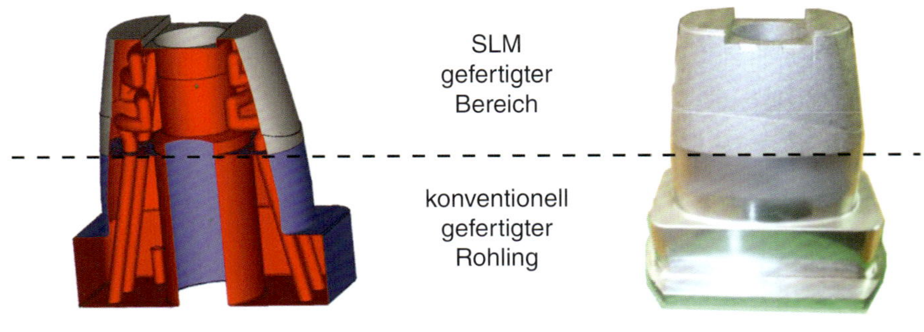

Bild 2.2 *Hybrider Werkzeugeinsatz aus konventionellem Grundkörper und laseradditivem Bereich* [Quelle: ETHZ pd|z]

Neben dem Einsatz von anderen Prozessen vor und nach der Additiven Fertigung ist es auch möglich, andere Komponenten während des Bauprozesses in das Bauteil einzubringen. Der Bauprozess kann an einer definierten Schicht unterbrochen werden, um andere Bauteile, Sensoren oder RFID-Chips in eine Öffnung zu legen, die dann beim Fortsetzen des Baujobs von den folgenden Schichten verschlossen wird.

2.2 Indirekte Integration der Additiven Fertigung in die Prozesskette

In einer Fertigungsprozesskette können additive Verfahren nicht nur zur direkten Herstellung von Bauteilen eingesetzt werden. Es ist ebenfalls möglich, Fertigungsmittel und Formen herzustellen, die für die konventionelle Herstellung der Bauteile erforderlich sind, wie in Bild 2.3 skizziert. Eine derartige Kombination von Verfahren nutzt Vorteile der Additiven Fertigung, ohne dass große Änderungen in einer bestehenden Prozesskette notwendig sind.

Bei Urformverfahren haben sich die additiven Fertigungsverfahren bereits in verschiedenen Einsatzmöglichkeiten bewährt. Bereits seit Anfang der 2000er-Jahre werden mit dem

Bild 2.3 *Prozesskette mit indirekter Beteiligung der Additiven Fertigung* [Quelle: ETHZ pd|z]

SLM-Verfahren Werkzeugeinsätze aus Werkzeugstahl hergestellt. Aus der Perspektive des Spritzgießers ist dies eine indirekte Integration der Additiven Fertigung in die Kunststoffverarbeitung. Die Gestaltungsfreiheit des Verfahrens wird hierbei genutzt, um durch konturnahe Kühlkanäle eine bessere und gleichmäßigere Wärmeabfuhr aus dem eingespritzten Kunststoff zu erreichen. Dadurch reduziert sich die Zykluszeit, und Qualitätsprobleme wie Verzug und Glanzunterschiede werden verhindert. Dies ist vor allem bei Werkzeugen für sehr große Stückzahlen oder bei einer sehr komplexen Form des produzierten Kunststoffartikels erforderlich, die anderweitig nicht ausreichend gleichmäßig gekühlt werden kann. Als Werkstoff ist hier der Werkzeugstahl 1.2709 weit verbreitet, da sich dieser gut im SLM-Prozess verarbeiten lässt und eine ausreichende Härte und Festigkeit für Kunststoffspritzguss- und Metalldruckgusswerkzeuge aufweist. Die Gestaltungsfreiheit des SLM-Verfahrens kann vor allem im Inneren eines Werkzeugeinsatzes für konturnahe Kühlkanäle, Entlüftungsstrukturen und Druckluftauswerfer genutzt werden. Die Gestaltung der Oberfläche der Werkzeugeinsätze ist dabei durch die Grenzen der konventionellen Endbearbeitung eingeschränkt, da die Rauheit von unbearbeiteten SLM-Bauteilen zu hoch für eine zuverlässige Entformung der produzierten Artikel ist.

Neben der Herstellung von Dauerformen aus Metall können für den Spritzguss auch Prototypenwerkzeuge verwendet werden, die nur eine begrenzte Anzahl an Formfüllungen überstehen. Im Vergleich zur direkten Additiven Fertigung der Prototypen erlauben die Prototypenwerkzeuge die Verwendung desjenigen Kunststoffs, der auch für die spätere Serie vorgesehen ist.

Ein weiteres Anwendungsgebiet der Additiven Fertigung ist die Herstellung von verlorenen Formen für den Sandguss durch das *Binder-Jetting-Verfahren*. Durch die Additive Fertigung der Sandform entfällt die Herstellung eines Modells. Auch muss beim Design keine Rücksicht auf die Entformbarkeit der Sandform aus dem Modell genommen werden.

Zur Fertigung von Modellen für die Herstellung von Gussformen existiert bereits eine ganze Reihe von Verfahren und Werkstoffen. Speziell für diese Anwendung entwickelt wurden Wachsdrucker zur Herstellung von verlorenen Modellen für den Feinguss. Für die Verarbeitung im Lasersinter-Verfahren sind Polystyrol-Pulver erhältlich, die sich nach dem Bau der Form gut ausbrennen lassen.

Für die Herstellung von Keramikbauteilen kann sowohl die Form zum Pressen eines Grünlings additiv gefertigt werden als auch der Grünling selber. Die Grünlingerstellung erfolgt entweder mittels Binder Jetting aus Keramikpulver und Klebstoff oder mittels Stereolithografie aus einem Schlicker, der Photopolymer- und Keramikpartikel enthält. Der Grünling wird anschließend in einem Ofen gesintert. Dabei verbrennt der enthaltene Kunststoff.

Auch bei Umformverfahren können additive Werkzeuge zum Einsatz kommen. Bei der Blechbearbeitung sind diese aus Stahl und verbessern durch eine integrierte Kühlung und

Schmierung den Umformprozess. Für die Verarbeitung von Kunststofffolien und -platten im Tiefziehprozess genügen bei kleinen Stückzahlen Kunststoffformen. Solche Kunststoffformen werden beispielsweise für die Herstellung der in Abschnitt 9.2 vorgestellten Zahnspangen verwendet.

Durch die Kombination von Additiver Fertigung und langfaserverstärkten Kunststoffen bieten sich vielfältige Möglichkeiten im Leichtbau. Die Stärken der Additiven Fertigung liegen in der Freiheit für eine hohe geometrische Komplexität der Bauteile und der dadurch gegebenen Möglichkeit der Funktionsintegration. Der Vorteil von faserverstärkten Kunststoffen liegt in den guten Verhältnissen von Festigkeit und Steifigkeit zu Dichte. Diese sind bei faserverstärkten Kunststoffen in Faserrichtung deutlich besser als bei AM-Leichtbauwerkstoffen aus Metall oder Kunststoff.

Die kombinierten Stärken von Additiver Fertigung bei der Bauteilkomplexität und der Möglichkeit, die Anisotropie der Faserverstärkung an der Belastungsrichtung auszurichten, erlauben deutlich leichtere und steifere Bauteile, in die noch weitere Funktionen integriert werden können. Additiv gefertigte Bauteile können hierbei verschiedene Funktionen übernehmen. Als Lasteinleitungselemente nehmen die additiven Elemente mehrachsige Lastfälle auf und leiten die Kräfte in die Fasern. Somit werden die weitgehend isotropen AM-Bauteile dort eingesetzt, wo mehrachsige Belastungen vorliegen, wogegen faserverstärkte Kunststoffe mit gerichteter Anisotropie in Bereichen eingesetzt werden, in denen die Belastungen in wenigen definierten Richtungen vorliegen. Bild 2.4 zeigt dies am Beispiel eines Roboterbeins. Die Aufnahme des Kniegelenks und des Fußes sind mit dem SLM-Verfahren aus Metall gefertigt, und der axial belastete Schaft besteht aus kohlefaserverstärktem Kunststoff (CFK).

Bei dem abgebildeten Roboterbein kam noch eine weitere Kombination von AM und faserverstärktem Kunststoff zur Anwendung. Die Form für die Herstellung des CFK-Teils wurde additiv hergestellt. Das imprägnierte Kohlefasergewebe wurde um einen additiv gefertigten Kern gelegt und im Autoklaven ausgehärtet. Ob der Kern anschließend im Bauteil verbleibt oder entfernt wird, hängt von der jeweiligen Anwendung ab. Als Teil eines Sandwichbauteils überträgt ein additiver Kern Kräfte zwischen den Deckschichten aus Faserverbundwerkstoffen. Wenn der Kern entfernt werden soll, bieten sich Werkstoffe und Fertigungsverfahren an, bei denen sich der Kern hinterher mit Wasser oder Chemikalien auflösen lässt, ohne das Bauteil zu schädigen. Mögliche Verfahren sind Binder Jetting mit einem wasserlöslichen Kleber oder Fused Deposition Modelling von ABS-Kunststoff, der sich mit Aceton auflösen lässt.

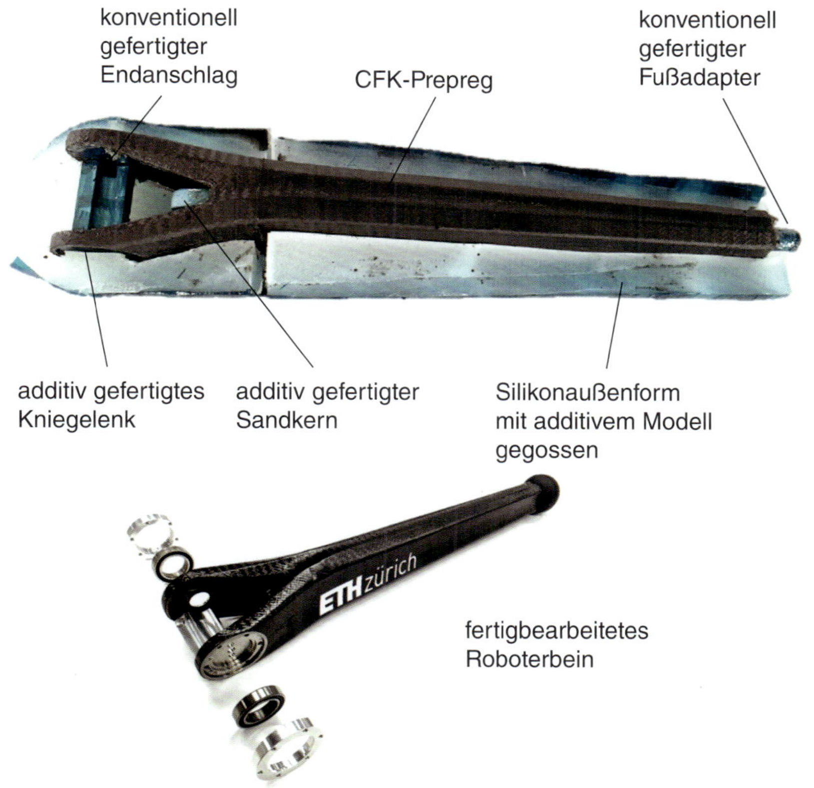

Bild 2.4 *Roboterbein mit additiv gefertigten Lasteinleitungen aus Metall und kohlefaserverstärktem Kunststoff, der um einen auswaschbaren, additiv gefertigten Kern gelegt wurde*
[Quelle: ETHZ pd|z (nach Türk 2017)]

3 3D-Datenerzeugung für additive Fertigungsverfahren

Die Additive Fertigung ist ein automatisierter Fertigungsprozess, der Bauteile schichtweise anhand eines 3D-Datenmodells herstellt. Dabei ist nicht nur der eigentliche Fertigungsprozess automatisiert, sondern auch die vorhergehende Datenprozesskette kann automatisiert werden. Für den Konstrukteur ist es deshalb wichtig, die Abläufe entlang dieser Prozesskette zu verstehen, um mögliche Automatisierungspotenziale zu erkennen. Die Qualität der verwendeten Daten wirkt sich durch die automatisierte Fertigung unmittelbar auf die Geometrie der Bauteile aus. Fehler in den Daten finden sich somit auch in den Abmessungen, Toleranzen und mechanischen Eigenschaften der Bauteile wieder.

3.1 Prozesskette der Datenvorbereitung

Bei der Datenvorbereitung für die Additive Fertigung werden die 3D-CAD-Daten der Bauteile in einer Prozesskette in Schichtdaten umgewandelt. Anhand dieser Schichtdaten steuert dann die AM-Maschine den Aufbau der Bauteile. Bedingt durch die Vielfalt an additiven Fertigungsprozessen, wie auch Maschinen- und Softwareherstellern, können diese Datenprozessketten variieren. Ihr grundlegender Ablauf ist jedoch vergleichbar und wird in Bild 3.1 vorgestellt.

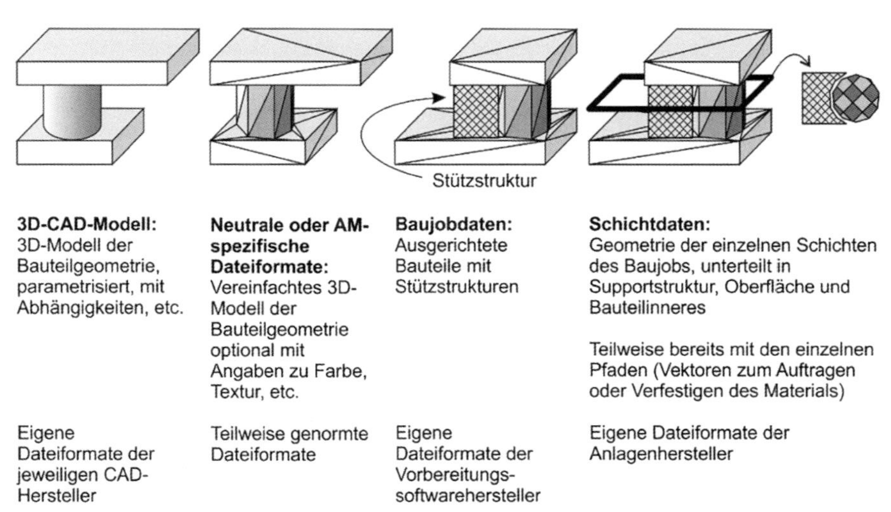

Bild 3.1 *Datenprozesskette in der Additiven Fertigung* [Quelle: ETHZ pd|z]

Ausgangspunkt der Datenprozesskette ist ein dreidimensionales CAD-Modell des zu fertigenden Bauteils. Je nach verwendetem CAD-System enthält das Modell verschiedene zusätzliche Informationen – wie beispielsweise eine Parametrisierung, Abhängigkeiten, Angaben zu Werkstoffen sowie Toleranz- und Oberflächenangaben. Dieses 3D-Modell wird dann in ein Dateiformat exportiert, das in die Datenvorbereitungssoftware für Additive Fertigung eingelesen werden kann. Die entsprechenden Dateiformate werden in Abschnitt 3.3 eingehender beschrieben. Einige Datenvorbereitungsprogramme bieten Module für den direkten Import von CAD-Daten an. Die Konvertierung erfolgt dann programmintern.

Bei der Umwandlung von CAD-Daten in ein neutrales oder AM-spezifisches Dateiformat gehen viele Informationen verloren, da das neue Format aus dem CAD-Modell nur die Bauteilgeometrie in einer vereinfachten Form übernimmt. Einige neuere AM-spezifische Dateiformate bieten die Möglichkeit, auch Informationen zu Farbe oder Textur abzuspeichern.

Eine weitere Möglichkeit zur Generierung von 3D-Daten sind sogenannte 3D-Scanner, die von einem real vorhandenen Bauteil die Oberfläche erfassen. Die Bauteilgeometrie wird dabei über Punkte an der Oberfläche beschrieben. Diese sogenannte Punktewolke kann dann relativ einfach in das STL-Format (vgl. Abschnitt 3.3.1) überführt werden.

In der Software zur Datenvorbereitung bereitet der Anwender die Bauteile für den Bauprozess vor. Hierbei spielen die Besonderheiten des gewählten Fertigungsprozesses eine große Rolle. Anders als beispielsweise bei Textverarbeitungsprogrammen, die unabhängig vom verwendeten Papierdrucker sind, besteht bei der Additiven Fertigung eine enge technologische Verknüpfung zwischen den verfügbaren Datenvorbereitungsprogrammen und den verwendeten Fertigungsmaschinen. Bei einigen Maschinen bietet der Hersteller nur eine einzige Software für die Datenvorbereitung an. Bei anderen Herstellern besteht zumindest eine kleine Auswahl zwischen verschiedenen Programmen und Modulen.

In der Datenvorbereitungssoftware wird das Bauteil in einem virtuellen Bauraum platziert und ausgerichtet. Dabei können auch mehrere Bauteile gemeinsam vorbereitet werden, um beispielsweise deren Anordnung zueinander zu kontrollieren und so Durchdringungen zu vermeiden. Dies ist insbesondere beim Lasersintern wichtig, da bei diesem Verfahren die Bauteile ineinander geschachtelt werden, um das Pulverbett möglichst gut auszunutzen und so die Menge an Altpulver zu reduzieren. Die Software ist in der Lage, kollidierende Bauteile automatisch zu erkennen. Bei mehreren Bauteilen, bei denen ein Ineinandergreifen gewollt ist (z.B. Scharniere, Kettenglieder), muss der Nutzer den korrekten Abstand in der Passung manuell kontrollieren.

Bei Verfahren, die Supportstrukturen erfordern, werden diese nach der Ausrichtung der Bauteile hinzugefügt. Die meisten Programme erzeugen den Support automatisch und der Anwender hat die Möglichkeit, den entsprechenden Vorschlag zu modifizieren. Dies kann erforderlich sein, wenn Supportstrukturen zu darunterliegenden Bauteilbereichen führen und dadurch die nach oben zeigende Bauteiloberfläche verschlechtern. In Bild 3.2 ist dies am Beispiel eines Rings gezeigt der mittels Laserschmelzen gefertigt wird. Der Ring sollte mit der Gravur in Aufbaurichtung gefertigt werden, damit diese eine ausreichende Qualität hat. Durch den großen Durchmesser kann der Ring nicht wie in Bild 3.2b aufgebaut werden. Eine Supportanordnung wie in Bild 3.2c ist herstellbar, hat allerdings eine schlechte Oberfläche auf beiden Seiten der Ringinnenfläche zur Folge. Dies kann verhindert werden, indem das Bauteil leicht gekippt und so der Support senkrecht am Bauteil vorbei geführt wird wie in Bild 3.2d oder durch einen geknickten Support wie in Bild 3.2e, der in einigen Programmen zur Datenvorbereitung möglich ist.

Wenn der Anwender bei der Datenvorbereitung für einen SLM-Prozess erkennt, dass bei langen, schlanken Bauteilen die Eigenspannungen zu Problemen führen werden, kann er das Bauteil mit zusätzlichen Supportstrukturen in Form von massiven Stäben auf der Bauplatte fixieren.

Für die Speicherung der Baujob-Daten mit allen ausgerichteten Bauteilen und deren Supportstrukturen verwenden die Softwarehersteller eigene, proprietäre Dateiformate.

Im letzten Schritt der Datenvorbereitung werden die Baujob-Daten in einzelne Schichten geschnitten (Slicen). In den meisten Fällen ist die Dicke dieser Schichten über die gesamte Bauteilhöhe konstant. Einige Konzepte erlauben jedoch unterschiedliche Schichtdicken, wie etwa

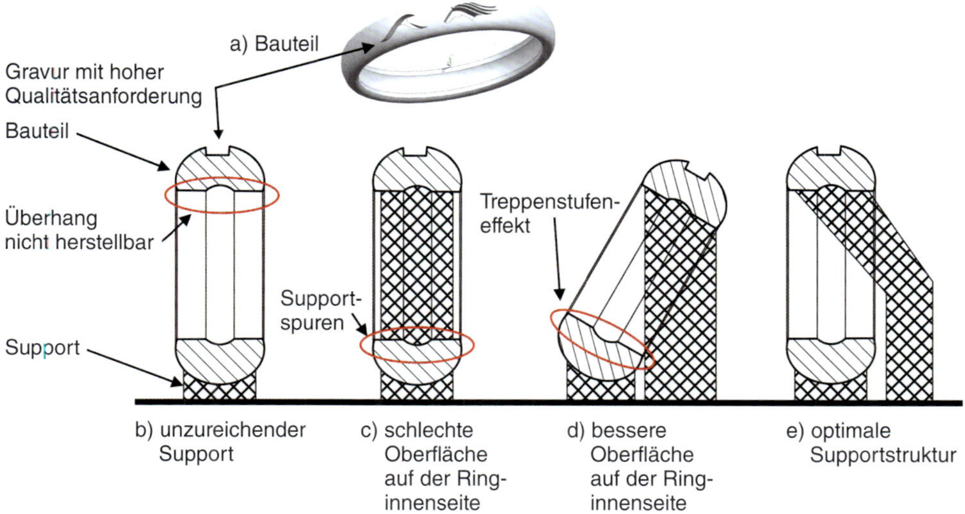

Bild 3.2 *Unterschiedliche Varianten der Supportanordnung* [Quelle: ETHZ pd|z]

die beim SLM-Verfahren mögliche Hülle-Kern-Strategie, die in Bild 3.3 dargestellt ist. Bei dieser wird das Innere des Bauteils mit einer größeren Schichtstärke gebaut, was die Prozesszeit reduziert. Der Rand des Bauteils wird mit einer kleineren Schichtstärke gebaut, um den Treppenstufeneffekt zu reduzieren. Bei unterschiedlichen Schichtstärken im gleichen Baujob ist es erforderlich, dass die verwendeten Schichtstärken ein ganzzahliges Vielfaches der kleinsten Schichtstärke betragen. Liegen die Schichtstärken nicht in ganzzahligen Verhältnissen zueinander vor, sondern auch in Zwischenstufen wie in Bild 3.3b, kommt es im Bauprozess unweigerlich zu Schichtstärken, die sich nicht mehr sicher prozessieren lassen, da sie zu klein ausfallen. Befinden sich mehrere Bauteile in einem Baujob, sollten alle Schichten der einzelnen Bauteile jeweils auf der gleichen Ebene liegen, da sonst ebenfalls zu dünne Schichten auftreten können und unnötig viele Schritte in Aufbaurichtung ausgeführt werden.

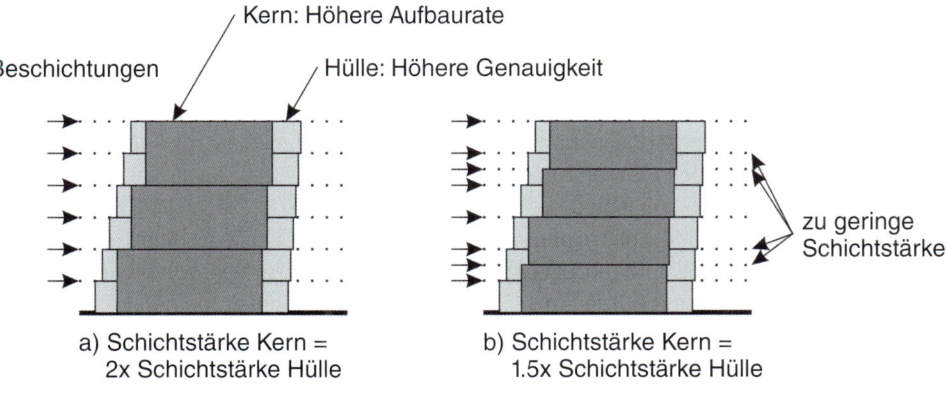

Bild 3.3 *Schichtstärken bei der Hülle-Kern-Strategie* [Quelle: ETHZ pd|z]

Die Dateiformate, in denen die Schichtinformationen gespeichert werden, sind in den meisten Fällen von den Anlagenherstellern entwickelt worden. Herstellerunabhängige Dateiformate wie beispielsweise das CLI-Format bei SLM-Maschinen sind selten und finden kaum Anwendung. Ob in den Schichtdateien nur die Ränder der einzelnen Bereiche (z. B. Support, Kontur und Volumen) oder bereits die einzelnen Pfade (Vektoren) definiert sind, entlang derer das Material aufgetragen oder verfestigt wird, variiert je nach Anlagenhersteller. Entsprechend stark variieren auch die Anforderungen an den Rechner für die Datenvorbereitung und die Größe der Dateien, die auf die AM-Maschine übertragen werden müssen. Werden die Schichten bereits bei der Datenvorbereitung in einzelne Vektoren zerlegt, besteht die Möglichkeit, diesen auch direkt Bearbeitungsparameter zuzuweisen. Dies wird vor allem dann angestrebt, wenn der Bediener der Anlage keinen Zugriff auf die Prozessparameter haben soll.

Entlang der Prozesskette nimmt die Bedeutung der bauteilspezifischen Informationen ab und die Bedeutung der prozessspezifischen Daten nimmt zu. So sind CAD-Daten unabhängig vom späteren Fertigungsprozess. Die Baujob-Daten sind sowohl bauteil- als auch prozessspezifisch. Die Vektoren mit den Bearbeitungsparametern sind dagegen rein durch den Prozess bestimmt, da heutzutage die Verarbeitung der einzelnen Schichten in der AM-Maschine unabhängig von den vorhergehenden oder nachfolgenden Schichten erfolgt. Dies ist vergleichbar mit dem Prozess der CNC-Programmierung für Zerspanungsmaschinen. Das erstellte Maschinenprogramm beschreibt über die einzelnen G-Befehle, was die Maschine tun soll (z. B. mit welcher Spindeldrehzahl eine Fräsmaschine einen Pfad abfahren soll). Die Bauteilform findet sich auch hier nur noch indirekt in der Summe der Pfade.

Für viele AM-Technologien wird, bedingt durch die Anforderungen einer industriellen Produktion, eine deutliche Steigerung der Produktivität prognostiziert. Dies kann zum Beispiel durch die örtliche Anpassung der Bearbeitungsparameter an die Bauteilgeometrie erreicht werden, wie es in Ansätzen bereits bei der oben erwähnten Hülle-Kern-Strategie der Fall ist.

3.2 CAD & Tools

Moderne CAD-Programme sind mehr als nur reine Zeichenprogramme. Sie sind Konstruktions- und Entwicklungsumgebungen, die Tools und Schnittstellen für viele Aufgaben eines Entwicklungsingenieurs anbieten. Finite-Elemente-Simulationen (FE-Modell, FEM), Product Life Cycle Management (PLM) und Digital Mock-Ups (DMU) sind nur drei Stichworte in diesem Zusammenhang. Doch auch diese Entwicklungsumgebungen sind historisch gewachsen. Die Funktionalitäten und die ihnen zugrundeliegende Programmlogik orientierten sich zu jeder Zeit an dem, was entsprechend dem jeweiligen Stand der Produktionstechnik und der verfügbaren Rechenleistung, möglich und erforderlich war.

Die Konstruktion eines Dreh- oder Fräsbauteils im CAD ist relativ einfach, da der Arbeitsablauf und die Funktionen des Programms sich an diesen Verfahren orientieren. Der Konstrukteur erstellt eine Skizze auf einer Ebene und extrudiert sie entlang eines Pfades. An den entstandenen Körper werden mittels weiterer Skizzen Bereiche hinzugefügt und abgezogen. Für häufig genutzte Elemente, wie Gewinde, Ausformschrägen oder Musterfüllungen, sind bereits Funktionen hinterlegt, um diese mit wenigen Klicks einzufügen.

CAD-Programme unterstützen somit den Entwicklungsprozess für konventionelle Bauteile sehr gut und ermöglichen es dem Konstrukteur, effizient fertigungsgerechte Konstruktionen zu erstellen. Für die Gestaltung von Bauteilen zur Additiven Fertigung gilt dies jedoch nicht, da diese

Herstellungsmethoden eine deutlich größere Gestaltungsfreiheit bieten und auch deutlich anderen Fertigungsrestriktionen unterliegen als konventionelle Verfahren. Beispielsweise ist ein gewundener Kanal mit veränderlichem, nicht rundem Querschnitt ohne Probleme additiv herstellbar. Es muss aber bereits während der Konstruktion die spätere Ausrichtung des Bauteils im Bauraum beachtet werden, um Supportstrukturen zu vermeiden und anisotrope mechanische Eigenschaften zu berücksichtigen. Die entsprechenden Gestaltungsprinzipien für die Additive Fertigung werden in Kapitel 8 im Detail vorgestellt.

Ein Konstrukteur sollte sich daher bei der Entwicklung eines Bauteils für die Additive Fertigung immer bewusst sein, dass Formen, die im CAD einfach und schnell erstellt werden können, nicht unbedingt die beste Lösung für die Additive Fertigung sind. Die CAD-Hersteller haben inzwischen erkannt, dass ihre Programme bei den additiven Fertigungsverfahren schnell an ihre Grenzen stoßen und es ist daher zu erwarten, dass sie in den kommenden Jahren immer mehr AM-Module auf den Markt bringen werden.

Bei klassischen CAD-Programmen ist die Erstellung von Freiformoberflächen ausgehend von einzelnen Punkten und Funktionsflächen im Raum heute noch umständlich und kommt schnell an Grenzen, bei denen das Programm nicht mehr in der Lage ist, die Geometrie zu berechnen und darzustellen. Leichter fällt es, wenn die Körper mit Freiformgeometrien nicht mehr nur aus extrudierten Skizzen aufgebaut sind, sondern über ihre Oberfläche beschrieben werden. Bei diesem Ansatz positioniert der Konstrukteur Kontrollpunkte im Raum und definiert Randbedingungen. Das Programm erzeugt daraus NURBS (*Non-uniform rational B-Splines*), die die Form des Bauteils festlegen. Die Anpassung der Geometrie kann dann recht einfach durch das Verschieben der Kontrollpunkte erfolgen.

Eine vermeintliche Alternative zu klassischen CAD-Systemen stellen Voxel-basierte Programme dar. In diesen wird, ähnlich den Pixeln in einem Bild, der Raum in kleine Quader, sogenannte Voxel, aufgeteilt. Für jeden dieser Voxel wird festgelegt, ob er zum Bauteil gehört oder nicht. Die Vor- und Nachteile dieser Geometriebeschreibung sind vergleichbar mit dem Unterschied zwischen zweidimensionalen Pixel- und Vektorgrafiken. Bilder, die aus Pixeln aufgebaut sind, können beliebig komplex sein, da keine Beziehungen zwischen den einzelnen Elementen bestehen. Daher wird dieses Format auch für digitale Fotografien verwendet. Gleichzeitig bestimmt aber die Auflösung, also die Anzahl der Pixel, den Speicherbedarf, wodurch das Bild nicht ohne Qualitätsverlust beliebig vergrößert werden kann. Bei Vektorgrafiken liegt eine mathematische Beschreibung der Elemente vor, beispielsweise eine Gerade von Punkt A nach Punkt B mit der Breite *b*. Der Speicherbedarf ist entsprechend geringer und das Bild lässt sich beliebig skalieren. Dafür sind allerdings die Möglichkeiten der Darstellung auf das beschränkt, was sich aus den vorhandenen Grundelementen kombinieren lässt. Die Konvertierung zwischen den beiden Beschreibungen ist eine Einbahnstraße. Eine Vektorgrafik lässt sich relativ einfach rastern und in Pixel aufteilen, der umgekehrte Weg ist aber nur mit größerem Aufwand möglich. Bezogen auf die Beschreibung von dreidimensionalen Bauteilen mit Voxeln anstelle von Skizzen und NURBS, bedeutet dies, dass bei einer Voxelbeschreibung die Bauteilform nahezu beliebig sein kann. Dafür muss aber auf eine Parametrisierung, exakte Bemaßungen und Randbedingungen – wie Rechtwinkligkeit, Parallelität usw. – verzichtet werden, da diese eine mathematische Beschreibung voraussetzen. Eine nachträgliche Überführung in ein Flächenmodell ist mühsam. Die Konstruktion von Freiformflächen mit NURBS ist deshalb effizienter.

3.3 Dateiformate

Da bei jeder Konvertierung Informationen verloren gehen, wäre eine direkte Aufbereitung der 3D-CAD-Modelle für die Additive Fertigung natürlich wünschenswert. Aktuell ist dies aber noch nicht möglich. Die CAD-Modelle der Bauteile müssen bei der Datenvorbereitung zunächst in ein neutrales oder AM-spezifisches Dateiformat übertragen werden. Erst dann erfolgt die Umwandlung in Schichtdaten. Zwar bieten einige Programme zur Datenvorbereitung Module, um 3D-Modelle im Dateiformat einzelner CAD-Hersteller einzulesen. Hier erfolgt die Umwandlung aber ebenfalls mit einem internen Zwischenschritt über die üblichen Dateiformate für die Bauteildaten in der Additiven Fertigung.

3.3.1 STL

Das STL-Dateiformat ist momentan der De-facto-Industriestandard für alle additiven Fertigungsverfahren. Das Dateiformat wurde bereits Ende der 1980er-Jahre für die ersten Stereolithografie-Maschinen entwickelt. In unterschiedlichen Quellen steht das Kürzel STL für Standard Transformation Language (Gebhardt 2013), Standard Triangle Language (Berger et al. 2013), Surface Tessellation Language (VDI3404) oder geht zurück auf die erstmalige Verwendung in der Stereolithografie (ISO/ASTM 52921: 2013).

Das STL-Format beschreibt Bauteile durch eine lückenlose Approximation ihrer Oberfläche mit Dreiecken. Bild 3.4 zeigt diese Approximation an dem Ausschnitt eines Bauteils. Die Genauigkeit der Approximation hängt deutlich von der Größe der Dreiecke ab. Stark gekrümmte Oberflächen erfordern zahlreiche kleine Dreiecke, damit die Abweichung zwischen der Sollgeometrie aus dem CAD und der STL-Oberfläche nicht zu groß ist. Trotzdem sind bei AM-Verfahren mit guter Oberflächenqualität häufig die Dreiecke des STL-Formats auf der Oberfläche des gefertigten Bauteils erkennbar.

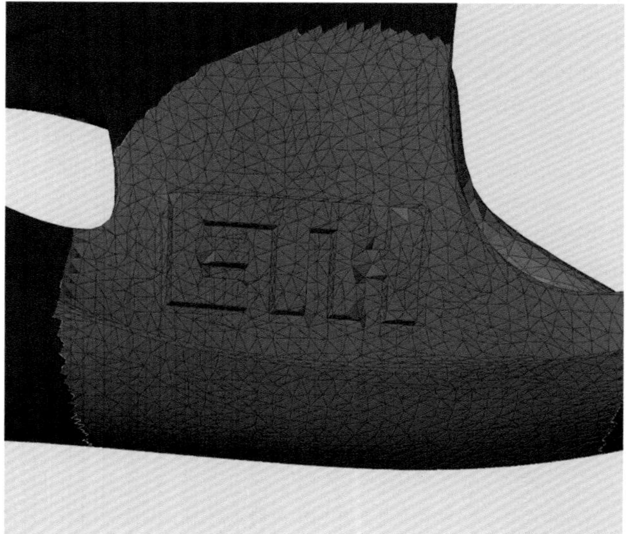

Bild 3.4 *Beispiel einer STL-Datei* [Quelle: ETHZ pd|z]

Im STL-Dateiformat werden für jedes Dreieck die Positionen der drei Eckknoten und die Richtung der Flächennormalen gespeichert. Die Positionen werden in positiven Koordinaten angegeben, wobei sowohl Inch als auch Millimeter als Einheit möglich sind. In einer STL-Datei ist nicht gespeichert, welche Maßeinheit verwendet wurde. Da 1 inch 25,4 mm entspricht, erkennt der Anwender aber recht schnell, ob die Datei in der anderen Maßeinheit abgespeichert wurde. Die Knoten werden in der Reihenfolge gegen den Uhrzeigersinn – entsprechend der Rechten-Hand-Regel – angegeben. Die Flächennormale wird als Einheitsvektor angegeben und zeigt aus dem Bauteil heraus. Bild 3.5 verdeutlicht dies am Beispiel einer Dreiecksfacette.

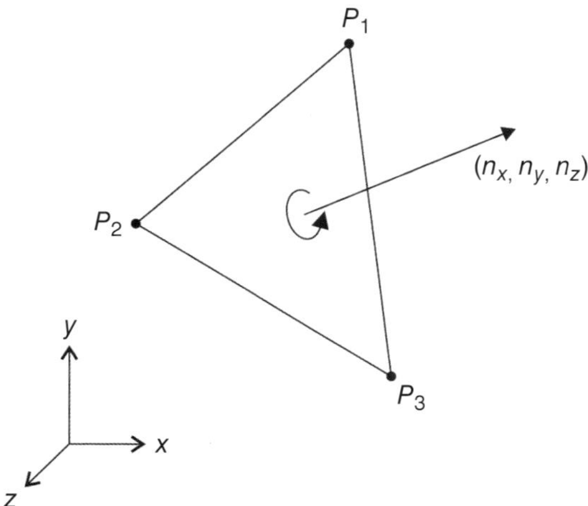

Bild 3.5 *Dreiecksfacette im STL-Format* [Quelle: ETHZ pd|z]

STL-Dateien können sowohl als ASCII- als auch Binärformat codiert sein. Der folgende Code zeigt die Beschreibung eines Dreiecks im ASCII-Format. Der Abschnitt zwischen *facet* und *endfacet* wird für jedes Dreieck der Bauteiloberfläche wiederholt. Die Dreiecke können dabei in einer beliebigen Reihenfolge in die STL-Datei geschrieben werden. Binäre STL-Dateien geben die Werte in der gleichen Reihenfolge als Gleitkommazahlen an. Dabei verbrauchen sie weniger Speicherplatz als ASCII-Dateien.

```
solid name
 facet normal nx ny nz
  outer loop
   vertex p1x p1y p1z
   vertex p2x p2y p2z
   vertex p3x p3y p3z
  endloop
 endfacet
endsolid name
```

Die Dreiecke eines Bauteils stoßen jeweils an den Eckknoten zusammen und bilden so eine geschlossene Oberfläche, wie in Bild 3.4 zu erkennen ist. Da an jeder Ecke mindestens 3 Dreiecke zusammentreffen, wird jeder Knoten mehrfach abgespeichert. Das STL-Format verbraucht entsprechend viel Speicherplatz.

Trotz der recht simplen Struktur des STL-Formats sind die Bauteildaten häufig fehlerhaft. Einzelne umgedrehte Dreiecke, bei denen die Normale oder die Reihenfolge der Knoten in das Bauteil hineinzeigen, sind ein häufiges Problem. Gleiches gilt für Löcher, die entstehen, wenn Dreiecke fehlen oder die Knoten von benachbarten Dreiecken nicht exakt aufeinander liegen. Bei diesen Fehlern hat das Bauteil keine geschlossene Oberfläche und das Programm kann beim Slicen nicht erkennen, wo das Innere des Bauteils endet. Die Fehler sollten daher vor der Erzeugung der Schichtdaten behoben werden. Zu kleine oder zu spitze Dreiecke können einigen Programmen beim Slicen Probleme bereiten, wie auch mehrere Dreiecke, die wie in einer Falte aufeinander liegen.

Aufgrund des hohen Speicherbedarfs, der schlechten Approximation von gekrümmten Oberflächen und den häufigen Fehlern in den Dateien sowie auch aufgrund der fehlenden Möglichkeit, zusätzliche Prozess- und Bauteilparameter in den Dateien zu speichern, steht das STL-Format seit Längerem in der Kritik. Mit dem AMF- und dem 3MF-Format stehen zwei mögliche Nachfolger zur Verfügung, von denen sich bis dato aber noch keiner in der Anwendung durchgesetzt hat.

3.3.2 AMF

Das Additive-Manufacturing-File-Format (AMF-Format) ist in der Norm ISO/ASTM 52915 beschrieben. In diesem Format kann nicht nur die Bauteilform abgespeichert werden, sondern auch zusätzliche Informationen über Farbe, Oberflächenstruktur, Material, Unterstrukturen usw. Das Format ist dabei sowohl rückwärtskompatibel zum STL-Format als auch erweiterbar mit möglichen Eigenschaften zukünftiger AM-Technologien.

Wie beim STL-Format wird auch hier die Oberfläche eines Bauteils mit Dreiecken approximiert. Der wesentliche Unterschied ist, dass die Dreiecke im AMF-Format nicht wie beim STL-Format in Bild 3.6a eben sein müssen, sondern gekrümmt sein können, was eine deutlich genauere Approximation der Oberflächen ermöglicht. Die Übergänge zwischen den Dreiecken sind stetig. Wie in Bild 3.6b dargestellt, wird für jeden Knoten eine Flächennormale angegeben.

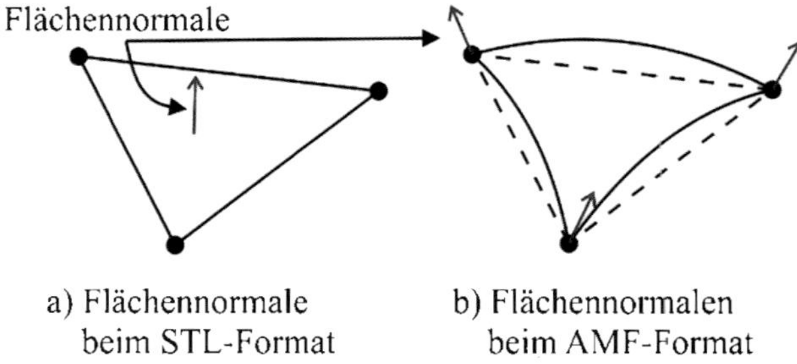

Bild 3.6 *Definition von gekrümmten Dreiecksfacetten über die Flächennormalen an den Knoten* [Quelle: ETHZ pd|z]

Der Aufbau einer AMF-Datei entspricht einer XML-Datei, in der unterschiedliche Elemente und Eigenschaften beschrieben sind. Zum Beispiel haben Knoten Koordinaten, die ihre Position beschreiben, und einen optionalen Einheitsvektor als Flächennormale. Für die Dreiecke wird angegeben, aus welchen drei Knoten sie bestehen. Die Körper wiederum werden über die Dreiecke definiert und ein Bauteil über die Körper. Durch diese Struktur wird jedes Element nur einmal abgespeichert, was den Speicherbedarf deutlich reduziert. Neben diesen grundlegenden Angaben, die die Geometrie definieren, können den Elementen noch weitere Attribute hinzugefügt werden, die das Material, die Farbe und weitere Eigenschaften spezifizieren.

3.3.3 3MF

Das 3MF-Dateiformat wurde von einem Industriekonsortium aus CAD-Softwareherstellern, AM-Maschinenherstellern, AM-Serviceprovidern und Microsoft entwickelt, um die Einschränkungen des STL-Formats zu überwinden. Ähnlich dem AMF-Format enthält die XML-Struktur des 3MF-Formats neben einer Dreiecksapproximation der Bauteilgeometrie zusätzliche Informationen zu Farbe, Material und Textur und ist erweiterbar für mögliche zukünftige Merkmale. Zusätzlich bietet 3MF noch weitere Möglichkeiten für Informationen, die den industriellen Druckprozess unterstützen.

3.4 Topologieoptimierung

Bei der Konstruktion von mechanisch belasteten Bauteilen sollte sich die Bauteilform am Kraftfluss orientieren und das Material möglichst gleichmäßig belastet werden. Langjährig tätige Konstrukteure und Berechnungsingenieure kommen hier aufgrund ihrer Erfahrung bereits zu guten Lösungen. In besonders gewichtssensitiven Anwendungen oder um sich von bisherigen Konstruktionen zu lösen, bieten sich numerische Optimierungen an. Mit diesen wird die ideale Bauteilform für gegebene Lastfälle und Randbedingungen ermittelt.

Die Optimierungsverfahren unterscheiden sich in der Art der Aufgabenstellung und im Aufbau des Verfahrens. Nach der Art der Entwurfsvariablen können vier verschiedene Bereiche unterschieden werden, die sich über den gesamten Entwicklungsprozess erstrecken. Bild 3.7 zeigt die unterschiedlichen Bereiche am Beispiel einer Brückenkonstruktion.

Bei der Wahl der Bauweise wird, basierend auf Erfahrungen mit ähnlichen Aufgabenstellungen, ein Wirkprinzip für die Konstruktion ausgewählt. Diese Auswahl geschieht ganz am Anfang des Konstruktionsprozesses. Wenn die Bauweise feststeht, kann eine Topologieoptimierung durchgeführt werden. Die Topologie beschreibt die geometrischen Eigenschaften, die auch bei großen Verformungen noch erhalten bleiben. Beispielsweise gehören die Knotenanzahl eines Fachwerks und die Verbindung der Knoten mit Stäben zu den Topologieeigenschaften. Bei der Topologieoptimierung wird eine Bauteilform gesucht, die optimal an die Belastungen des Bauteils angepasst ist. Hierfür steht eine Reihe von Verfahren zur Verfügung, die sowohl auf mathematischen Methoden als auch auf ingenieurswissenschaftlichen Prinzipien basieren.

DEFINITION

Topologieoptimierung: Numerische Berechnung der optimalen Bauteilform, basierend auf vorgegebenen Lastfällen, Randbedingungen und dem verfügbaren Bauraum entsprechend einer Zielgröße (z.B. maximale Steifigkeit).

Bei der Gestaltoptimierung wird die Topologie weiter konkretisiert. Die Anordnung der Knoten eines Fachwerks und damit auch die Definition der Längen und Winkel der Stäbe sind Aufgaben der Gestaltoptimierung. Für die Gestalt- und Topologieoptimierung können ähnliche Verfahren eingesetzt werden. Sobald die optimale Gestalt des Bauteils gefunden ist, kann durch eine Optimierung der Abmessungen der einzelnen Abschnitte (Parameteroptimierung), beispielsweise der einzelnen Stabquerschnitte eines Fachwerks, das Gewicht weiter reduziert werden.

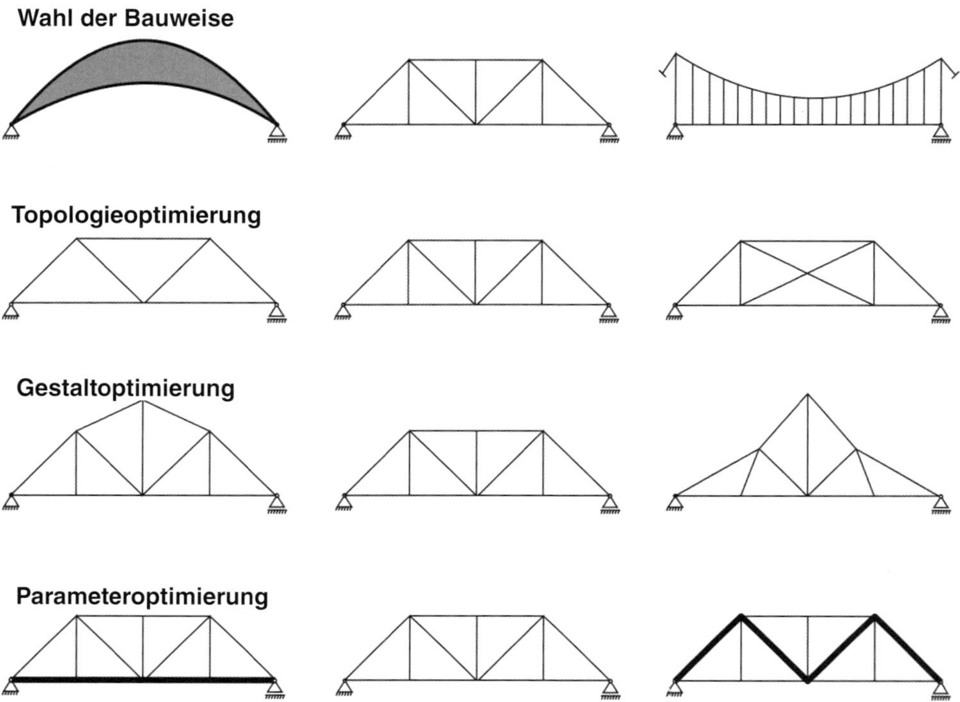

Bild 3.7 *Einteilung der Optimierungsaufgaben* [Quelle: ETHZ pd|z nach Schmit / Mallett 1963]

Topologieoptimierungen, die ein FE-Modell als Strukturmodell verwenden, sind die am weitesten verbreiteten Verfahren. Der verfügbare Bauraum in der Einbausituation des Bauteils wird in Finite Elemente zerlegt. Diesen Elementen wird dann eine zusätzliche Variable zugeordnet, die die Materialverteilung im Bauraum beschreibt. Ein Optimierungsalgorithmus berechnet das Minimum bzw. Maximum einer Zielfunktion unter Berücksichtigung von Restriktionsfunktionen. Häufig verwendete Zielfunktionen sind das Volumen, die mittlere Nachgiebigkeit und das dynamische Systemverhalten.

Viele Topologieoptimierungsmodule in FEM-Programmen verwenden das SIMP-Verfahren (*Solid Isotropic Material with Penalization*). Es ist für die Topologieoptimierung von mechanisch belasteten Bauteilen universell einsetzbar und zurzeit das Standardverfahren zur Topologieoptimierung. Eine explizite mathematische Formulierung der Optimierungsaufgabe ist nicht erforderlich, da der Optimierungsparameter die Materialverteilung im Bauraum ist.

Für die Optimierung werden die Lager und Krafteinleitungspunkte definiert und der verfügbare Bauraum, wie bereits erwähnt, in Finite Elemente zerlegt. Beim SIMP-Verfahren wird jedem dieser

Elemente eine topologische Dichte $\eta(x)$ zugeordnet. Diese topologische Dichte kann Werte zwischen $\eta(x) = 0$ (kein Material) und $\eta(x) = 1$ (Vollmaterial) annehmen. Bei der Optimierung wird eine Verteilung des Materials auf 0 oder 1 angestrebt, so dass wenige Bereiche mit mittleren topologischen Dichten entstehen. Das Problem der Topologieoptimierung wird mit der topologischen Dichte η in ein Problem der Parameteroptimierung überführt. Durch die Anpassung der Dichten kann die Form des Bauteils verändert werden, ohne dass der Bauraum zwischen den Iterationen neu vernetzt werden muss.

Wie in Bild 3.8 dargestellt, wird bei der Topologieoptimierung mit dem SIMP-Verfahren in jeder Iterationsschleife eine FEM-Analyse durchgeführt. Basierend auf der Spannungsverteilung, werden die topologischen Dichten $\eta(x)$ verändert.

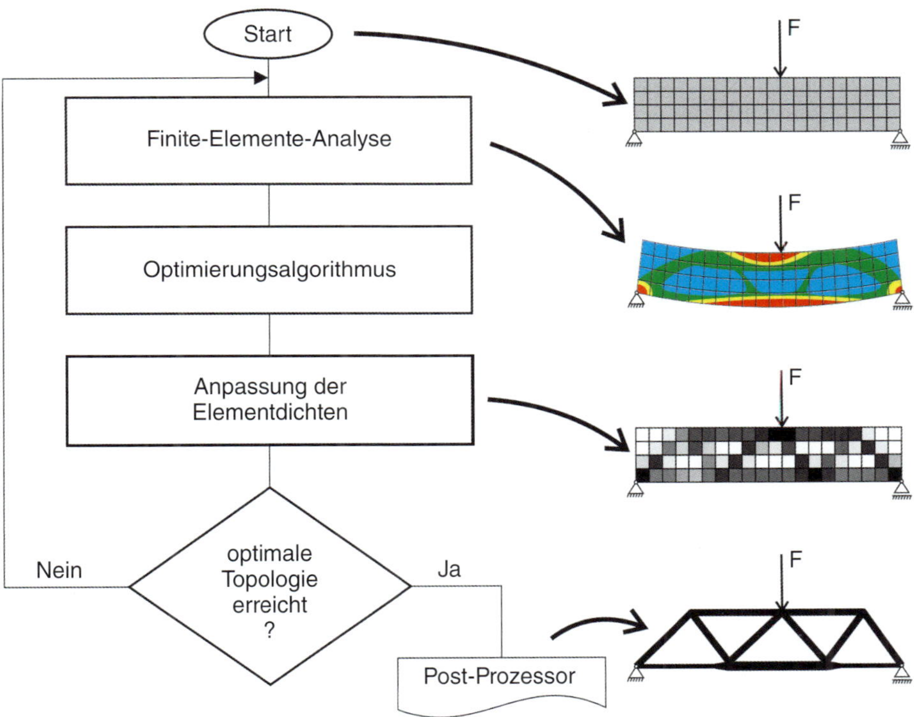

Bild 3.8 *Ablauf der Optimierung mit dem SIMP-Verfahren*
[Quelle: ETHZ pd|z nach SCHUMACHER 2013 und BENDSØE, SIGMUND 2004]

Mit der topologischen Dichte ist ein fiktives Materialgesetz verknüpft. Der Elastizitätsmodul eines Elements $E(x)$ wird mit Gleichung 3.1 aus dem Elastizitätsmodul des Materials E_0, der topologischen Dichte $\eta(x)$ und dem Strafexponenten $\beta > 1$ des Elements berechnet. Die Dichte $\rho(x)$ der Elemente skaliert linear mit der topologischen Dichte $\eta(x)$.

$$E(x) = E_0 \cdot \eta(x)^{\beta} \quad \text{(Gl. 3.1)}$$

$$\rho(x) = \rho_0 \cdot \eta(x) \quad \text{(Gl. 3.2)}$$

Durch den Strafexponenten β ergibt sich aus den Gleichungen 3.1 und 3.2 ein nichtlinearer Zusammenhang zwischen den Steifigkeiten und den Dichten. Dieser bewirkt eine eindeutigere Materialverteilung im Bauraum. Durch den Strafexponenten β werden Elemente mit einer topologischen Dichte $\eta(x) < 1$ unökonomisch. Diese Elemente haben durch ihre reduzierte Steifigkeit nur einen geringen Nutzen für die mechanischen Eigenschaften des Bauteils und verursachen durch ihre Dichte hohe Kosten. Dieser Kostenansatz liefert die mathematische und logische Begründung für den Optimierungsansatz von SIMP.

TIPP

Weiterführende Informationen zu diesem und anderen Optimierungsverfahren finden sich in dem Buch «Bionik in der Strukturoptimierung» von Alexander Sauer (s. Literaturverzeichnis).

Der Konstruktionsprozess unter Verwendung der Topologieoptimierung ist nur teilweise automatisiert. Nachdem der Bauraum in einem CAD-Programm modelliert wurde, kann der Import in den Preprozessor eines FEM-Programms automatisch geschehen. Der Konstrukteur definiert nun die Lagerung und die angreifenden Kräfte. Das anschließende Vernetzen mit Finiten Elementen geschieht je nach FEM-Programm und Elementtyp automatisch, erfordert aber häufig noch eine Nachbearbeitung.

Das Hauptproblem der Integration der Topologieoptimierung in den Entwicklungsprozess ist die Weiterverarbeitung der Optimierungsergebnisse. Die Topologieoptimierungsverfahren liefern nur einen groben Entwurf der Bauteilform. In diesem Entwurf sind im Allgemeinen noch keine Fertigungsanforderungen oder Designvorgaben berücksichtigt. Damit werden die Ergebnisse der Topologieoptimierung zu einer Skizze, die vom Konstrukteur interpretiert werden muss.

Diese Anpassung lässt sich erheblich vereinfachen, wenn die Ergebnisse der Optimierung direkt in einem CAD-Programm bearbeitet werden können. Bis vor wenigen Jahren konnten die Ergebnisse der Topologieoptimierung aber noch nicht in eine CAD-Umgebung übertragen werden. Das größte Problem war dabei die korrekte Beschreibung der optimierten Form im CAD. So liefert beispielsweise das SIMP-Verfahren eine Ansammlung von Elementen mit einer topologischen Dichte, die oberhalb einer definierten Grenze liegt. Dadurch ergibt sich eine stark facettierte Oberfläche, die sich aus den Oberflächen der einzelnen Elemente zusammensetzt. Die Elemente selber müssen dabei keine geschlossene Struktur bilden, sondern es können einzelne Elemente in den freien Raum ragen oder losgelöst von den übrigen Elementen im Raum schweben.

Ein direkter Export der Optimierungsergebnisse in das STL-Dateiformat ist zwar möglich, allerdings wenig sinnvoll, da die Oberfläche des Optimierungsergebnisses nicht den Anforderungen an ein mechanisch belastetes Bauteil entspricht (vgl. Bild 3.9). Es ist daher notwendig, die Oberflächen zunächst zu glätten. Hierfür können Programme des Reverse Engineering verwendet werden. Mit diesen Programmen können Punktewolken, wie sie ein 3D-Scanner liefert, in kontinuierliche Oberflächenbeschreibungen umgewandelt werden. In neueren Topologieoptimierungsprogrammen sind bereits Algorithmen für die Berücksichtigung von Fertigungsanforderungen, für die Oberflächenglättung und zum Export der Ergebnisse in CAD-Dateiformate, wie beispielsweise IGES oder STEP, enthalten.

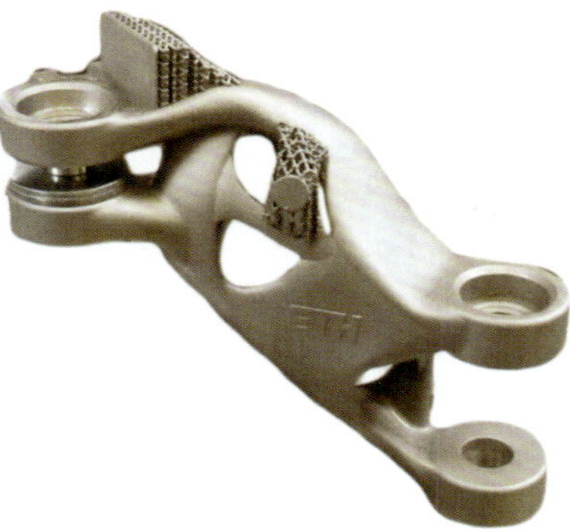

Bild 3.9 *Optimierungsergebnis und fertige Bauteilkonstruktion des Segments eines Gelenkarms einer Kapp- und Gehrungssäge* [Quelle: ETHZ pd|z]

3.5 3D-Scannen und Reverse Engineering

Ein digitales Modell für die Additive Fertigung muss nicht zwingendermaßen mit einem CAD-Programm konstruiert werden. Es existieren verschiedene Technologien für die Digitalisierung der Geometrie von bestehenden Bauteilen im Rahmen eines Reverse Engineering. Die gewonnenen Daten können auf vielfältige Weise weiter verwendet werden. So können beispielsweise Ersatzteile, für die keine Zeichnungen und Fertigungsmittel mehr vorhanden sind, für die Fertigung digitalisiert und bei Bedarf auch abgenutzte und ausgeschlagene Bereiche aufgefüllt werden. Die Einzelteile eines zerbrochenen Bauteils können einzeln erfasst und am Computer wieder zusammengefügt werden. In der Medizintechnik kann die Form von Körperteilen und Knochen erfasst werden, um patientenspezifische Implantate und Produkte zu konstruieren. In der Zahntechnik ist es heute schon möglich, einen Zahn im Mund zu scannen. Die aufwendige Methode, über einen Abdruck ein Gipsmodell zu erstellen, entfällt damit.

DEFINITION

Reverse Engineering: Nachkonstruktion eines bestehenden Objekts. Aus der Analyse und Vermessung eines physischen Gegenstands wird ein 3D-CAD-Modell abgeleitet.

Im Rahmen dieses Buches werden nur die gängigen optischen Verfahren für die Erstellung von 3D-Scans vorgestellt. Es ist auch möglich, aus den Daten eines Computertomographen (CT) oder eines Magnet-Resonanz-Tomographen (MRT) ein 3D-Modell zu erstellen. Der Einsatz eines CT ist bei technischen Bauteilen sinnvoll, um innenliegende Strukturen zu erfassen. In der Medizintechnik wird das CT genutzt, um Knochenstrukturen zu erfassen, während das MRT Organe und Gewebe darstellt. Die so gewonnenen Daten können zur Herstellung patientenindividueller Produkte genutzt werden. Die hier vorgestellten Methoden und Techniken können nicht nur für das Reverse-Engineering von physisch vorhandenen Teilen verwendet werden, sondern eignen sich auch für die Qualitätskontrolle von additiv produzierten Bauteilen. Diese stellen aufgrund ihrer spezifischen Eigenschaften wie sehr komplexen Objektgeometrien mit vielen Freiform-Flächen oft besondere Herausforderungen an die verwendete Messtechnik.

3.5.1 Photogrammetrie

Die Photogrammetrie ist eine passive und berührungslose Messtechnik und bedient sich photographischer Aufnahmen zur Berechnung der Form von Objekten. Bei den derzeit verbreitetsten Verfahren kommt dabei eine Vielzahl von Aufnahmen aus einer Kamera zum Einsatz, für spezielle Aufgaben sind aber auch Setups aus mehreren Kameras verbreitet, die zeitgleich ausgelöst werden, um bewegte Objekte messen zu können. Sowohl durch eine Kalibrierung der Kamera als auch durch das Anbringen von Passpunkten an und um das Objekt lässt sich die Qualität der Messungen erhöhen. Im Regelfall werden Referenzstrecken (wie z.B. Maßstäbe oder Targets mit gemessenen Schrägdistanzen) im Objektraum benötigt, um die Messergebnisse vom Bildraum in den Objektraum skalieren zu können.

Photogrammetrische Techniken sind für eine große Bandbreite an Maßstäben geeignet und werden erfolgreich für die Erfassung von extrem kleinen (mikroskopischen) bis hin zu sehr großen Objekten (wie in der Erstellung von Landkarten) eingesetzt. Einer ihrer Hauptvorteile liegt in der sehr schnellen und kostengünstigen Erfassung, die nicht nur die Ermittlung der Objektgeometrie erlaubt, sondern zugleich auch sehr hochwertige Texturinformationen erfasst.

Bei fast allen Applikationen erfolgen die Auswertung der einzelnen Aufnahmen und die Berechnung der 3D-Geometrie im Postprocessing, so dass während der Erfassung des Objektes weder eine visuelle Beurteilung der Messabdeckung noch eine Qualitätsbeurteilung hinsichtlich Auflösung und Genauigkeit möglich ist. Daher setzt die photogrammetrische Erfassung nach wie vor einige Erfahrung des Anwenders voraus. Sequenzielle oder On-the-fly-Auswertungen von Bildern sind bislang noch die Ausnahme bei messtechnischen Anwendungen.

Im Consumer-Bereich wird die Technologie genutzt, um in kurzer Zeit eine Person inklusive der Farbinformationen zu erfassen um mit diesen Daten 3D-Skulpturen herzustellen. Auch gibt es bereits erste Handy-Apps, die einen 3D-Scan mit dem Handy ermöglichen.

3.5.2 Streifenlichtscanner

Die Technik des Streifenlicht-Scannings greift zwar einige Methoden der Photogrammmetrie auf, da sie ebenso auf bildbasierten Triangulationsverfahren basiert. Es handelt sich hierbei jedoch um eine aktive Technik, bei der ein Streifenmuster auf das zu messende Objekt projiziert wird. Durch die verfügbare Lichtleistung und Messbasis kommt diese Technik vor allem bei kleinen bis mittelgroßen Objekten zum Einsatz: Typische Messfeldgrößen sind im Zentimeter- bis Meterbereich bei Auflösungen von wenigen Mikrometern bis zu einigen Millimetern. Darüber hinausgehende Messvolumen werden im Allgemeinen aus mehreren Teilscans zusammengefügt.

Bild 3.10 zeigt die Vermessung eines Propellers mit einem sehr einfachen Streifenlichtscanner. Ein handelsüblicher Beamer projiziert dafür ein Streifenmuster auf den Propeller. Der Propeller liegt auf einem Drehteller, der das Teil rotiert und dabei den Drehwinkel aufnimmt. Durch die Aufzeichnung des Drehwinkels kann die Software die einzelnen Scans präziser zu einem Gesamtmodell zusammenfügen.

Je nach Anforderungen an die Erfassungsgeschwindigkeit und die erforderliche Genauigkeit können Streifenlichtscanner mit einer oder zwei Kameras eingesetzt werden – weitere Kameras wären theoretisch denkbar, sind aber bisher nicht verbreitet.

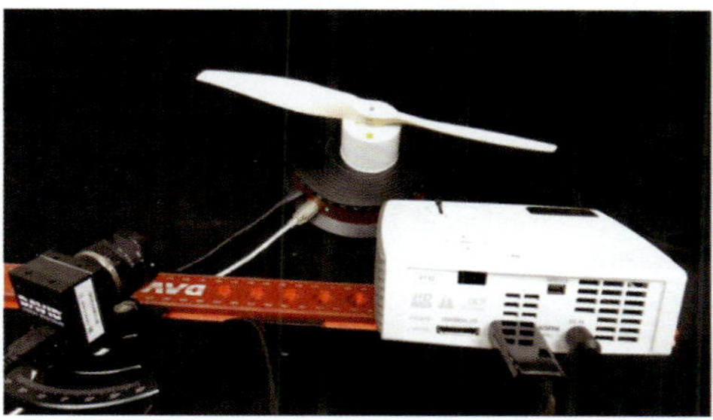

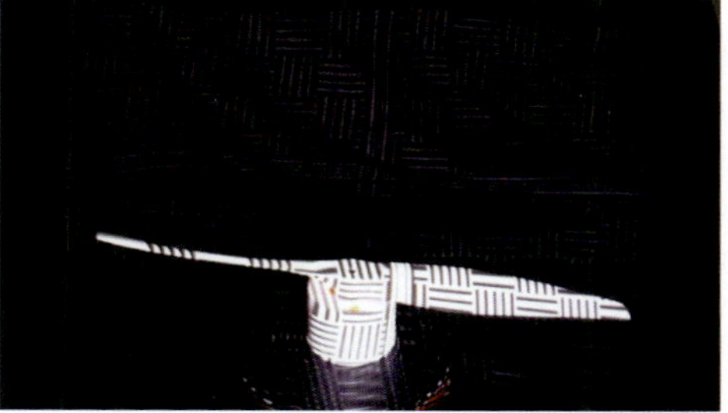

Bild 3.10 *Vermessung eines Propellers mit einem Streifenlichtscanner; links Anordnung von Kamera, Beamer und Drehteller mit Objekt, rechts Objekt mit Streifenmuster* [Quelle: ETHZ pd|z]

3.5.3 Laserscanner

Der Begriff «Laserscanning» wird teilweise für zwei verschiedene Verfahren verwendet: zum einen für das sog. «Lichtschnitt-Verfahren», bei dem es sich wiederum um ein Triangulationssystem handelt. Bei diesem Ansatz projiziert ein Streifenlaser, wie in Bild 3.11, eine Linie auf das zu scannende Objekt. Durch den Winkel zwischen Laser und Kamera und dem Verlauf der Laserlinie auf der Oberfläche kann dann der Oberflächenverlauf des Objekts rekonstruiert werden. Je nach Technik und Anforderungen an den Scan kann entweder die Laserlinie über das Objekt geschwenkt oder dieses unter dem Laser rotiert (z.B. auf einem Drehteller) oder verschoben (auf einem Fließband) werden. Dabei wird der Drehwinkel bzw. die Geschwindigkeit gemessen, um die einzelnen Lichtschnitte zu einem dreidimensionalen Objekt zusammenzufügen.

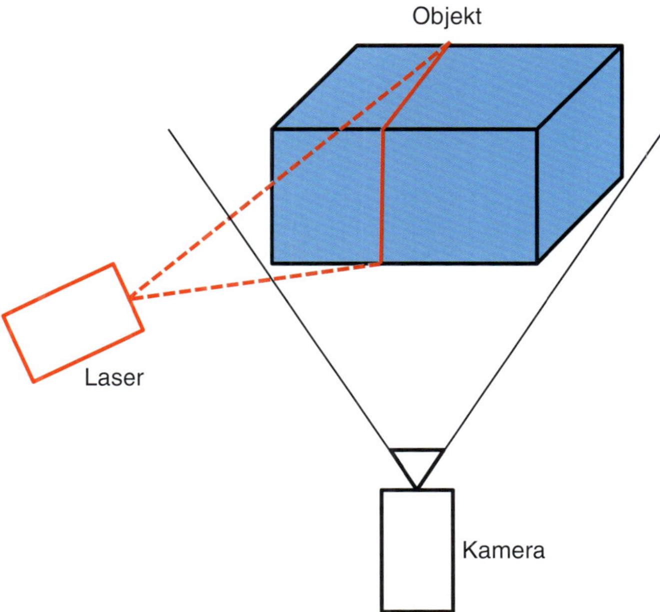

Bild 3.11 *Prinzip eines Laserscans mit dem Lichtschnitt-Verfahren* [Quelle: ETHZ pd|z]

Zum anderen findet der Begriff Laserscannen für das punkt-, zeilen- oder rasterförmige Abtasten eines Objekts mit einem Laserpunkt Anwendung. Bei diesem Verfahren erfolgt im Allgemeinen eine Registrierung der Objektentfernung vom Scankopf durch Laufzeitmessung oder Phasenverschiebung. Durch eine zusätzliche Erfassung der Reflektionswerte erhält man ein Graustufenbild der Oberfläche ähnlich einem Schwarzweißbild. Diese Technik des Laserscannens ist heute aufgrund ihrer großen Genauigkeit und der Möglichkeit zur direkten Datenkontrolle weit verbreitet.

3.5.4 Reverse Engineering

Mit den beschriebenen optischen Scan-Verfahren wird die Oberfläche des Objekts als Punktwolke aufgenommen und in ein Dreiecksmodell umgewandelt. Die erzeugte STL-Datei kann theoretisch direkt für die Additive Fertigung verwendet werden. In den meisten Fällen sind allerdings noch eine Kontrolle und Reparatur der Daten erforderlich. Häufige Datenfehler sind Lücken in der Oberfläche, weil der Scanner die Oberfläche in Spalten und Ecken nicht korrekt erkannt hat.

Wenn die Daten noch weiterverarbeitet werden sollen, ist eine sogenannte Flächenrückführung erforderlich. Bei dieser wird die Dreiecksbeschreibung der Oberfläche wieder in eine Oberflächenbeschreibung mit NURBS und anderen Flächen umgewandelt. Dieser Prozess wird vereinfacht, wenn der Bediener aus dem Kontext der Bauteile für einzelne Oberflächen schon Vorgaben machen kann. Beispielsweise weiß er, dass durch den Fertigungsprozess Bohrungen rund und gerade sind. Durch das erforderliche Kontextwissen ist der Prozess nur bedingt automatisierbar und erfordert die Kontrolle und Korrektur durch einen Menschen.

4 Qualitätssicherung und Kontrolle additiv gefertigter Bauteile

Die Herstellung von Industrie- und Endkundenbauteilen erfordert eine Qualitätssicherung und Kontrolle, die den Anforderungen der jeweiligen Anwendung gerecht wird. Bei Anschauungsobjekten mag eine kurze Sichtprüfung ausreichen, während bei sicherheitsrelevanten Bauteilen, z. B. Flugzeugkomponenten, eine umfangreiche Prozessdokumentation und Bauteilprüfung erforderlich ist. Dieses Kapitel behandelt mögliche Methoden zur Sicherstellung der Bauteilqualität während und nach dem Bauprozess.

4.1 Qualitätssicherung während des Fertigungsprozesses

Bei der Additiven Fertigung entsteht das Bauteil im Bauprozess aus einem formlosen oder formneutralen Werkstoff. Prinzipiell kann jede Abweichung beim verwendeten Rohstoff und den Prozessparametern zu Fehlern im produzierten Bauteil führen. Wie vielfältig die Einflussgrößen auf den Fertigungsprozess sein können, verdeutlicht das in Bild 4.1 dargestellte Ishikawa-Diagramm des SLM-Prozesses. Die dort dargestellten übergeordneten Einflussgrößen Mensch, Maschine, Datenvorbereitung, Bauteilform, CAD-Daten, Prozess, Material und Nachbearbeitung haben alle einen mehr oder weniger großen Einfluss auf die Qualitätsmerkmale des produzierten Bauteils.

Eine Überwachung der Parameter während des Prozesses ist im Allgemeinen vorteilhafter als eine nachgelagerte Bauteilprüfung, da sich so gegebenenfalls die Möglichkeit bietet, durch eine Anpassung der Prozessparameter einer Abweichung entgegenzusteuern oder auch einen fehlerhaften Baujob frühzeitig abzubrechen und so Maschinenzeit und Material zu sparen.

Ob und in welcher Form eine der Einflussgrößen aus Bild 4.1 kontrolliert und dokumentiert werden muss, hängt stark vom Verfahren und der jeweiligen Anwendung des Bauteils ab. Da die additiven Fertigungsprozesse durch einen Computer gesteuert in einem automatisierten Prozess ablaufen, kann eine Vielzahl an Parametern protokolliert werden – vorausgesetzt, die Anlage verfügt über die entsprechenden Sensoren und die Steuerungssoftware lässt einen Zugriff auf diese Daten zu. Im Folgenden werden die wichtigsten Überwachungsmöglichkeiten der einzelnen Verfahren beschrieben. Dabei werden eine fehlerfreie Datenvorbereitung und korrekte Sollpositionen der einzelnen Stränge bzw. Schmelzspuren vorausgesetzt.

4.1.1 Fused Deposition Modelling

Beim Fused Deposition Modelling wird ein Kunststofffilament in einer Düse aufgeschmolzen und die Schmelze als kontinuierlicher Strang abgelegt. Für eine gute Bauteilqualität müssen die Stränge ohne Unterbrechungen und mit konstanter Dicke ausgebracht werden. Für eine gute Verbindung zwischen den Strängen sind die Temperaturen der Schmelze und der abgelegten Stränge von Bedeutung. Damit die Stränge entsprechend der Bahndefinitionen aus der Datenvorbereitung angelegt werden können, ist eine ausreichende Genauigkeit der Düsenposition über dem Baufeld wichtig. Die Verbindung zwischen den Schichten verschlechtert sich, wenn die Höhe der Bauplatte nicht korrekt ist.

Die Qualität des Filaments ist eine wichtige Einflussgröße. Schwankungen in seinem Durchmesser führen zu Problemen beim Extrudieren durch die Düse, da ein zu dünnes Filament von den Förderrädern nicht kräftig genug in die Düse gedrückt wird und ein zu dickes Filament nicht schnell

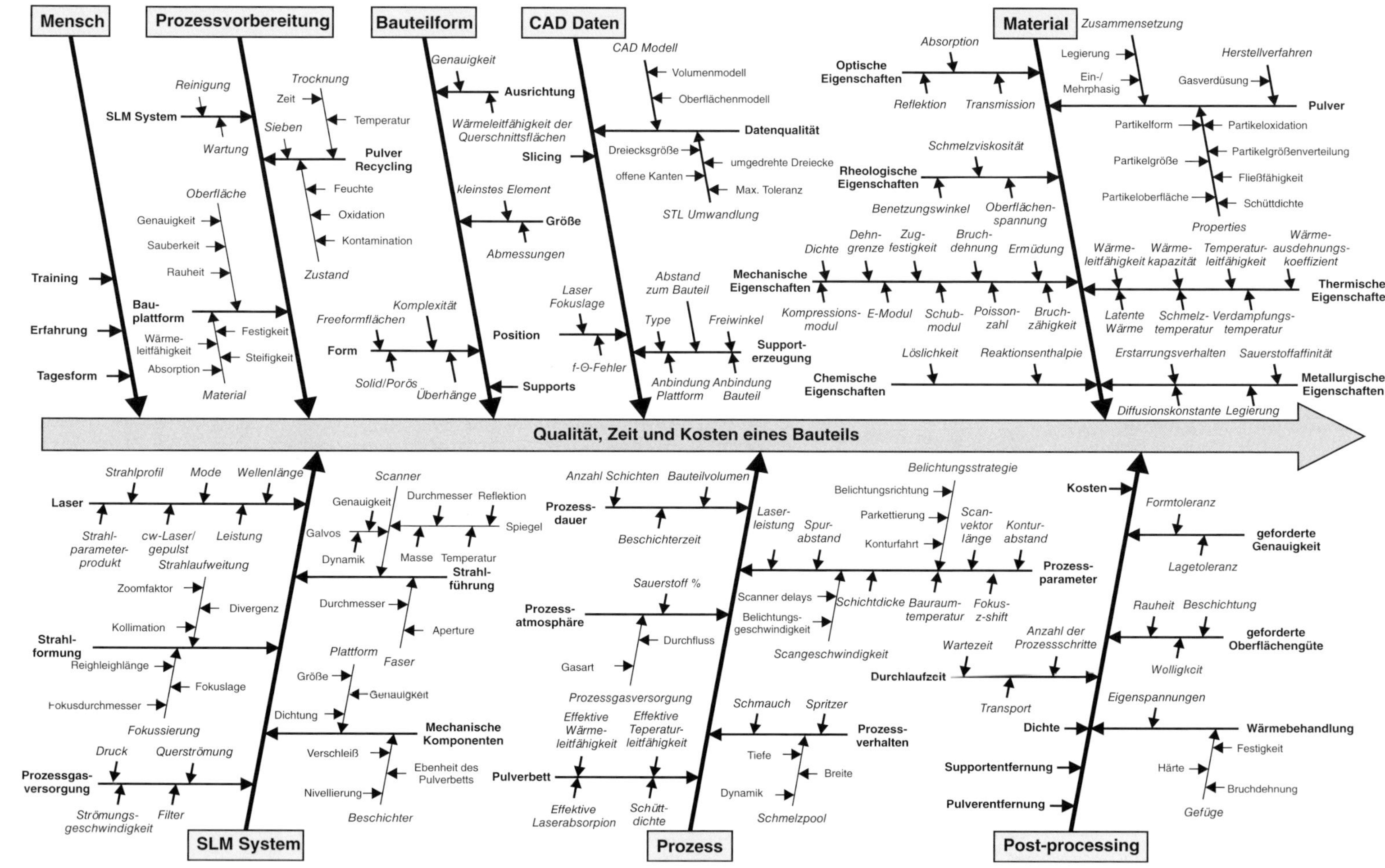

Bild 4.1 Einflussgrößen auf den SLM-Prozess [Quelle: ETHZ pd|z, nach Rehme 2010]

genug aufgeschmolzen werden kann und dadurch die Düse verstopft. In beiden Fällen schwankt die Strangdicke, und der Kunststoff kann in der beheizten Düse zu heiß werden und brennt dort ein. Schwankungen im Durchmesser können nicht nur bei der Filamentherstellung entstehen. Bei hygroskopischen Kunststoffen kann das Filament Feuchtigkeit aus der Luft aufnehmen und aufquellen. Zusätzliche Fehlerquellen bei einfachen FDM-Geräten mit offenen Filamentspulen sind Knicke im Filament und Staub auf der Oberfläche.

Zur werkstoffseitigen Qualitätssicherung liefern einige Hersteller ihr Material in geschlossenen Kassetten, in denen sich das Filament und ein Trocknungsmittel befinden. Die FDM-Maschine erkennt die Kassetten über einen Chip und stellt so sicher, dass nur das korrekte Material des Herstellers verarbeitet wird. Bei diesen Anlagenkonzepten ist der Anwender dauerhaft an den Anlagenhersteller als Materiallieferant gebunden.

Für die Qualitätssicherung innerhalb des Prozesses werden die Temperaturen der Düse und des Bauraums überwacht. Beides sind wichtige Einflussgrößen für die Festigkeit des Bauteils. Von der Düsentemperatur hängt die Viskosität der Schmelze ab und damit, wie gut sich die Schmelze mit den bereits abgelegten Strängen verbindet. Die Temperatur der Stränge aus der vorangegangenen Schicht entspricht ungefähr der Bauraumtemperatur. Ist der Bauraum zu kalt, schmilzt die neue Schmelze die vorhandenen Stränge nicht an und die Festigkeit des Bauteils ist deutlich reduziert. Ist die Bauraumtemperatur zu hoch, erstarrt der neu abgelegte Strang nicht schnell genug und die Genauigkeit des Bauteils nimmt ab. Entsprechend wichtig ist es beim FDM-Prozess, den passenden Temperaturbereich einzuhalten. Bei einigen Materialsystemen können sich zusätzlich die Enden der Polymerketten miteinander verbinden und so die Festigkeit des Bauteils steigern. Diese Nachvernetzung erfordert eine ausreichend hohe Temperatur.

Im Prozess können sich an der Düse Schmelztropfen und Fäden bilden. Damit diese nicht irgendwo am Bauteil abgestreift werden, verfügen einige Anlagen über Bürsten, an denen die Austrittsöffnungen der Düsen regelmäßig geputzt werden. Sind keine derartigen Reinigungseinrichtungen vorhanden, können anhaftende Partikel an einem mitgebauten Opferteil abgestreift werden. Bei geringen Anforderungen an die Qualität des Bauteils kann auch das Bauteil selbst im Bauraum so orientiert werden, dass sich die Düsen an Supportstrukturen abstreifen.

4.1.2 Lasersintern

Im SLS-Prozess trägt ein Beschichter dünne Pulverschichten in einem beheizten Bauraum auf und diese werden dann mit einem Laserstrahl gezielt aufgeschmolzen. Der Fokus des Laserstrahls wird von zwei beweglichen Spiegeln in einem Laserscanner über das Baufeld gelenkt. Durch das Anschmelzen der darunterliegenden Schicht, und bei einigen Kunststoffen auch durch eine Vernetzung der Polymerketten, entsteht ein stabiles Bauteil.

Beim Lasersintern liegen die häufigsten Ursachen für eine schlechte Bauteilqualität im Zustand des Pulvers, den Belichtungsparametern und in der Temperaturführung während und nach dem Prozess. Diese Faktoren können dazu führen, dass das Bauteil eine schlechte Oberflächenqualität hat, nicht die gewünschte Festigkeit erreicht oder sich verzieht.

Die materialseitige Überwachung der Qualität ist schwieriger als beim FDM-Prozess. Das Pulver wird nicht wie das FDM-Filament vollständig verarbeitet, sondern nur ein kleiner Teil des Pulverbetts wird aufgeschmolzen. Das übrige Pulver kann weiterverwendet werden, ist allerdings durch die hohe Bauraumtemperatur gealtert. Bei der Wiederverwendung des nicht prozessierten Pulvers hat seine Historie somit einen Einfluss auf die Qualität der Bauteile.

Es reicht daher nicht aus, das gelieferte Pulver einer Wareneingangskontrolle zu unterziehen. Auch das Altpulver ist vor der Wiederverwendung zu prüfen. Eine ausreichend kleine Pulverpartikelgröße lässt sich durch Sieben sicherstellen, wobei auch ein zu großer Feinanteil zu einer reduzierten Fließfähigkeit des Pulvers führen kann. Das Ausmaß der Alterung lässt sich mit verschiedenen chemischen Methoden bestimmen; für die Praxis am einfachsten ist die Bestimmung der Viskosität der Kunststoffschmelze in Form eines MVR- oder MFI-Werts (engl.: *Melt Volume Rate, Melt Flow Index*). Bei diesem Messverfahren nach ISO 1133 wird das Volumen bzw. die Masse der Kunststoffschmelze gemessen, die in 10 Minuten durch eine Düse aus einem beheizten Zylinder fließt.

Während des Bauprozesses sollte der Bediener regelmäßig durch das Sichtfenster in die Baukammer schauen, um die Qualität des Pulverauftrags zu prüfen und einen möglichen Bauteilverzug zu beobachten. Hierbei ist auf Löcher und Streifen im Pulverbett, Farbunterschiede und verzogene Bauteile zu achten. Diese Kontrollen sollten am Anfang des Bauprozesses häufiger geschehen, da die Maschine einige Zeit braucht, bis sich stabile Temperaturverhältnisse eingestellt haben. Im Verlauf des Bauprozesses können die Kontrollintervalle verlängert werden, bis die Fertigung quasi mannlos erfolgt.

Die Fertigungsanlage überwacht die Temperaturverteilung in der Maschine über Temperatursensoren an verschiedenen Stellen. In der Pulverzuführung können Thermoelemente platziert sein. Die Temperatur des Pulverbetts wird mit Strahlungsthermometern oder Thermokameras überwacht.

4.1.3 Laserschmelzen

Der SLM-Prozess folgt einem ähnlichen Ablauf wie der SLS-Prozess, allerdings sind die aufgetragenen Pulverschichten dünner und die Bauraumtemperatur ist im Verhältnis zum Schmelzpunkt niedriger. Der Großteil der Energie zum Aufschmelzen der aktuellen Pulverschicht und Anschmelzen des darunterliegenden Bauteils wird durch den Laser eingebracht.

Den größten Einfluss auf die Bauteilqualität beim SLM haben der Pulverauftrag und der Laserschweißprozess. Eine thermische Schädigung des Pulvers wie beim Kunststoffpulver im SLS-Prozess wurde noch nicht beobachtet, da die maximal mögliche Bauraumtemperatur der meisten Anlagen deutlich unter denen einer Wärmebehandlung liegt. Ob und wie Metallpulver in den nächsten SLM-Maschinengenerationen mit Bauraumheizungen über 250 °C altert, ist noch zu untersuchen.

Für den Auftrag einer neuen Pulverschicht sind die wichtigsten Einflussfaktoren aus Bild 4.1 die Fließfähigkeit des Pulvers, die im Wesentlichen durch die Partikelform und Größe bestimmt wird, und der Zustand der Beschichtereinheit. Ist beispielsweise die Beschichterklinge beschädigt, so führt dies zu einem Streifen mit zu viel Pulver, der aus dem Pulverbett herausragt. Dieser wird im Prozess aufgeschmolzen und findet sich auch als Streifen auf dem Bauteil wieder. Ist die Beschädigung des Beschichters so groß, dass der aufgeschmolzene Streifen aus der nachfolgenden Pulverschicht herausragt, so verschleißt der Beschichter an dieser Stelle weiter und der Streifen im Pulverbett wächst in den nachfolgenden Schichten, bis der Beschichter an dem überhöhten Streifen hängenbleibt und der Bauprozess abbricht. Der Beschichter ist daher vor jedem Bauprozess durch den Anlagenbediener zu kontrollieren.

Während des Bauprozesses sollte der Bediener die Qualität des Pulverauftrags regelmäßig kontrollieren. Einige Anlagenhersteller bieten als Zusatzmodule für ihre Maschinen eine Überwachung des Pulverbetts mit optischen Kameras an. Mit diesen wird kontrolliert, dass das Pulverbett nach dem Aufzug einer neuen Schicht einheitlich grau ist. Hiermit können nicht nur Streifen im Pulverbett erkannt werden, sondern auch andere Fehler, wie fehlendes Pulver oder Bauteilbereiche, die durch thermischen Verzug aus dem Pulverbett herausragen.

Die Überwachung des Laserschweißprozesses ist anspruchsvoll, da der Laserstrahl einen kleinen Fokus hat und mit hoher Scangeschwindigkeit über das Baufeld bewegt wird. Die Anlagen vergleichen zwar den Soll- und Istwert der Laserleistung, diese Werte werden aber an der Strahlquelle gemessen und sagen daher wenig über die Leistung aus, die im Pulverbett ankommt. Verschmutzte optische Elemente oder aufsteigender Schweißrauch können einen Teil der Leistung absorbieren. Die Messung der Laserleistung dient daher vor allem dazu, die Funktion der Strahlquelle zu überwachen.

Neben der Laserleistung existieren noch viele weitere Einflussfaktoren für die Stabilität des Laserschweißprozesses. Es ist daher zielführender, die Stabilität des Prozesses direkt zu überwachen. Hierzu haben verschiedene Anlagenhersteller Systeme entwickelt, die den Schmelzpool im sichtbaren oder infraroten Lichtspektrum beobachten. Kameras oder Fotodioden sind hierzu im Strahlengang des Lasers angebracht und beobachten dadurch nur den kleinen Ausschnitt des Baufeldes, auf den der Laser gerade gelenkt wird.

Bedingt durch die kleine Schmelzpoolgröße und die hohe Scangeschwindigkeit ist eine hohe Abtastrate der Kamera erforderlich. Dies führt zu großen Datenmengen von mehreren hundert Megabyte pro Sekunde, die über die komplette Baujob-Dauer von mehreren Stunden anfallen. Eine langfristige Speicherung dieses Datenvolumens ist heute nicht möglich. Stattdessen werden die Kamerabilder in Echtzeit auf einzelne Kennwerte wie Schmelzpoolfläche und Leuchtintensität reduziert und für die jeweilige Position im Bauteil abgespeichert. Anhand dieser Daten können nach dem Bauprozess Bereiche im Bauteil identifiziert werden, an denen es zu Abweichungen gekommen ist. Mit anderen zerstörungsfreien Prüfverfahren kann dann gezielt geprüft werden, ob die Abweichungen im Prozess auch zu Fehlstellen im Bauteil geführt haben.

Die mit einer Schmelzpoolüberwachung gewonnenen Daten können theoretisch auch zur Regelung des Prozesses genutzt werden. Durch die hohe Dynamik des Laserschweißprozesses sind hierfür aber sehr schnelle Regler erforderlich, die heute noch Gegenstand der Forschung sind und nicht in Serienmaschinen eingesetzt werden.

Bei Anlagen mit Bauraumheizung sollte die Temperatur im Bauraum überwacht und dokumentiert werden. Da sich diese nur langsam ändert, ist eine niedrige Messfrequenz, z. B. eine Messung pro Schicht, ausreichend.

Aus Sicherheitsgründen überwachen und dokumentieren SLM-Maschinen die Sauerstoffkonzentration im Bauraum. Dieser sollte mit Inertgas, üblicherweise Stickstoff oder Argon, geflutet sein. Bei einer zu hohen Sauerstoffkonzentration besteht die Gefahr eines Metallbrands. Die Maschinen erkennen allerdings nicht, welches Inertgas sich im Bauraum befindet. Der Anlagenbediener hat daher sicherzustellen, dass das richtige Gas verwendet wird. Titan-Pulver darf beispielsweise nicht in einer Stickstoffatmosphäre verarbeitet werden, da beide Stoffe miteinander reagieren.

Im Rahmen der Qualitätssicherung sollten die gewählten Prozessparameter für jeden Baujob mitdokumentiert werden. Idealerweise sind die einzelnen Parameter gegen Veränderungen geschützt und der Anlagenbediener kann nur aus einer begrenzten Anzahl an Parametersätzen auswählen. In diesem Fall genügt es festzuhalten, welcher Parametersatz gewählt wurde, und in einer separaten Dokumentation die einzelnen Versionen der Parametersätze mit den jeweiligen Änderungen zu archivieren.

4.2 Kontrolle der gefertigten Bauteile

Additiv gefertigte Bauteile unterscheiden sich in ihren Eigenschaften nicht grundlegend von konventionell gefertigten Bauteilen. Für die Qualitätssicherung können daher die gleichen Verfahren verwendet werden, die auch bei anderen Kunststoff- oder Metallbauteilen zum Einsatz kommen. Dies können zerstörende Prüfungen an Fertigungsbegleitproben sein oder zerstörungsfreie Prüfungen am eigentlichen Produkt. Im Folgenden werden verschiedene Verfahren vorgestellt, die häufig in der Qualitätskontrolle von AM-Bauteilen eingesetzt werden.

4.2.1 Zerstörende Prüfung von Fertigungsbegleitproben

Fertigungsbegleitproben werden in einem Baujob gemeinsam mit den eigentlichen Bauteilen additiv hergestellt und durchlaufen auch Nachbearbeitungsschritte. Die Proben können entweder direkt nach der Bearbeitung analysiert oder für spätere Analysen (zum Beispiel bei Garantiefällen) archiviert werden.

Eine sehr einfache Methode, um die Qualität des Pulvers zu dokumentieren, ist die Herstellung eines Probekörpers mit einem abgeschlossenen Hohlraum im Inneren. In diesem wird Pulver unter der Inertgasatmosphäre des Bauraums eingeschlossen und kann im Körper für spätere Untersuchungen über einen längeren Zeitraum gelagert werden.

Kleine Würfel mit einer Kantenlänge von 5 bis 10 mm eignen sich gut, um an ihnen die Dichte und das Gefüge zu untersuchen. Die absolute Dichte kann nach dem archimedischen Prinzip auch am eigentlichen Bauteil bestimmt werden. Die relative Dichte, die Aussagen über den Anteil an Poren im Bauteil erlaubt, lässt sich durch den Vergleich mit der absoluten Dichte von porenfreiem Material berechnen. Die Würfel bieten den Vorteil, dass an ihnen die relative Dichte mit Schliffen direkt bestimmt werden kann. Bild 4.2 zeigt den Schliff einer Probe, die nicht mit den optimalen Parametern hergestellt wurde und nur eine relative Dichte von 94,7 % aufweist. Die Dichtebestimmung erfolgt optisch aus dem Verhältnis von hellen und dunklen Flächen. Neben der Dichte lieferte die Auswertung der Schliffe auch Informationen zu Porengröße, Form und räumlicher Anordnung. Diese können bereits auf Ursachen für eine unzureichende Dichte hinweisen.

Bei allen Dichteuntersuchungen ist zu beachten, dass ihre Aussagekraft begrenzt ist. Sie sind jedoch gut geeignet, um Prozessparameter für neue Werkstoffe zu ermitteln. In der Produktion können mit ihnen falsche Parameter, Fehler beim Pulverwerkstoff oder grundsätzliche Probleme bei der Prozessführung erkannt werden. Isolierte Fehler, die außerhalb der Bereiche auftreten, in denen Würfel platziert sind, können nicht erkannt werden.

Mit einer mikroskopischen Analyse der Schliffe kann neben der relativen Dichte auch das Gefüge untersucht werden. Dies liefert weitere Hinweise auf den Bauprozess und den Werkstoff sowie über den Erfolg einer Wärmebehandlung. Für Metalle und Kunststoffe steht eine Vielzahl unterschiedlicher Verfahren zur Verfügung, um relevante Merkmale zu untersuchen.

Eine weitere Form von Fertigungsbegleitproben sind Zugproben. Diese können in unterschiedlichen Ausrichtungen im Bauraum mitgebaut werden. Die Rund- oder Flachzugproben werden mit einem Aufmaß gefertigt, durchlaufen mit den übrigen Teilen des Baujobs die Wärmebehandlung und werden anschließend konventionell auf die genormten Abmessungen nachbearbeitet. Im Rahmen der Qualitätssicherung bieten sich stehend gefertigte Proben an. In dieser Richtung haben die anisotropen AM-Werkstoffe ihre geringste Festigkeit. Die Ergebnisse eines Zugversuchs können daher als Mindestzugfestigkeit für das ganze Bauteil angenommen werden. Hinzu kommt, dass die Messlänge der Zugprobe sich in dieser Ausrichtung über viele Schichten erstreckt und somit auch Beschichtungsfehler oder Schwankungen im Prozess in den Ergebnissen

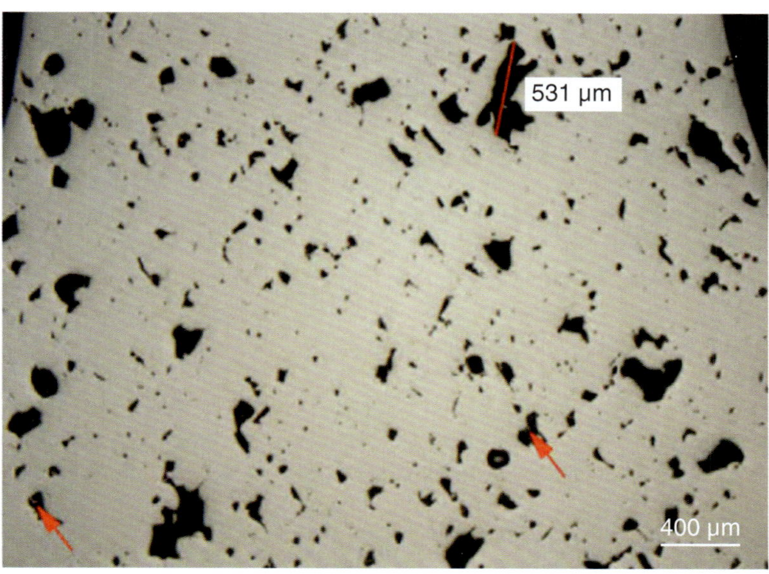

Bild 4.2 *Schliff einer Probe aus dem Edelstahl 17-4PH mit 94,7 % relative Dichte; mit diesem Werkstoff ist eine relative Dichte von über 99,9 % möglich.* [Quelle: inspire AG]

eines Zugversuchs erkennbar sind. Fehler, die auf Höhe der Einspannungen oder oberhalb der Zugproben im Prozess auftreten, können nicht erkannt werden.

Die bisher vorgestellten Fertigungsbegleitproben erlauben einen Aufschluss darüber, ob die Eigenschaften des Materials wie erwartet sind oder ob es Störungen im Prozess gegeben hat. Für die geometrischen Eigenschaften der Bauteile sind Fertigungsbegleitproben eher ungeeignet, da es einfacher und zweckmäßiger ist, die gefertigten Bauteile direkt zu vermessen. Im Rahmen der Qualitätssicherung ist es allerdings sinnvoll, regelmäßig Kalibrierjobs zu bauen. Diese Jobs sind so aufgebaut, dass sie sich mit einfachen Mitteln präzise vermessen lassen und Korrekturfaktoren bestimmt werden können. Neben dem Abgleich von Soll- und Ist-Positionen beim Auftragen oder Aufschmelzen des Materials kann beispielsweise beim SLS-Prozess auch eine ungleichmäßige Temperaturverteilung im Bauraum erkannt werden.

4.2.2 Zerstörungsfreie Prüfung von Bauteilen

In der industriellen Praxis existieren viele verschiedene zerstörungsfreie Prüfverfahren (NDT, engl.: *Non-Destructive Testing*), die auch für additiv gefertigte Bauteile angewandt werden können. Was die Eignung der Verfahren häufig begrenzt, ist eine höhere Komplexität der Bauteilform bei der Additiven Fertigung, die die Effizienz und Zuverlässigkeit der NDT-Verfahren einschränken kann.

Sichtprüfung und die Vermessung der Bauteile auf der einen Seite und durchleuchtende Verfahren, z. B. mit Röntgenstrahlen, auf der anderen Seite stellen in vieler Hinsicht zwei Extreme in der zerstörungsfreien Bauteilprüfung dar. Die Sichtprüfung ist schnell, kostengünstig und gehört zum Arbeitsalltag jedes Facharbeiters. Dabei ist die Erkennung von Bauteilfehlern stark eingeschränkt, da nur Defekte erkannt werden, die zu sichtbaren Spuren an der Oberfläche führen. Das Durchleuchten von Bauteilen erfordert teure Röntgen- oder Computertomographie-Anlagen und gut ausgebildetes Personal für die Bedienung der Geräte und die Auswertung der

Bilder. Die Auflösung der Bilder erlaubt es, sehr kleine Defekte zu erkennen, deren Einfluss auf die Festigkeit des Bauteils heute noch nicht bekannt ist. Der Einfluss von unterschiedlichen Fehlstellen auf die statischen und dynamischen Eigenschaften additiv gefertigter Bauteile ist aktuell eine von vielen Fragen in der AM-Forschung.

Zwischen diesen beiden Extremen ist in der Industrie eine ganze Reihe von weiteren Prüfverfahren etabliert. Diese werden für die Prüfung von Gussbauteilen oder Schweißnähten verwendet, allerdings bislang noch nicht für die Prüfung von additiv gefertigten Bauteilen. Dies liegt darin begründet, dass die Verfahren nicht in der Lage sind, typische Defekte der AM-Verfahren zu erkennen oder Bauteile mit komplexen Formen effizient zu prüfen. Diese Verfahren werden im Folgenden ebenfalls kurz vorgestellt, und die Grenzen ihrer Eignung für die Prüfung von additiv gefertigten Bauteilen werden diskutiert.

Sichtprüfung

Die einfachste Form der zerstörungsfreien Bauteilprüfung ist die Sichtprüfung. Eine ganze Reihe von Fehlern lassen sich mit bloßem Auge an den Bauteilen erkennen. Für die Inspektion von Hohlräumen und Hinterschnitten bietet sich die Verwendung von Spiegeln und Endoskopen an. Bei additiven Verfahren, die Hilfsstrukturen erfordern, sollte eine erste Begutachtung noch auf der Bauplatte erfolgen. Hat sich das Bauteil vom Support gelöst, so ist meistens die Maßhaltigkeit nicht mehr gegeben. Bei geringen Verformungen kann das Bauteil noch innerhalb des akzeptierten Toleranzfeldes sein. Bei einem Schadensbild wie in Bild 4.3 gezeigt ist das Bauteil allerdings Ausschuss. Auch Risse, wie bei den Bauteilen in Bild 4.4, führen zum Ausschuss.

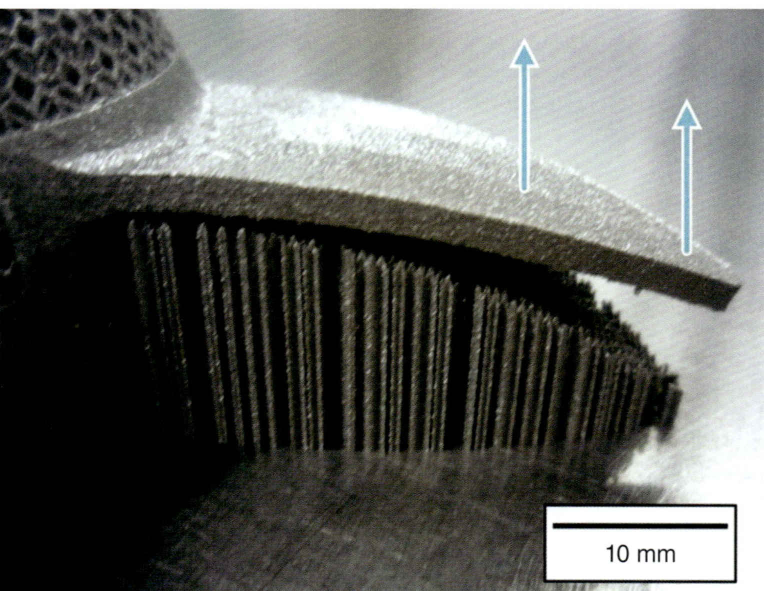

Bild 4.3 *Ablösung des Bauteils von den Stützstrukturen durch thermisch induzierte Eigenspannungen in SLM-Bauteilen aus TiAl6V4* [Quelle: Munsch 2013]

Haben sich einzelne Bauteile in einem Baujob vom Support gelöst oder weisen Risse auf, so müssen nicht zwangsläufig die anderen Bauteile des Baujobs auch fehlerhaft sein. Wenn diese

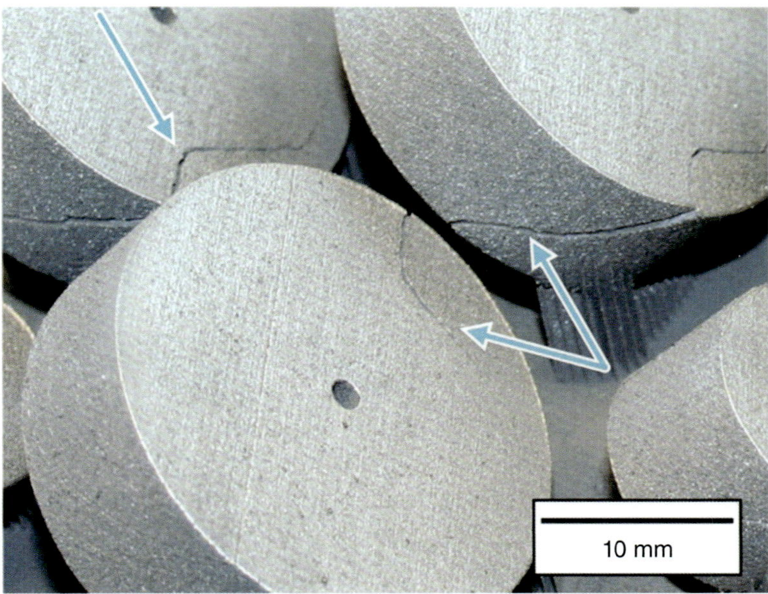

Bild 4.4 *Risse im Bauteil durch thermisch induzierte Eigenspannungen in SLM-Bauteilen aus TiAl6V4* [Quelle: Munsch 2013]

eine ähnliche Form und Größe haben, sollten sie allerdings intensiver auf Risse und Verzug geprüft werden, da in ihnen ebenfalls hohe Eigenspannungen induziert wurden. Die Erkennbarkeit von kleinen Rissen kann durch den Einsatz von fluoreszierenden Flüssigkeiten verbessert werden. Die Bauteile werden dazu mit der Flüssigkeit getränkt, wobei diese durch Kapillarkräfte in die Risse gezogen wird. Nach der Reinigung werden Flüssigkeitsreste in den Rissen unter UV-Licht sichtbar.

Bei pulverbettbasierten Prozessen wie SLS und SLM sollten Bauteile, die sich in Beschichterrichtung hinter einem fehlerhaften Bauteil befinden, ebenfalls genauer geprüft werden. Eine Verformung des Bauteils während des Bauprozesses kann den Beschichter beschädigt haben. Ein beschädigter Beschichter hinterlässt dann charakteristische Streifen, die sich in Beschichterrichtung über die Bauteiloberfläche aller Bauteile ziehen. Die Streifen in Bild 4.5 stammen von

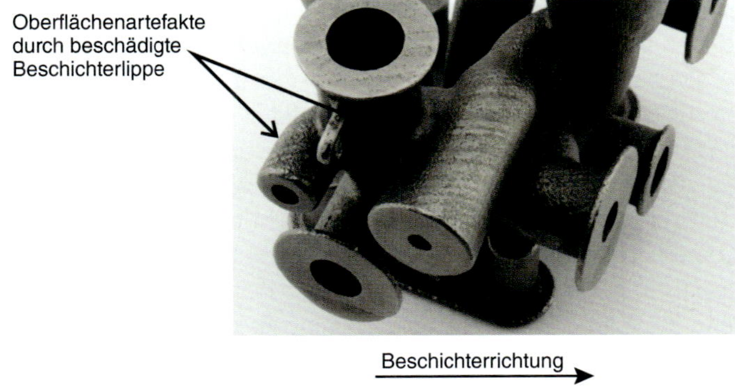

Bild 4.5 *Streifen auf einem SLM-Bauteil aus Edelstahl, die durch Beschädigungen in der Gummibeschichterlippe entstanden sind* [Quelle: ETHZ pd|z]

einer Reihe von kleinen Schäden in einer Beschichterlippe aus Gummi. Ursache der Schäden war ein zu hoher Energieeintrag beim Aufbau der Stutzstruktur. Die Spuren der Supportstruktur haben sich überhöht (vgl. Bild 1.10) und kleine Kerben in der Kante der Gummilippe hinterlassen.

Ein häufiger Oberflächendefekt bei SLS-Bauteilen, der bereits bei der Sichtkontrolle auffällt, ist die in Bild 4.6 gezeigte sogenannte Orangenhaut. Das Auftreten dieses Defekts ist von vielen Faktoren abhängig. Einer der Hauptfaktoren ist die Schmelzviskosität des Kunststoffpulvers, daher sind meistens alle Bauteile eines Baujobs betroffen.

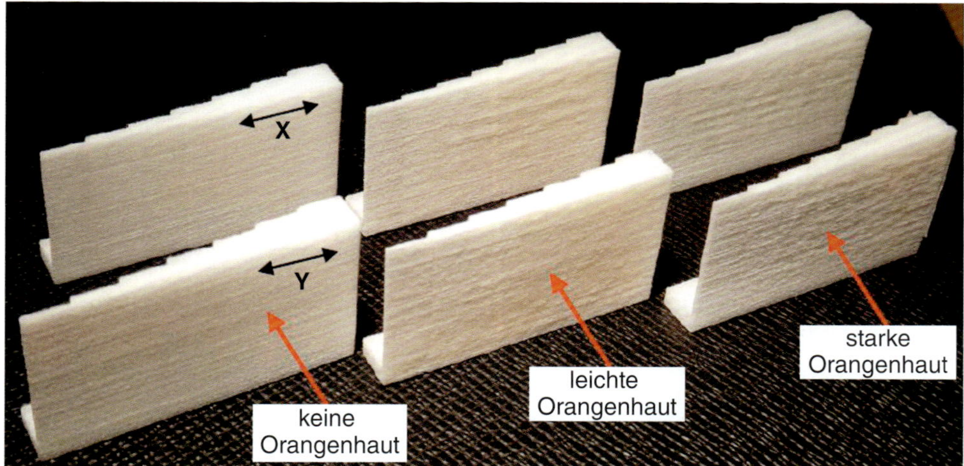

Bild 4.6 *Unterschiedliche Ausprägungen von Orangenhaut auf SLS-Bauteilen aus PA12*
[Quelle: Schmid 2015, inspire AG]

Geometrieprüfung

Die Maßhaltigkeit der Bauteile lässt sich bereits mit geringem Aufwand im Rahmen einer Sichtprüfung kontrollieren. Bei AM-Verfahren, die auf eine Bauplatte aufbauen, kann diese als Referenz verwendet werden. Mit einfachen Messmitteln, wie z. B. Messschiebern, können einzelne Maße geprüft werden. Für einen Vergleich des gesamten Bauteils mit einer Soll-Geometrie können je nach geforderter Genauigkeit optische 3D-Scanner oder die genaueren taktilen Koordinatenmessmaschinen verwendet werden. Die Funktionsweise und die Grenzen einer optischen Vermessung wurden bereits in Kapitel 3 beschrieben. Der digitale Vergleich der erfassten Bauteilform mit dem CAD-Modell zeigt, ob, wie stark und in welche Richtung sich die Bauteile verformt haben. Für spritzgegossene und extrudierte Bauteile aus teilkristallinen Kunststoffen wird empfohlen, diese erst 24 Stunden nach der Produktion zu vermessen, da durch die Nachkristallisation der Verzug zeitversetzt auftreten kann. Es ist nicht eindeutig, ob eine solche Wartezeit auch für additiv gefertigte Kunststoffteile sinnvoll ist. Einerseits ist der Großteil der Kunststoffe im SLS-Verfahren teilkristallin, daher ist eine Nachkristallisation nicht ausgeschlossen. Andererseits wird üblicherweise der Pulverkuchen nach dem Bauprozess sehr langsam abgekühlt, um eben diesen nachträglichen Verzug zu verhindern.

Taktile und optische Verfahren können nur die Außengeometrie eines Bauteils erfassen. Innenliegende Hohlräume, Kanäle und andere Strukturen erfordern andere Verfahren, um ihre Form zu erfassen.

Röntgen und Computertomographie

Röntgenverfahren und Computertomographie (CT) durchleuchten ein Bauteil mit elektromagnetischer Strahlung mit einer Wellenlänge von $\lambda = 10^{-10}$ bis 10^{-14} m. Mit der Strahlung können fast alle Materialien untersucht werden, wobei Wellenlänge und Intensität an den Werkstoff und die Dicke des Bauteils angepasst werden müssen. Das Bauteil befindet sich bei der Prüfung zwischen einer Strahlenquelle und einem Detektor. Auf dem Weg durch das Bauteil wird ein Teil der Strahlung absorbiert.

Das einfachste und bekannteste Prüfverfahren ist das Röntgen, wie es auch in Arztpraxen oder an Flughäfen zum Einsatz kommt. Der zu prüfende Gegenstand wird zwischen die Strahlenquelle und einen Fotofilm bzw. eine Detektorplatte platziert. Durch die unterschiedliche Absorption je nach Dicke und Werkstoff ergibt sich ein zweidimensionaler Schattenwurf, der Aufschluss über das Innere des Bauteils gibt. Ein Hohlraum, wie z. B. eine Pore im Bauteil, führt dazu, dass weniger Strahlung absorbiert wird als im umgebenden Material. Der Film wird dadurch stärker belichtet. Durch Aufnahmen in mehreren Ansichten kann die Position des Hohlraums im Bauteil bestimmt werden. Mehrere Aufnahmen empfehlen sich grundsätzlich, da ein Defekt in einer Ansicht möglicherweise von anderen Strukturen verdeckt wird.

Für die Qualitätskontrolle von komplexeren dreidimensionalen Bauteilen empfiehlt es sich, anstelle von mehreren zweidimensionalen Röntgenaufnahmen einen Scan mit einem Computertomographen zu machen. Hierbei wird das Bauteil, wie in Bild 4.7 skizziert, mit einem Strahlenfächer durchleuchtet. Aus einer Vielzahl von Einzelaufnahmen aus unterschiedlichen Richtungen berechnet ein Computer ein dreidimensionales Bild von dem Bauteil und seinem Inneren.

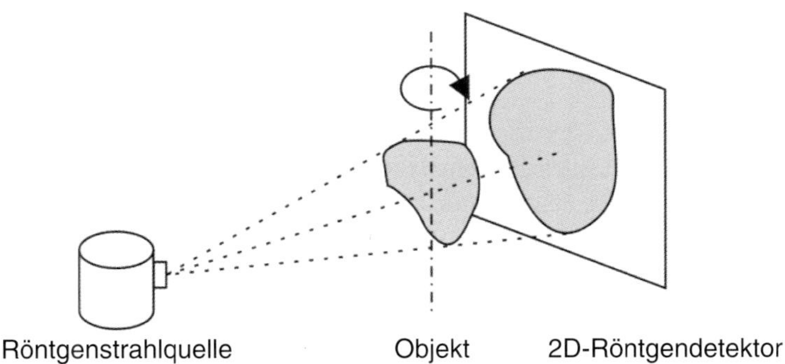

Bild 4.7 *Prinzipieller Aufbau eines Computertomographen* [Quelle: ETHZ pd|z]

Mit CT-Scans können in SLM-Bauteilen die Formen innenliegender Strukturen überprüft und eine Vielzahl von Defekten erkannt werden. Dies umfasst Risse und Poren, aber auch Partikel, wie z. B. Pulverreste in Kanälen. Bild 4.8 zeigt einen Schnitt aus einem CT-Scan, bei dem Späne in den Kanälen eines Hydraulikblocks gefunden wurden.

Ultraschallprüfung

Bei einer Ultraschallprüfung sendet ein Prüfkopf Schallwellen in das Bauteil. Grenzflächen und Hohlräume innerhalb des Bauteils schwächen diese Wellen ab und reflektieren einen Teil der Wellen als Echo zurück. Dabei ist zu beachten, dass Luft ein vergleichsweise schlechter akustischer Leiter ist. Für die Prüfung empfiehlt sich daher bei der Ultraschallprüfung die Verwendung eines

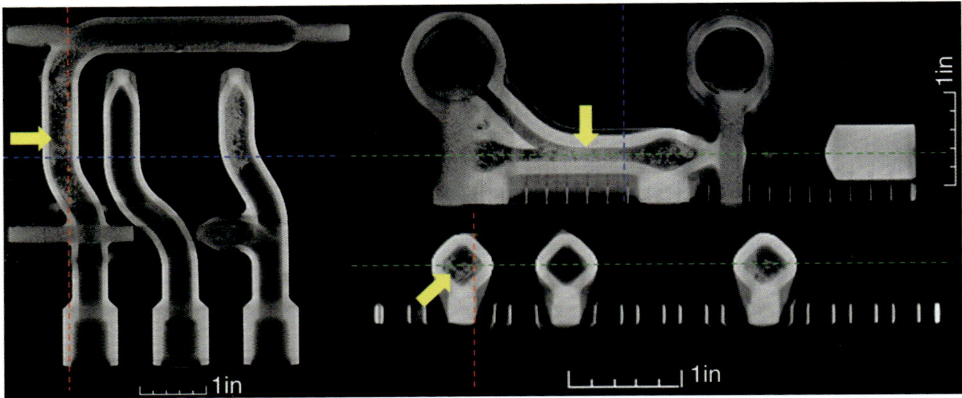

Bild 4.8 *Schnitt eines CT-Scans, bei dem Späne (markiert mit gelben Pfeilen) in den innenliegenden Kanälen eines Hydraulikblocks gefunden wurden* [Quelle: Schmelzle et al. 2015]

Fluids (z. B. Wasser, Gel oder Öl) zwischen Prüfkopf und Bauteil, um die Einkopplung des Schalls zu verbessern. Bei unbearbeiteten additiv gefertigten Bauteilen kann die raue Oberfläche zu Problemen führen, da sich zwischen den Rauheitsspitzen Luftblasen sammeln können, die das Ultraschallsignal dämpfen.

Für die Untersuchung von Bauteilen gibt es zwei verschiedene Ultraschallverfahren. Beim *Durchschallungsverfahren* nimmt ein Sensor auf der dem Prüfkopf gegenüberliegenden Seite des Bauteils die Schallwellen auf und erkennt an der Abschwächung des Signals eventuelle Fehler im Bauteil. Das Verfahren wird selten angewendet, da die Ausrichtung von Sender und Empfänger sehr präzise erfolgen muss und nur verhältnismäßig große Bauteilfehler erkannt werden.

Beim häufiger verwendeten *Impuls-Echo-Verfahren* nimmt der Prüfkopf die reflektierten Echos auf und berechnet aus den Laufzeiten der einzelnen Echos den Abstand der Grenzflächen zum Prüfkopf. Der oberflächennahe Bereich direkt unter dem Prüfkopf kann nicht untersucht werden, da der Prüfkopf nicht gleichzeitig senden und empfangen kann. Die Wahl des Prüfkopfes als Sender und Empfänger der Schallwellen ist abhängig von der Dicke, der Form, der Oberflächenbeschaffenheit und dem Werkstoff des Bauteils sowie der Art und Lage der nachzuweisenden Fehler.

Moderne Prüfsysteme sind nicht auf das Aussenden und Empfangen eines Signals beschränkt, sondern können einen Fächer an Impulsen (engl.: *phased array*) aussenden und die Echos zu einem zweidimensionalen Schnitt zusammensetzen. Wird zusätzlich noch die Bewegung des Prüfkopfes über das Bauteil aufgenommen, so kann ein dreidimensionales Modell des Bauteilinneren erstellt werden. Bild 4.9 zeigt die drei möglichen Arten von Ultraschall-Scans: Der A-Scan in Bild 4.9a plottet die Stärke der empfangenen Echos über die Laufzeit. Bild 4.9b zeigt den zweidimensionalen Schnitt eines B-Scans. Aus mehreren parallelen B-Scans ist der C-Scan in Bild 4.9c zusammengesetzt.

Die oben beschriebene Abstimmung des Messsystems auf das Bauteil und die erwarteten Fehlertypen machen die Ultraschallprüfung von additiv gefertigten Bauteilen nicht zum Mittel der Wahl für die Qualitätskontrolle. Die Vorteile der Additiven Fertigung liegen in einer geringen Einschränkung der Bauteilkomplexität und in kleinen Stückzahlen. Eine vollständige Bauteilprüfung würde sehr viel Expertise und die Verwendung von verschiedenen Schallköpfen erfordern. Hinzu kommt, dass es bei der Additiven Fertigung keine Bauteilformen gibt, die besonders anfällig

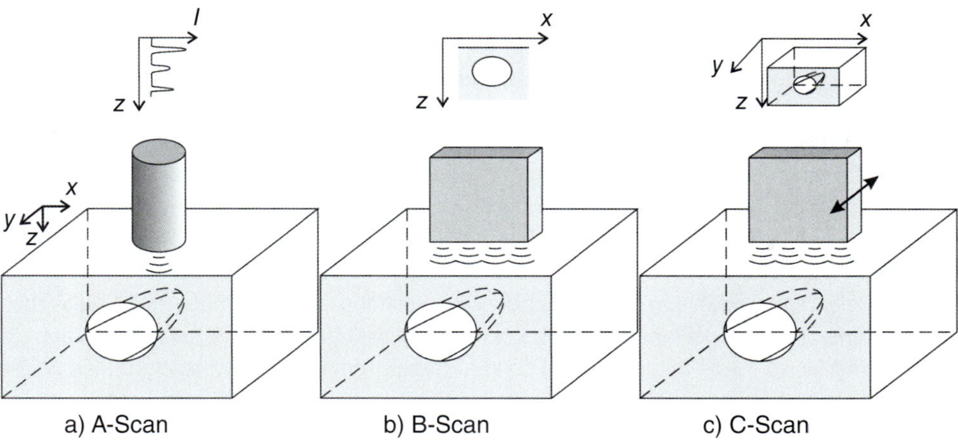

Bild 4.9 *Ultraschalluntersuchung mit A-, B- und C-Scan* [Quelle: ETHZ pd|z]

für Defekte sind, sondern Fehler stochastisch im Bauteil verteilt sein können. Eine vollständige Bauteilprüfung wäre entsprechend zeitintensiv. Letztendlich ist auch zu bezweifeln, dass Poren wie in Bild 4.2 zuverlässig erkannt werden. Für ein ausreichend starkes Echo benötigt ein Defekt eine gewisse Größe, die über den Poren in SLM-Bauteilen liegt.

Wirbelstromprüfung

Eine Wirbelstromprüfung nutzt elektromagnetische Induktion, um oberflächennahe Defekte aufzuspüren. Prinzipiell ist der Prüfkopf ein Wechselstromtransformator. Eine Spule wird mit Wechselstrom angeregt und erzeugt ein wechselndes Magnetfeld. Dieses Magnetfeld erzeugt in einer zweiten Spule eine Spannung, die gemessen wird. Wird nun der Prüfkopf wie in Bild 4.10b in die Nähe eines leitfähigen Materials gebracht, so induziert das Magnetfeld der Spule in dem Material einen Stromfluss, die sogenannten Wirbelströme. Diese Wirbelströme wiederum erzeugen ein Magnetfeld, das dem Magnetfeld der Spule entgegengerichtet ist. In der Summe ist das magnetische Feld schwächer und die an der zweiten Spule gemessene Spannung ist geringer.

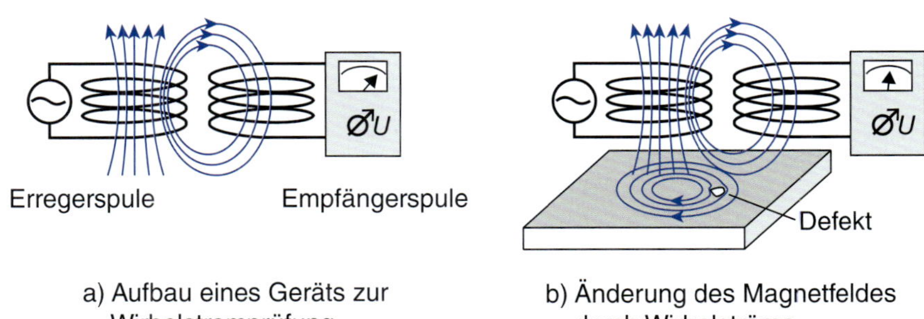

Bild 4.10 *Prinzip der Wirbelstromprüfung* [Quelle: ETHZ pd|z]

Das Verfahren lässt sich durch die Wahl der Frequenz und Stromstärke in der Erregerspule an das untersuchte Bauteil und die Fragestellung anpassen. Bei der Auswertung kann nicht nur die veränderte Spannungsamplitude in der Empfängerspule, sondern auch die Phasenverschiebung ausgewertet werden.

Einschlüsse, Poren und Risse führen zu einer Veränderung der Leitfähigkeit im Material und der Stromdichte. Hierdurch ändert sich das Magnetfeld und in der Folge die angezeigte Spannung in der zweiten Spule. Auf diese Weise lassen sich auch andere Materialparameter überprüfen, die sich auf die Leitfähigkeit und Permeabilität auswirken.

Kunststoffteile aus den FDM- und SLS-Verfahren können so nicht untersucht werden, da der Werkstoff elektrisch leitfähig sein muss. Für die Untersuchung von SLM-Bauteilen ist die Wirbelstromprüfung prinzipiell geeignet. Ein möglicher Störeinfluss bei der Qualitätssicherung kann die raue Oberfläche von SLM-Bauteilen sein, da die Wirbelströme gestört werden können. Diese Veränderungen können den Effekt von Fehlstellen unter der Oberfläche überdecken.

5 Kostenstruktur der Additiven Fertigung

Die additive Herstellung von Bauteilen kann für einen OEM ökonomisch sinnvoll sein. Es gibt jedoch verschiedene Faktoren, die gegeneinander abgewogen werden müssen, da die Kostenstruktur Additiver Fertigung sich von jener der konventionellen Fertigungsverfahren teils deutlich unterscheidet. Dieses Kapitel gibt einen Einblick in die Kostenfaktoren additiver Verfahren und geht dabei insbesondere auf Unterschiede bei Eigenfertigung und Fremdbezug ein.

DEFINITION

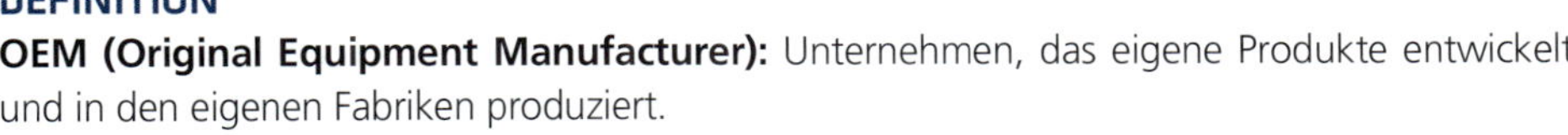

OEM (Original Equipment Manufacturer): Unternehmen, das eigene Produkte entwickelt und in den eigenen Fabriken produziert.

5.1 Einleitung

Die Kostenstruktur beschreibt das Verhältnis von Kosten zu Nutzen und ist damit entscheidend für die Frage, ob eine Serienproduktion wirtschaftlich sinnvoll ist oder nicht. Eine erste Kostenabschätzung für additiv gefertigte Produkte erfolgt üblicherweise pro gefertigtem Kubikzentimeter. Die Nachbearbeitung der additiven Bauteile ist ein weiterer Kostenfaktor, der zusätzlich berücksichtigt werden muss. Betrachtet man die Kostenstruktur additiver Fertigungsverfahren insgesamt, so wird diese größtenteils durch die Kosten für die AM-Maschinen bestimmt, gefolgt von den Kosten für Werkstoffe und Lohnkosten. Andere Faktoren, wie Verbrauchsmittel (z. B. Gas) und Energiekosten können dagegen in der Gesamtkostenstruktur vernachlässigt werden. Vor allem Maschinen für die Fertigungsmethoden Lasersintern und Laserschmelzen sind sehr kapitalintensiv, was die Gesamtkosten pro Kubikzentimeter in die Höhe treibt. Der Kostenaufwand von pulverbettbasierten Verfahren wird oft mit jenem von werkzeugintensiven konventionellen Fertigungsverfahren wie Spritzguss und Druckguss verglichen oder auch mit Bearbeitungsverfahren wie CNC-Fräsen (Bild 5.1).

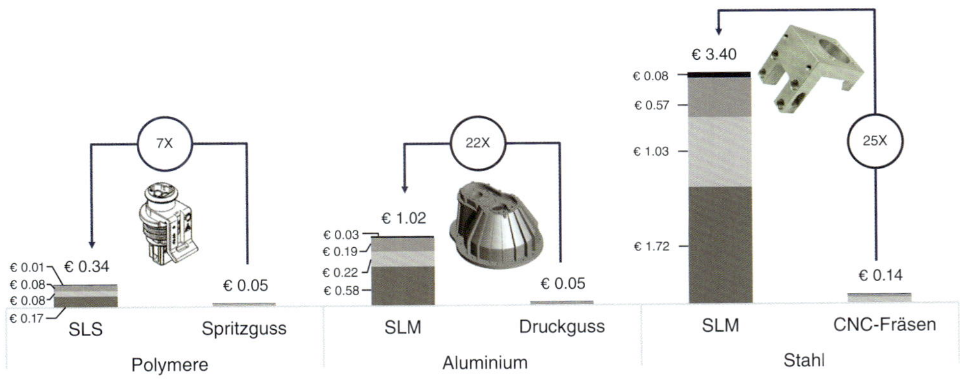

Bild 5.1 *Variable Kosten pro Kubikzentimeter für SLS- und SLM-gefertigte Bauteile im Vergleich mit ihren konventionell gefertigten Gegenstücken* [Quelle: ETHZ pd|z]

Bild 5.1 stellt für drei beispielhaft ausgewählte Bauteile die variablen Kosten pro Kubikzentimeter bei Additiver Fertigung und konventioneller Fertigung gegenüber. Die Kosten für Werkzeugbau, Rüstzeiten und andere, pro Batch anfallende Kosten sind hier ausgenommen. Abhängig von Verfahren und Bauteildesign können die variablen Kosten bei Additiver Fertigung um das Fünf- bis Fünfzigfache höher liegen als bei konventioneller Fertigung, etwa bei der Verarbeitung von Polymeren und Metall.

Trotz dieses Größenunterschiedes kann der Einsatz additiver Verfahren in der Fertigung ökonomisch sinnvoll sein, wie ein Blick auf die Fixkosten deutlich macht. Fixkosten bei konventionellen Herstellungstechnologien verteilen sich nur auf ein einzelnes spezifisches Bauteildesign. So kann beispielsweise eine Form im Druckguss nur für die Herstellung des spezifischen Produkts eingesetzt werden, für das sie entwickelt wurde. Entsprechend müssen sich die Kosten der Form über die Zahl der produzierten Teile rechnen. Die Kosten für das Rüsten einer Werkzeugmaschine oder den Werkzeugwechsel an einer Spritzgussmaschine müssen auf die Anzahl der in diesem Fertigungslos produzierten Teile bis zum nächsten Umrüsten verteilt werden. Aus diesem Grund sind konventionelle Fertigungsverfahren deutlich abhängiger von Fixkosten als additive Verfahren. Werden nur wenige Einheiten pro Batch produziert oder Kleinserien gefertigt, können die Fixkosten bei Weitem die variablen Kosten übersteigen, so dass eine Additive Fertigung kostengünstiger ist als eine Fertigung mit konventionellen Verfahren.

Auch die Additive Fertigung unterliegt zu einem gewissen Grad Fixkosten, jedoch können sich diese einfacher durch unterschiedliche Produkte ausgleichen, die in einer einzelnen Batch hergestellt werden. Die tatsächlichen Kosten, die in einem additiven Baujob pro Kubikzentimeter anfallen, sind abhängig von einer komplexen Kombination aus technischen Parametern und den Betriebsbedingungen der Maschinen. Die wichtigsten Parameter für pulverbettbasierte Verfahren sind in Bild 5.2 aufgeführt. Durch die Veränderung dieser Parameter können Maschinenhersteller und -betreiber die Gesamtkosten für die Additive Fertigung reduzieren. Da Lasersinter- und Laserschmelz-Maschinen sehr kapitalintensiv sind, ist die Produktivität der Maschinen ein kritischer Parameter, der die Gesamtkosten beeinflusst. Die Produktivität der Maschinen ergibt sich aus dem Quotienten aus tatsächlichem Durchsatz eines Baujobs (also dem exakten Materialvolumen der gefertigten Bauteile) und der Durchlaufzeit des Baujobs (also der Zeit, die benötigt wird, um den Baujob auszuführen).

Es ist dementsprechend wichtig, die Struktur der Durchlaufzeit des Baujobs bei pulverbettbasierten Verfahren zu kennen, da sie der Schlüssel zur Optimierung der Gesamtkosten sind. Die Durchlaufzeit umfasst:

- Zeit für Rüsten der Maschine, Laden der 3D-Dateien und Entnahme der gefertigten Bauteile durch den Bediener,
- Zeit, die die Maschine zum Vorwärmen und Abkühlen benötigt,
- Zeit, die der Laser zum Belichten und Aufschmelzen aller Bauteilflächen benötigt,
- Zeit, die das Auftragen und ggf. Aufwärmen der Pulverschichten in Anspruch nimmt,
- ggf. Zeit für die Qualitätssicherung im laufenden Baujob.

Betrachtet man das SLS-Verfahren, so macht die eigentliche Fertigungszeit, also die Zeitspanne, die ausschließlich von der Tätigkeit der AM-Maschine bestimmt wird und vom Bediener unabhängig ist, bei effizientem Betrieb etwa 90 % bis 95 % der Gesamtdurchlaufzeit des Baujobs aus. Die Fertigungszeit besteht aus Vorwärmen der Maschine, Bau der Teile und Abkühlen. Die Zeiten für Vorwärmen und Abkühlen sind weitgehend konstant für jeden Baujob und abhängig von der Größe des Bauraums der jeweiligen AM-Maschine. Die tatsächliche Bauphase nimmt etwa 60 % bis 70 % der Fertigungszeit in Anspruch, abhängig von Maschine und Bauraumauslastung. Für

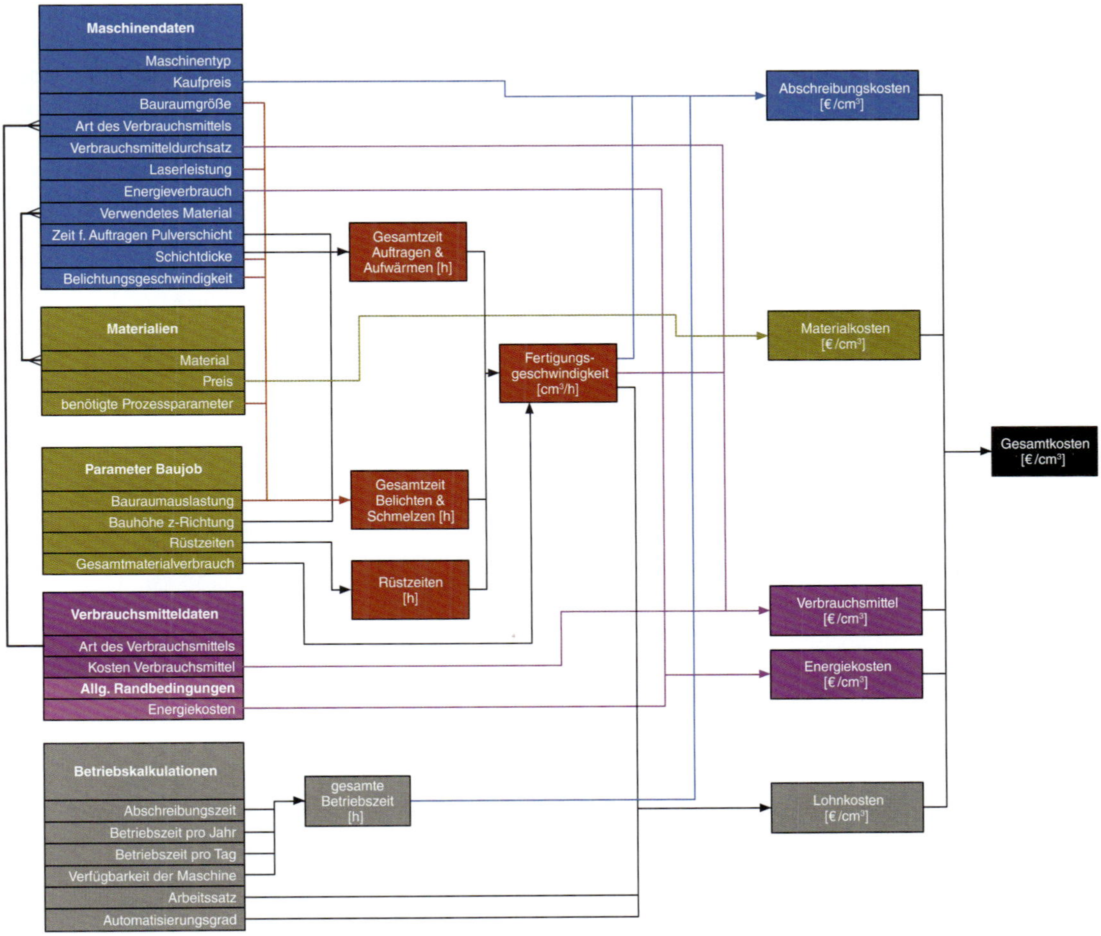

Bild 5.2 *Schematische Darstellung der üblichen Parameter, die bei pulverbettbasierten Verfahren die Gesamtkosten pro cm³ beeinflussen* [Quelle: ETHZ pd|z]

eine erste Abschätzung des Platzbedarfs eines Bauteils im Bauraum wird häufig das Hüllvolumen, auch Bounding Box genannt, verwendet. Die Bauzeit selbst besteht bei normalem Betrieb zu 50 % aus Belichten / Schmelzen und zu 50 % aus Aufwärmen / Auftragen neuer Pulverschichten. Diese Angaben treffen allgemein auch auf das SLM-Verfahren zu, wobei die prozentualen Anteile zum Teil deutlich abweichen, da das Aufschmelzen des Metallpulvers deutlich langsamer erfolgt.

DEFINITION

Bounding Box (dt.: Hüllvolumen): Äußere Abmessungen eines Bauteils. Minimale Maße eines Quaders, der das Bauteil aufnehmen kann. Steht die Orientierung des Bauteils bereits fest, ist es zweckmäßig, die Bounding Box an der Aufbaurichtung auszurichten.

Eine Reihe von technischen und betrieblichen Maßnahmen können die Gesamtkosten pro Kubikzentimeter reduzieren. Technische Maßnahmen von Seiten der Maschinenproduzenten sind die Reduktion der Zeit für Belichten und Auftragung von Pulverschichten wie auch die Reduktion der Vorwärm- und Abkühlzeiten. Häufig wird dies erreicht durch eine größere Zahl von Lasern und das Erarbeiten von Konzepten zum schnelleren Auftragen der Schichten. Auf Optionen dieser Art wird hier nicht genauer eingegangen, da sich das Kapitel am Einsatz von Additiver Fertigung beim OEM orientiert und nicht an der Herstellung der Maschinen. Bild 5.3 gibt einen Eindruck davon, wie deutlich die Fertigungszeit maschinenabhängig variieren kann.

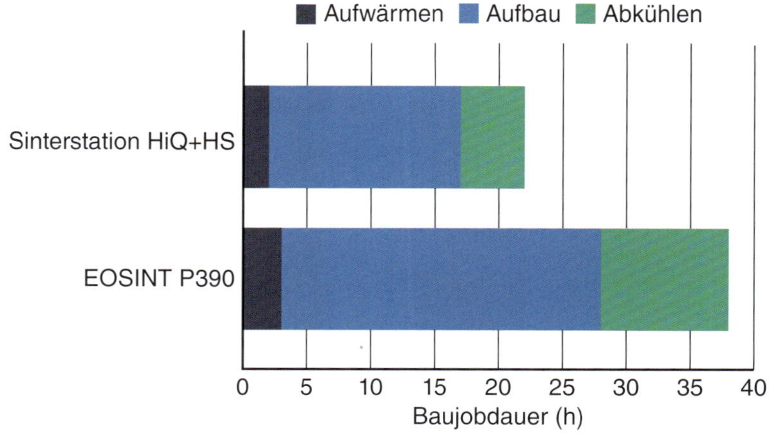

Bild 5.3 *Vergleich der Durchlaufzeit für einen beispielhaften Baujob auf zwei verschiedenen SLS-Maschinen* [Quelle: ETHZ pd|z, nach Ruffo, Tuck & Hague 2006]

Andere Ansätze zur Kostenoptimierung auf Seiten des OEM sind Gestaltoptimierung (vgl. die Gestaltungsprinzipien in Kapitel 8) und Maßnahmen, die beim Betrieb der Maschinen berücksichtigt werden können. Diese Maßnahmen werden im Folgenden für Eigenfertigung und Fremdbezug diskutiert.

5.2 Kosten bei Eigenfertigung

Bei der Eigenfertigung (engl.: *make*) investiert der OEM selbst in AM-Maschinen und betreibt diese direkt. Damit sich die Maschinen amortisieren, ist eine hohe Kapazitätsauslastung notwendig. Zudem sollten einige Maßnahmen berücksichtigt werden, um die Gesamtkosten so niedrig wie möglich zu halten.

Zunächst sollten die Betreiber eine enge Befüllung des Bauraums mit Bauteilen sicherstellen. Wie bereits erwähnt, sind Aufwärm- und Abkühlzeiten sowie Vorbereitungstätigkeiten konstante Zeitfaktoren und weitestgehend unabhängig vom jeweiligen Baujob. Um die Kosten für den Baujob niedrig zu halten, sollten die Betreiber deshalb die Maximierung des Anteils von tatsächlicher Belichtungszeit an der Gesamtdurchlaufzeit sicherstellen, da nur so ein Mehrwert generiert werden kann. Eine hohe Bauraumauslastung maximiert den Zeitanteil des Belichtens. Beim Laserschmelzen kann eine dichte Packung nur auf der horizontalen Ebene der Maschine erfolgen, da die Bauteile bei diesem Verfahren nicht in mehreren Schichten aufeinander gefertigt werden können. Der Lasersinter-Prozess erreicht die beste Wirtschaftlichkeit, wenn die Bauteile eng gepackt in mehreren Schichten übereinander gefertigt werden. Bild 5.4

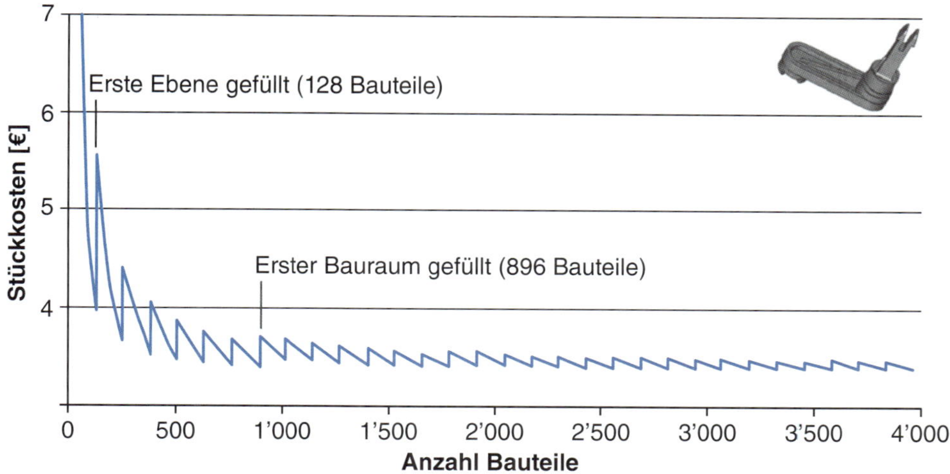

Bild 5.4 *Darstellung der Stückkosten als Funktion der Stückzahl von 1 oder mehr, die in einem Baujob mit SLS gefertigt werden* [Quelle: ETHZ pd|z, nach Ruffo, Hague & Tuck 2006]

veranschaulicht die Auswirkungen von hoher Baujob-Packungsdichte auf die Stückkosten eines kleinen Hebels.

Es ist zu erkennen, wie sich die Gesamtkosten weitgehend stabilisieren, nachdem die erste Schicht gefüllt ist. Für einen effizienten Betrieb von Lasersinter-Maschinen sollte dementsprechend mindestens eine dichte Ebene von Bauteilen erreicht werden. Die Diskontinuitäten im Graph ergeben sich aus der Tatsache, dass jedes Mal, wenn eine neue Schicht begonnen wird, die Gesamtzeit für das Auftragen der Schichten im Baujob steigt. Die Höhe der Bauteile in Aufbaurichtung (*z*-Richtung) nutzt jedoch, bedingt durch die Gestalt der Bauteile, meist nicht den gesamten zur Verfügung stehenden horizontalen Raum (*x*-*y*-Richtung) der Maschine. Dementsprechend wird der Anstieg von Zeit und Kosten des Aufbaus in die Höhe nicht vollständig auf eine neue dicht gepackte horizontale Schicht verteilt. Es ist deshalb zu empfehlen, dass die Höhe des Aufbaus so konstant wie möglich für den gesamten Baujob geplant wird. Einzelne Bereiche, die höhere *z*-Koordinaten erreichen, lassen die Kosten des Baujobs unnötig steigen.

Des Weiteren steht zu beachten, dass bei der Additiven Fertigung die Faktoren Zeit und Bauteilqualität gegeneinander abgewogen werden müssen, da höhere Qualität grundsätzlich mit einem erhöhten Zeitaufwand in der Fertigung einhergeht. Ausschlaggebend sind hier die gewählten Parameter, wie etwa die Schichtdicke. Kleinere Schichtdicken ermöglichen eine größere Detailgenauigkeit und bessere Oberflächenqualität, benötigen aber mehr Fertigungszeit und erhöhen so die Gesamtkosten.

Speziell beim Lasersintern spielt außerdem der Faktor des Pulverrecyclings eine wichtige Rolle für die Baukosten. Je höher der Anteil an wiederverwendetem Altpulver, desto kostengünstiger ist der Baujob. Ein zu hoher Anteil an Altpulver kann allerdings die Fließfähigkeit beeinflussen und die Bauqualität verschlechtern oder sogar zu Defekten in den gefertigten Bauteilen führen (vgl. auch Kapitel 4).

5.3 Kosten bei Fremdbezug

Alternativ zur Eigenfertigung steht der Fremdbezug (engl.: *buy*) von additiv gefertigten Bauteilen über externe Dienstleister. Fremdbezug stellt die einfachste Methode für einen OEM dar, Zugang zu additiven Fertigungstechnologien zu erhalten. Er erfordert kein spezifisches Wissen über den Betrieb der Maschinen und auch keine im Vorfeld anfallenden größeren Investitionen. Die Entscheidung für Fremdbezug bedeutet für das Unternehmen zudem geringere Risiken und Preisschwankungen in der Fertigung, da die effiziente Nutzung der AM-Maschinen Aufgabe des Zulieferers ist.

Die Preise für Fremdbezug sind abhängig vom Gesamt-Materialvolumen der Bestellung (in cm^3) wie auch von der Auswirkung der Bauteilgestalt auf die Bauraumauslastung. So können etwa raumgreifende Leichtbaustrukturen viel Platz auf der Bauplatte einnehmen, obwohl sie nur ein geringes Materialvolumen besitzen. Aufträge mit größerem Materialvolumen und höherer Packungsdichte erreichen niedrigere Preisofferten, da diese den Betrieb der Maschinen beim Zulieferer vereinfachen. Bild 5.5 gibt einen Überblick über durchschnittliche Preise bei Fremdbezug, auf der linken Seite für Lasersinter- und auf der rechten für Laserschmelzverfahren.

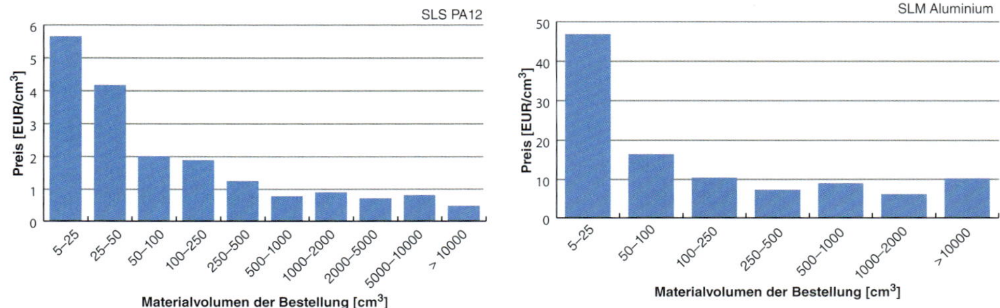

Bild 5.5 *Ungefährer Preis pro cm³ für AM-Bauteile bei Fremdbezug. Links: SLS / PA12; rechts: SLM / Aluminium* [Quelle: ETHZ pd|z, nach Baldinger et al. 2016]

Entsprechend einer Studie aus dem Jahr 2014 können bei AM-Dienstleistern zwei unterschiedliche Preisstrategien festgestellt werden. Die Studie verglich 21 Angebote verschiedener AM-Dienstleister weltweit. Ihre Ergebnisse sind in Bild 5.6 grafisch für die Preise pro Kubikzentimeter bei Bestellung mit den Stückzahlen 1 und 100 dargestellt. Die gestrichelte Linie markiert Preise, die bei Stückzahlen von 1 und 100 übereinstimmen. Die AM-Dienstleister können entsprechend der Ergebnisse in zwei Kategorien (A und B) eingeteilt werden. AM-Dienstleister der Kategorie A (violette Ellipse) verlangen ähnliche Preise pro cm^3 bei Stückzahlen von 1 und 100. AM-Dienstleister der Kategorie B (grüne Ellipse) berechnen höhere Preise bei niedrigen Stückzahlen (zwischen 5 und 10 Euro pro cm^3) als bei größeren Mengen (zwischen 0,5 und 1 Euro pro cm^3). Dies lässt vermuten, dass die Zulieferer in Kategorie A eine optimale Bauraumauslastung ihrer Maschine sicherstellen wollen, indem sie die Bestellungen verschiedener Kunden zusammenfassen. Dieses Vorgehen erlaubt es den Dienstleistern, stabile Preise pro Kubikzentimeter anzubieten. Dienstleister der Kategorie B dagegen priorisieren offensichtlich eine schnelle Lieferung und fassen Bestellungen nicht oder nur nachrangig zusammen. Die daraus entstehende Kostensituation ähnelt eher jener, die bei Eigenfertigung des OEM auftreten würde, also umgekehrt proportional zur Menge des bestellten Bauteilvolumens. Das Wissen um diese beiden Strategien der Dienstleister erlaubt es Planern des OEM, ihre Einkaufsmethoden zu optimieren und so die Gesamtkosten zu minimieren.

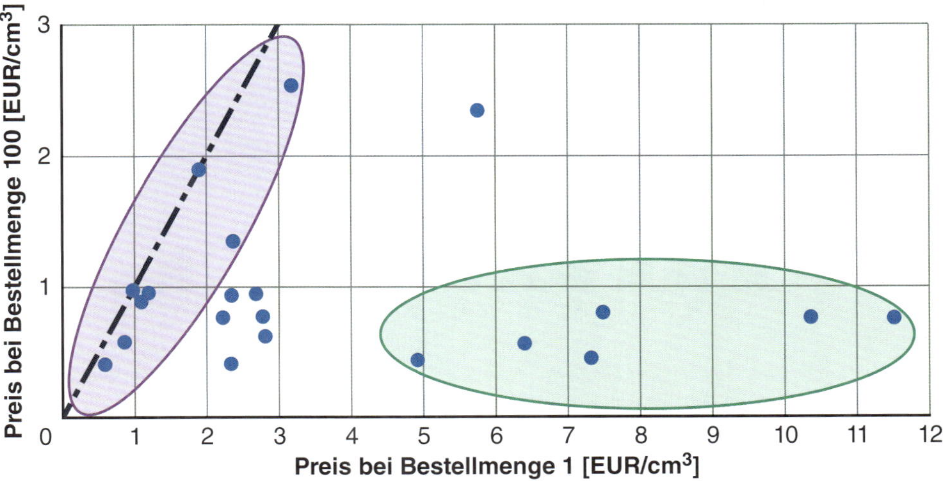

Bild 5.6 *Preisangebote verschiedener AM-Dienstleister bei Losgrößen von 1 und 100*
[Quelle: ETHZ pd|z, nach Baldinger & Duchi 2014]

5.4 Lebenszykluskosten

Um die Vorteile additiv gefertigter Bauteile vollständig abschätzen zu können, muss ein Lebenszyklus-basierter Ansatz der Kosten-Nutzen-Rechnung berücksichtigt werden. Wie in Kapitel 7 erläutert wird, hat die Gestaltung der Bauteile bei Additiver Fertigung das Potenzial, die Betriebskosten für Produkte zu reduzieren. Die Entscheidungsfindung für und wider Additive Fertigung verlangt deshalb Kostenrechnungsmethoden, die die Kosten für Gestaltung, Herstellung und Betrieb eines Produkts berücksichtigen. Die Lebenszykluskostenrechnung (engl.: *Life Cycle Costing*, LCC) ist eine Kostenrechnungsmethode zur Quantifizierung und Zuordnung der Kosten, die in jeder Phase eines Produktlebenszyklus auftreten. Ganz allgemein ordnet dieses Modell die Kosten für Design, Herstellung, Vertrieb, Gebrauch und Entsorgung den wesentlichen Akteuren des Lebenszyklus zu, wie etwa produzierendes Unternehmen, Nutzer und Gesellschaft.

Design-Entscheidungen, die den Produktlebenszyklus beeinflussen, haben damit auch direkte Auswirkungen auf Höhe und Verteilung der Lebenszykluskosten. Der OEM muss deshalb durch Analyse der relevanten Lebenszykluskosten die Auswirkungen von Design-Entscheidungen für den Kunden prüfen. Bei einer Komponente für eine Werkzeugmaschine kann beispielsweise eine Designänderung, die die Effizienz der Maschine steigert, höhere Designkosten und Materialausgaben zur Folge haben, etwa durch hochwertigere Werkstoffe. Um keine Verluste zu machen, müsste der OEM den Verkaufspreis der Maschine erhöhen. Gleichzeitig würde aber der Nutzer von niedrigeren Betriebskosten profitieren. Wenn der OEM die zu erwartende Differenz zwischen Mehrausgaben bei den Anschaffungskosten und Einsparungen bei den Betriebskosten über den Produktlebenszyklus kalkulieren kann, ist es ihm möglich, den ökonomischen Nutzen der Designänderung und damit ihre Attraktivität für den Kunden zu bewerten.

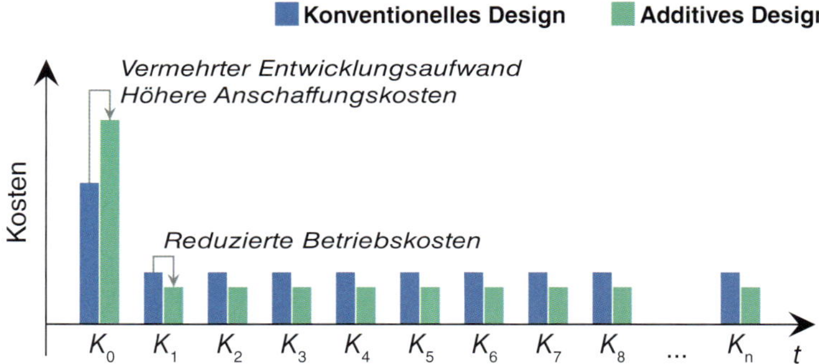

Bild 5.7 *Durch den Vergleich der kalkulierten Nettokapitalwerte (NPV) können Designalternativen gegeneinander abgewogen werden.* [Quelle: ETHZ pd|z]

Bild 5.7 zeigt dieses Prinzip der Gegenüberstellung von verschiedenen Designalternativen. Hier würde die Übernahme der effizienteren, additiven Designalternative für den Kunden zwar höhere Anschaffungskosten (K_0) bedeuten, aber auch niedrigere Betriebskosten ($K_1 \ldots, K_n$). Durch Berechnung und Vergleich der Nettokapitalwerte (NPV, engl.: *Net Present Value*) aller Designalternativen über die erwartete Produktlebenszeit ist es möglich, die ökonomisch optimale Designalternative auszuwählen.

$$\mathrm{NPV} = K_0 + \sum_{t=1}^{n} \frac{K_t}{(1+r)^t}$$

Es ist zu beachten, dass in der hier abgebildeten Berechnungsgrundlage nur die Kosten berücksichtigt werden. Die Einnahmen des Kunden werden in beiden Alternativen als konstant angenommen und nicht in die Berechnung mit aufgenommen, weshalb alle NPV kleiner null sind. Die ökonomisch optimale Lösung hat den vom Betrag her kleinsten NPV. Auch ist zu beachten, dass der reale Wert der fortlaufenden Betriebskosten von dem Zeitpunkt ihrer Entstehung abhängt, z. B. durch Zinsen oder Inflation, was in der unternehmensspezifischen Variablen r zusammengefasst wird.

Eine solche Berechnung des NPV ist ein eher theoretisches Werkzeug, um den Hintergrund derartiger finanzieller Entscheidungsgrundlagen in vereinfachter Form darzustellen. Trotz der vereinfachten, subjektiven Annahmen, die dieser Berechnung zugrunde liegen, ist der Prozess der NPV-Abschätzung jedoch ein hilfreiches Vorgehen, das tiefere Einsichten in den jeweiligen betrachteten Fall ermöglicht und die Entscheidungsfindung so unterstützen kann.

6 Anwendungsfelder Additiver Fertigung im OEM

Additive Fertigung kann in verschiedenen Bereichen der Wertschöpfungskette eines OEM wertsteigernd eingesetzt werden. Ein Beispiel ist die bereits verbreitete Anwendung von AM als Prototyping-Technologie. Die erfolgreiche Implementierung additiver Verfahren in der Produktion von Serien- und Endkundenbauteilen ist jedoch eine anspruchsvolle Herausforderung, da sie sich deutlich von der konventionellen Produktion unterscheidet. Sie verlangt nicht nur erfahrene Entwickler, ein umfassendes technologisches Know-how und tiefgreifendes Verständnis der gesamten Prozesskette (vom ersten Konzept über die Erstellung eines CAD-Modells bis hin zur Nachbearbeitung), sondern auch eine Anpassung der bestehenden Prozesse und firmeninternen Routinen. Aus diesem Grund ist vor den ersten profitbringenden Anwendungen additiver Verfahren oft eine Reihe von Pilotprojekten erforderlich. Entsprechend wichtig ist es deshalb für Entwickler und Manager, die möglichen Anwendungsfelder von Additiver Fertigung entlang der Wertschöpfungskette ihres Unternehmens von vornherein zu kennen und zu verstehen, wie eine gezielte Implementierung möglich ist.

6.1 Einleitung

Für die erfolgreiche Anwendung additiver Fertigungsverfahren in einem OEM konnten bisher acht Wertschöpfungsfelder identifiziert werden, die sowohl Auswirkungen auf den Produktentwicklungsprozess haben als auch auf den Prozess der Auftragsabwicklung in der firmeninternen Logistik. Additive Fertigung kann damit direkt auf diese zwei wesentlichen Prozesse der Wertschöpfung in einem Unternehmen wirken.

Durch den Produktentwicklungsprozess werden neue Ideen und Geschäftsmodelle in marktfähige Produkte und Serviceleistungen umgesetzt. Dieser Prozess wird einmalig für die Einführung eines neuen Produkts oder einer Produktfamilie durchlaufen. Die Entwicklung neuer Produkte bringt grundsätzlich einen gewissen Grad an Unsicherheiten mit sich, und der Produktentwicklungsprozess umfasst diverse Iterationen, Feedback-Schleifen und Validierungsschritte, wobei er stetig weiter auf die Nutzeranforderungen konvergiert. Diese umfassen haptische und funktionelle Eigenschaften des Produkts, seine Haltbarkeit sowie ähnliche Faktoren, die üblicherweise im Laufe des Entwicklungsprozesses entwickelt und angepasst werden. Schließlich übergibt das Entwicklungsteam das Ergebnis des Projekts an die Fertigung. In dieser Phase, der so genannten Industrialisierung, werden Operational Standards, Checklisten, Prozeduren, Qualitätskontrollsysteme und Methoden für die kontinuierliche Verbesserung entwickelt und in Betrieb genommen. In dieser Phase beginnt die fortlaufende Auftragsabwicklung, und die Produkte werden an die Kunden in verschiedenen Märkten geliefert. Abhängig von der Art des Produkts können zusätzlich Aftersales und Rückführungslogistik eingerichtet werden, um einen Langzeitsupport für den Kunden zu garantieren.

Tabelle 6.1 *Besondere Eigenschaften der AM fungieren als Wertschöpfungstreiber*

	Produktentwicklungsprozess	Auftragsabwicklung
Complexity for Free	Funktionsgetriebene Produktentwicklung	Integrales Produktkonzept
Losgrößenunabhängigkeit	Vereinfachte testgetriebene iterative Entwicklung	Reduzierung der Hürden für Variantenvielfalt in der Produktion

Dieser Rahmen aus Produktentwicklungsprozess und Lieferkette, der auch in Bild 6.1 schematisch dargestellt ist, umfasst den Anteil des OEM am Produktlebenszyklus – innerhalb wie außerhalb der Unternehmensgrenzen. Er dient in den folgenden Abschnitten als Basis, um die Wertschöpfungsfelder Additiver Fertigung vorzustellen und ihre Anwendungsbereiche im Wertschöpfungsprozess eingehender zu erläutern.

6.2 Additive Fertigung als Wertschöpfungstreiber

Aufgrund ihrer besonderen Eigenschaften kann die Additive Fertigung bei OEM und Kunden zur Wertschöpfung beitragen. Die Eigenschaften greifen in unterschiedlichen Bereichen der Wertschöpfungskette und ermöglichen Produkte, die mit konventionellen Verfahren schwer oder gar nicht umsetzbar wären.

Tabelle 6.1 gibt einen Überblick über die möglichen Wertschöpfungstreiber von Additiver Fertigung im Produktentwicklungsprozess und in der Auftragsabwicklung. Die beiden hierfür relevanten Eigenschaften von AM, *Complexity for Free und Losgrößenunabhängigkeit*, wurden bereits in Kapitel 1 vorgestellt. Innerhalb des Produktentwicklungsprozesses können Konstrukteure und Ingenieure durch die *Complexity for Free* eine funktionsorientierte Produktgestalt erreichen und so über die Grenzen konventioneller Fertigungsverfahren hinaus gänzlich neuartige Produkte entwickeln.

Der zweite Wertschöpfungstreiber im Produktentwicklungsprozess ist eine Erleichterung von testgetriebener Entwicklung, die durch die *Losgrößenunabhängigkeit* von Additiver Fertigung gegeben ist. Durch die schnellere und kostengünstigere Fertigung von Einzelteilen oder Kleinserien ist es deutlich einfacher, Prototypen zu erstellen und verschiedene Designalternativen einfacher und ökonomischer zu testen. Das zusätzliche Wissen, das durch solche Iterationsschleifen gewonnen wird, führt zu einem schnelleren Konvergieren des Produktentwicklungsprozesses zu einer optimierten Gestalt, die vom Kunden akzeptiert wird.

Als Vorteil für die Auftragsabwicklung erlaubt *Complexity for Free* die Entwicklung integraler Produktkonzepte, was zu einer erheblichen Reduzierung der benötigten Einzelteile für ein Produkt führen kann. Damit kann zugleich die Zahl der Arbeitsschritte und Montageschritte reduziert werden, die zur Realisierung des Endprodukts notwendig sind. Vereinfachte Produktstrukturen beeinflussen unmittelbar die Leistungskennzahlen (KPI, engl.: *Key Performance Indicators*), wie etwa den Umlaufbestand in der Produktion und die Durchlaufzeit der Bestellungen.

Einen weiteren Wertschöpfungstreiber bietet die *Losgrößenunabhängigkeit* für die Auftragsabwicklung, da sich diese unmittelbar auf die mögliche Flexibilität und Effizienz in der Produktion auswirkt. Additive Fertigung bietet die einzigartige Möglichkeit, Fertigungslose der Stückzahl eins herzustellen. Verschiedene Bauteile mit unterschiedlicher Gestalt können zeitgleich in einer Maschine gefertigt werden, sofern sie aus dem gleichen Werkstoff bestehen. Dies hat die Konsequenz, dass Hersteller Fertigungslose kundenspezifisch angepasster Bauteile (eng.: *customization*, vgl. Abschnitt 6.3.4) oder verschiedene Produktvarianten mit geringerem Kostenaufwand und ohne Steigerung der Komplexität von Planung und Ausführung liefern können. Hinzu kommt, dass verschiedene Produkte, die konventionell auf Lager produziert werden mussten, aufgrund der digitalen Prozesskette und der damit verbundenen Reaktionsfähigkeit von Additiver Fertigung nun auftragsabhängig produziert werden können.

6.3 Anwendungsfelder Additiver Fertigung entlang der Wertschöpfungskette

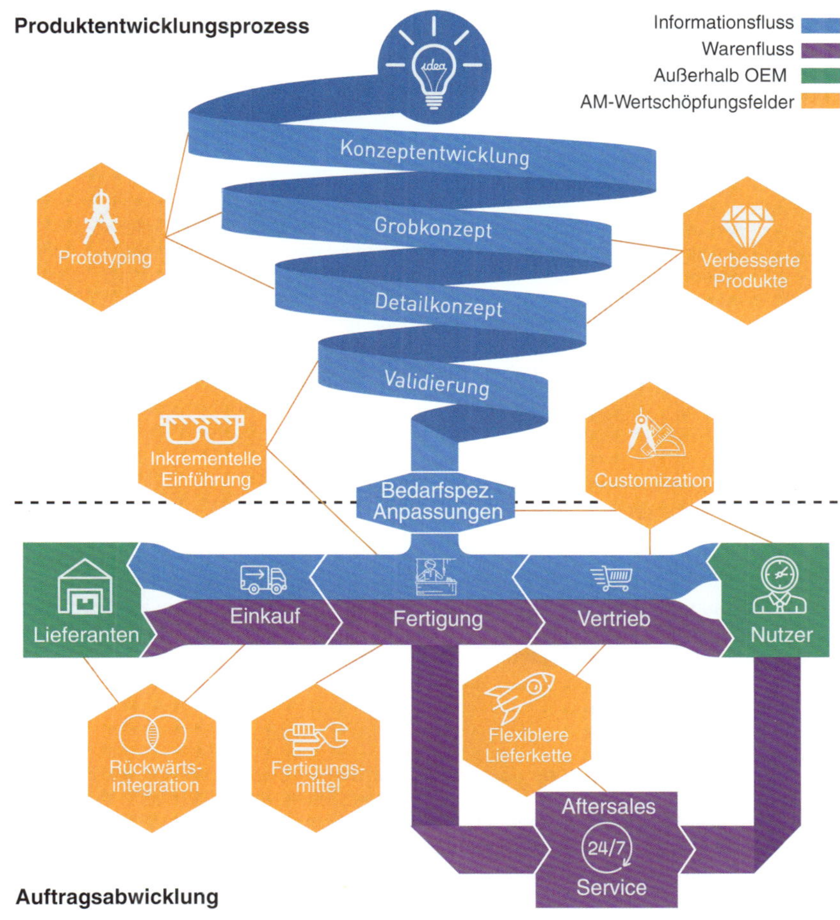

Bild 6.1 *Anwendungsfelder Additiver Fertigung entlang der Wertschöpfungskette* [Quelle: ETHZ pd|z, nach Fontana et al. 2018]

Bild 6.1 skizziert die idealisierte Wertschöpfungskette eines OEM, bestehend aus Produktentwicklung (aufgebaut als vertikale Achse) und Lieferkette (aufgebaut als horizontale Achse). Entlang dieses Rahmens sind acht praxisbezogene Anwendungsfelder Additiver Fertigung dargestellt, die in verschiedenen Phasen der Wertschöpfung Anwendung finden können. Diese acht Anwendungsfelder sind hier im Einzelnen aufgelistet und werden in den Abschnitten 6.3.1 bis 6.3.8 detailliert vorgestellt.

Mit AM können Prototypen unterschiedlicher Reifegrade gefertigt werden: von sehr einfach bis hochkomplex. Dies erlaubt das schnelle Testen und Validieren neuer Produktideen und ermöglicht promptes Feedback zu optischen, haptischen und funktionalen Eigenschaften des zukünftigen Produkts bereits in sehr frühen Phasen der Entwicklung. Frühes und entwicklungsbegleitendes Prototyping kann die Entwicklungskosten senken, indem es das Konvergieren von neu entwickelten Produkten auf die Ansprüche der Kunden beschleunigt. Der intensive Einsatz von Prototypen wirkt sich auf die Zusammenarbeit zwischen Ingenieuren aus, ebenso wie auf organisatorische Strukturen und auf den gesamten Entwicklungsprozess neuer Produkte. Der schnelle Prototypenbau (Rapid Prototyping) ermöglicht neue Entwicklungsmethoden wie Agile.

AM bietet eine völlig neuartige Freiheit im Produktdesign und bietet so die Möglichkeit zur Entwicklung von leichteren und effizienteren Produkten sowie zur Funktionsintegration. Höhere Produktionskosten der additiven Verfahren und ggf. daraus resultierende höhere Einkaufskosten für den Kunden werden durch eine Verbesserung der wahrgenommenen Vorteile oder geringere Betriebskosten der additiv gefertigten Produkte ausgeglichen. Für die Einbindung der Additiven Fertigung in die Produktion ist es wichtig, dass der Hersteller diese Kosten-Nutzen-Verhältnisse bereits im Vorfeld abschätzt.

Die Markteinführung eines neuen Produkts ist immer mit gewissen Unsicherheiten und Risiken verbunden. Insbesondere bei der Einführung neuer Konzepte können Hersteller im Vorfeld nur bedingt abschätzen, wie die Kunden das Produkt annehmen und ob die Verkaufszahlen die Erwartungen erfüllen werden. Entsprechend risikoreich ist die Investition in teure Fertigungsmittel für die Massenproduktion, bevor die Reaktion des Marktes bekannt ist. AM bietet die Möglichkeit, eine Produktion zunächst ohne speziell hergestellte Fertigungsmittel und die damit verbundenen Kosten anlaufen zu lassen und ggf. noch Anpassungen des Produkts durchzuführen, bevor die eigentliche Massenproduktion beginnt.

AM erlaubt einen hohen Grad der kundenspezifischen Anpassung von Produkten, ohne dass zusätzliche Kosten in der Fertigung entstehen. Der Zeitaufwand zur Anpassung der CAD-Modelle ist gering, und verschiedene individualisierte Varianten des Produkts können im gleichen Baujob gefertigt werden. Meist bedingt der Einsatz additiver Verfahren für die Customization grundlegende Anpassungen der Lieferkette, vor allem durch die Reduktion von Durchlaufzeiten und Kosten sowie einer Vereinfachung des Bestellvorgangs.

Mit AM können Fertigungsmittel zur Unterstützung der konventionellen Produktion hergestellt werden. Dies umfasst sowohl den Werkzeug- und Formenbau für automatisierte Massenproduktion als auch Vorrichtungen für die Erleichterung der manuellen Montage. AM-Fertigungsmittel beschleunigen Durchlaufzeiten, reduzieren Fehlerraten und verbessern die ergonomischen Bedingungen. In dieses Anwendungsfeld gehören z.B. Spritzgusswerkzeugeinsätze, Bohrschablonen, Werkzeuge, Spannmittel sowie Vorrichtungen, die den Transport zwischen Arbeitsstationen optimieren.

Für Bauteile, deren Produktion schnell und flexibel reagieren muss oder die nur in sehr kleinen Stückzahlen benötigt werden, kann eine Umstellung auf AM sehr lohnend sein. Durch die digitale Produktion können Durchlaufzeit und Transportaufwand eines Produkts reduziert und der Bestellprozess vereinfacht oder sogar automatisiert werden. AM ermöglicht hohe Flexibilität bei Produkten mit hoher Variantenvielfalt, da die Fertigung unabhängig von Losgrößen ist und zeitaufwendiges Umrüsten von Produktionslinien entfällt.

AM bietet das Potenzial, die Make/Buy-Situation eines OEM grundlegend zu verändern und Abhängigkeiten von Markt und Zulieferern zu reduzieren. Mit AM können komplexe Bauteile, die zuvor zahlreiche Fertigungsschritte und / oder den Bezug von Komponenten über externe Anbieter erforderten, in weniger Produktionsschritten gefertigt werden. Die Produktion kann so zu einem größeren Teil oder ggf. sogar vollständig in das eigene Unternehmen verlagert werden.

DEFINITION

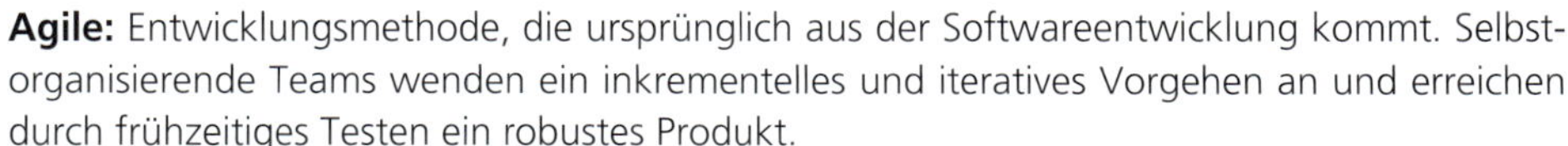

Agile: Entwicklungsmethode, die ursprünglich aus der Softwareentwicklung kommt. Selbstorganisierende Teams wenden ein inkrementelles und iteratives Vorgehen an und erreichen durch frühzeitiges Testen ein robustes Produkt.

6.3.1 Prototyping und agile Produktentwicklung

Prototypen können während der Produktentwicklung eingesetzt werden, um einen Teil oder auch die Gesamtheit der Eigenschaften eines gewünschten Produkts zu visualisieren, zu testen und zu validieren.

Durch den Einsatz verschiedener additiver Fertigungstechnologien ist es möglich, schnell unterschiedliche Arten von Prototypen herzustellen, deren Schwerpunkte auf der Optik, Funktion oder Haltbarkeit des Produkts liegen (Rapid Prototyping).

Wenn ein Prototyp der Visualisierung dient, muss er ausschließlich die optischen und haptischen Eigenschaften des Produkts abbilden. Dies umfasst unter anderem Farbe, Form und Oberflächenbeschaffenheit. Die Genauigkeit, mit der diese Prototypen dem gewünschten Produkt entsprechen, ist abhängig vom Reifegrad und nimmt im Laufe der Produktentwicklung zu. Bild 6.2 zeigt dies am Beispiel von drei verschiedenen visuellen Prototypen und das finale Design der Tragstruktur eines Bohrhammergetriebes.

Prototypen für die Funktionen des Produkts sind ausschließlich darauf ausgelegt, Leistungs-, Funktions- und Bewegungseigenschaften abzubilden. Dies umfasst das Produktverhalten sowie Aspekte der Nutzerinteraktion, die das Produkt erfüllen soll.

Ein Prototyp zur Verifizierung der Haltbarkeit schließlich sollte endproduktnahe Eigenschaften haben, damit er Verhalten und Funktion des Produkts über die Lebensdauer abbilden kann. Je mehr die Materialeigenschaften des Prototyps jenen des finalen Werkstoffs entsprechen, desto höher ist die Aussagefähigkeit des Prototyps.

Bei der Herstellung solcher Prototypen entstehen für Konstrukteure grundsätzlich Zielkonflikte, die auch bei Additiver Fertigung der Prototypen bestehen bleiben. So sind beispielsweise Photopolymer-basierte Verfahren hervorragend für visuelle Zwecke geeignet, da sie vollfarbige Prototypen mit guten Oberflächen produzieren können. Dafür weisen sie aber schlechte Eigenschaften im Bereich der Haltbarkeit auf und sind oft weit entfernt von gewünschten mechanischen Eigenschaften des schlussendlichen Produkts, etwa im Bereich der Festigkeit und Schlagzähigkeit. Lasersintern auf der anderen Seite erzielt gute Ergebnisse bei Haltbarkeit und mechanischen

Bild 6.2 *Iterationen der Tragstruktur eines Bohrhammergetriebes. Links: 3 Visualisierungsprototypen aus FDM; rechts: finales, SLM-gefertigtes Bauteil* [Quelle: ETHZ pd|z]

Eigenschaften, ist aber nur eingeschränkt für visuelle Prototypen nutzbar, da es nur matte einfarbige Oberflächen liefern kann. Hier sind deshalb in der Nachbearbeitung viele Färbe- und Finishing-Schritte notwendig, um auch optisch gute Ergebnisse zu erzielen. Dementsprechend ist es unbedingt erforderlich, für jeden Prototyp bereits im Vorfeld ein eindeutiges Ziel zu definieren und festzulegen, welche Eigenschaften des finalen Produkts validiert werden sollen. Dies erlaubt die Wahl der richtigen Fertigungstechnologie. Die verschiedenen Arten von Prototypen, die im Laufe der Produktentwicklung zum Einsatz kommen können, werden im Folgenden kurz vorgestellt. Bild 6.3 zeigt einige Prototypen eines additiv gefertigten Bohrhammers im Vergleich.

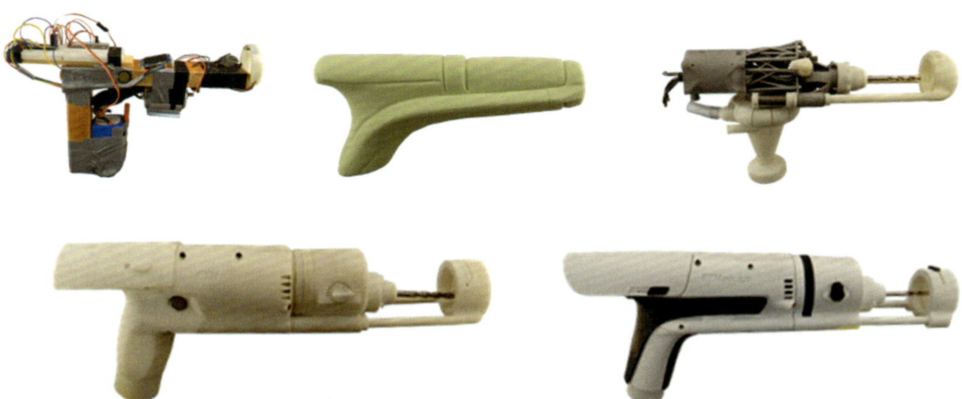

Bild 6.3 *Verschiedene Prototypen eines Bohrhammers; von links oben nach rechts unten: Teilfunktionsprototyp, Designprototyp aus Schaum, Funktionsprototyp (AM), User-experience-Prototyp (AM) und finales Produkt (AM)* [Quelle: ETHZ pd|z]

- Proof-of-concept-Prototyp: Dieser Prototyp kommt bereits in der Anfangsphase eines Produktentwicklungsprozesses zum Einsatz und soll validieren, ob das Produkt überhaupt realisierbar ist. Der Prototyp enthält – wenn überhaupt – nur die absoluten Basis- und Kernfunktionen des Produkts. Anforderungen an Optik und Haltbarkeit sind auf das absolute Minimum reduziert.

- Teilfunktionsprototyp: Der Fokus dieses Prototyps liegt auf der Repräsentation der Kernfunktionen des Produkts. Der Prototyp dient dem Entwicklungsteam als Werkzeug, um Iterationen durchzuführen und die vielversprechendsten funktionalen Konzepte zu testen.
- Designprototyp: Dieser Prototyp bildet die wichtigsten visuellen Eigenschaften des Produkts hinsichtlich Geometrie und Farbgebung ab.
- User-experience-Prototyp: Dieser Prototyp ist für die Tests mit Nutzern konzipiert und kombiniert einige der Eigenschaften von Design- und Teilfunktionsprototypen. Haltbarkeit spielt hier noch keine Rolle.
- Funktionsprototyp: Dieser Prototyp kommt gegen Ende des Produktentwicklungsprozesses zum Einsatz, um die Gesamteigenschaften des Produkts zu validieren. Er besteht bereits größtenteils aus den Werkstoffen, die für die finale Produktion verwendet werden.
- Visualisierungsmodell (engl.: *engineering visualization prototype*): Ein spezieller Prototyp, der es den Konstrukteuren ermöglicht, physikalische Eigenschaften des Produkts abzubilden. Dies umfasst Strömungsvisualisierungen, Spannungs- und Verformungsmodelle, aber auch transparente 3D-Visualisierungen für chirurgische Operationen. Ein Visualisierungsmodell liegt konventionell nur in digitaler Form vor. Additive Verfahren ermöglichen aber auch die Fertigung eines physischen Modells.

Bild 6.4 zeigt ein Beispiel für ein Visualisierungsmodell aus der Labortechnik. Das Mischen von Flüssigkeiten mit unterschiedlicher Viskosität kann hier eine komplexe Angelegenheit sein, wenn etwa lebende Zellen oder andere empfindliche Strukturen schnell und gründlich durchmischt werden müssen, ohne dabei Schaden zu nehmen. Mittels Additiver Fertigung ist es möglich, viele verschiedene Lösungskonzepte für ein bestimmtes Projekt zu testen und so schnell die am besten geeignete Bauteilform ausfindig zu machen.

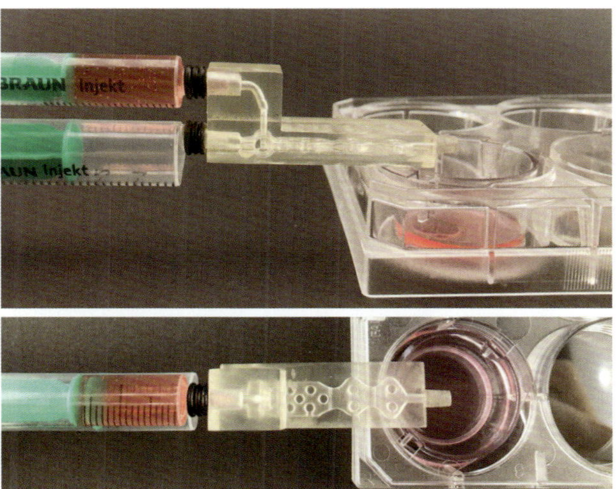

Bild 6.4 *Visualisierungsmodell aus der Labortechnik. Der mittels Stereolithographie additiv gefertigte Spritzenaufsatz ermöglicht das gründliche und zugleich schonende Durchmischen verschiedener Flüssigkeiten.* [Quelle: ETHZ pd|z]

Additive Fertigung reduziert den Aufwand und die Barrieren für den Bau von Prototypen drastisch. Bauteile, deren Herstellung in der Vergangenheit auf spezialisierte Werkstätten und besondere handwerkliche Fähigkeiten angewiesen war und Tage oder Wochen an Wartezeit erforderte, können nun im Büro über Nacht und mit sehr wenigen individuellen Werkzeugen erstellt werden. Die additive Herstellung von Prototypen wirkt sich dadurch unmittelbar auf die Prozessabläufe in der Produktentwicklung eines Unternehmens aus. Die schnelle Verfügbarkeit von Prototypen verändert zudem die Art, wie Ingenieure zusammenarbeiten.

Additiv gefertigte Prototypen vereinfachen das Testen auf Kollisionen und Wirkzusammenhänge zwischen einzelnen Komponenten eines Produkts. Ingenieure können so beispielsweise Gehäuse, Verbindungselemente, das Packaging von Elektronikkomponenten und mechatronischen Elementen oder Bedienflächen für Nutzer testen. Zudem können sie vergleichsweise einfach verschiedene Produktkonzepte validieren und Feedback über deren Leistungsfähigkeit direkt von Nutzern einholen (siehe auch Abschnitt 6.3.3). Mögliche Lösungen können in verschiedenen Versuchssessions neu kombiniert und Fortschritte können in Teams bewertet und diskutiert werden. Anstelle aufwendiger Simulationen können verschiedene Lösungsansätze einfach mit vielen unterschiedlichen Prototypen getestet werden. Der intensive Einsatz von additiv gefertigten Prototypen geht damit weit über eine einfache Abbildung des aktuellen Entwicklungstandes eines Produkts hinaus und macht es möglich, sowohl Quantität als auch Qualität von Lernzyklen in der Produktentwicklung zu erhöhen.

Das hier beschriebene Vorgehen bedient sich wichtiger Ansätze von Agile, einer Entwicklungsmethode, die ursprünglich aus der Softwareentwicklung stammt. Die agile Entwicklung von physischen Produkten zielt auf den reaktionsschnellen Umgang mit der Unberechenbarkeit von Markt, Kunde und Technologie durch inkrementelles und iteratives Verbessern des Produkts in relativ kurzen Zyklen. Der Fokus der Entwicklungsteams liegt dabei auf Zusammenarbeit, Kommunikation, Entscheidungsfindung im Team und der flexiblen Reaktion auf Veränderungen. Agile Produktentwicklung grenzt sich damit von klassischen Stage-Gate-Prozessen (z. B. Waterfall-Modell, VDI 2203–2205) ab. Agile folgt diesen vier Werten [übernommen aus: The Agile Manifesto (2001) von K. Beck, M. Beedle, A. van Bennekum et al.]:

- Individuen und Interaktion gewichten höher als Prozesse und Werkzeuge;
- funktionierende Prototypen gewichten höher als umfassende Dokumentation;
- Zusammenarbeit mit dem Kunden gewichtet höher als Vertragsverhandlungen;
- Reagieren auf Veränderungen gewichtet höher als das Befolgen eines Plans.

Selbstverständlich werden auch in der agilen Produktentwicklung weiterhin Teams benötigt, die sich an Prozesse halten müssen, ihre Arbeit dokumentieren, Vereinbarungen aushandeln und die nächsten Schritte planen. Diese Aspekte verlieren nur teilweise an Wichtigkeit gegenüber den Werten des Agile (Teaminteraktion, Kollaboration, Dynamik und Flexibilität mit dem Ziel, die Lerngeschwindigkeit zu erhöhen und die Qualität des Entwicklungsprozesses zu verbessern).

Die in dieser Weise neu gewichteten Werte wirken sich auf die Arbeitsweise von Ingenieuren aus und können auch Unternehmensstrukturen beeinflussen. Ein praktisches Beispiel für den Erfolg des Agile-Modells ist die in Abschnitt 9.5 vorgestellte Entwicklung eines automatisierten Zuführsystems für einen spritzgussgefertigten Steckverbinder. Durch den Einsatz von Teilfunktionsprototypen zum Testen kritischer Funktionen des Produkts müssen Ingenieure weniger Zeit darauf verwenden, mögliche Lösungen zu diskutieren und zu planen und können stattdessen durch Praxistests prüfen, welche Konzepte am vielversprechendsten sind. Auf diese Weise können verschiedene Entwicklungsaufgaben parallel in Angriff genommen werden und der gesamte Entwicklungsprozess konvergiert schneller zu einer reifen und qualitativ hochwertigen Lösung.

Eine solche Form der Produktentwicklung ist jedoch nur dann möglich, wenn die Reaktionsfähigkeit der Technologie mit einer ähnlichen effektiven Entscheidungsbefugnis einhergeht. Dies konsequent umzusetzen, würde demnach bedeuten, dass Ingenieure auch die Befugnis besitzen müssen, selbstständig Entscheidungen zu treffen und eigenverantwortlich auf die erforderlichen Prototyping-Technologien zugreifen zu können, um die technologischen Lerneffekte schnellstmöglich umzusetzen. Agile Produktentwicklung kann nicht in einem Umfeld erfolgreich sein, in dem für jeden neuen Prototyp zunächst zeitintensive Genehmigungsverfahren durchlaufen werden müssen. Stattdessen sollten die Entwicklungsteams eine gewisse Entscheidungsgewalt über das Budget für «ihr» Produkt besitzen und außerdem schnellen Zugang zu additiven Fertigungstechnologien für den Prototypenbau haben, sei es durch firmeneigenes Equipment oder über unkomplizierte Ordermechanismen und die enge Zusammenarbeit mit AM-Dienstleistern.

Durch die gezielte Anwendung der schnellen Prototypen-Verfügbarkeit durch additive Verfahren in Verbindung mit agiler Produktentwicklung können Unternehmen von dem direkten Vorteil einer kürzeren Entwicklungszeit profitieren. Bedenkt man, dass im Bereich des Maschinenbaus die Arbeitsstunden der Ingenieure einen Großteil der Entwicklungskosten ausmachen, führt diese Reduktion der Entwicklungszeit automatisch auch zu einer deutlichen Reduzierung der gesamten Entwicklungskosten.

6.3.2 Verbesserte Produkte durch Additive Fertigung

Verbesserte Produkte sind Produkte, die durch ihren deutlichen Innovationsgrad im Design einen einzigartigen Mehrwert schaffen oder bessere Leistungen zeigen als jede vergleichbare existierende Produktversion. Für das Design solcher Produkte kann die Ausnutzung der Complexity for Free Produkteigenschaften ermöglichen, die sich nur durch den Einsatz Additiver Fertigung umsetzen lassen. Additive Fertigung kann dadurch den Wert eines Produkts sowohl für den Nutzer als auch für den Produzenten erhöhen.

Der Wert des Produkts für den Endnutzer ergibt sich aus dem Verhältnis von wahrgenommen Vorteilen zu Beschaffungskosten. Wenn ein Nutzer sich für den Kauf eines neuen Produkts entscheidet, wägt er zwei Aspekte gegeneinander ab. Der erste Aspekt ist die Wahrnehmung der Vorteile. Hierbei evaluiert der Nutzer die Leistungsfähigkeit des Produkts und überträgt sie entsprechend seiner Anwendungsanforderungen in eine Bewertungsmatrix, um abzugleichen, inwieweit das Produkt durch seine Funktionalität die gewünschten Anforderungen erfüllt. Verschiedene Nutzer können dabei unterschiedliche Faktoren als Vorteile wahrnehmen. Allgemein jedoch basieren wahrgenommene Vorteile auf Produkteigenschaften wie Größe, Gewicht, Energieverbrauch, Bedien- und Wartungsfreundlichkeit, Haltbarkeit, Produktivität und Leistungsfähigkeit. Die Gewichtung dieser einzelnen Faktoren ist abhängig von der jeweiligen Anwendung und den individuellen Anforderungen der Nutzer in diesen Anwendungen. Die subjektive Interpretation durch den Nutzer ergibt sich daraus, dass der Wahrnehmung einer verbesserten Funktionalität spezielle Anforderungen an das Produkt zugrunde liegen müssen.

Der zweite Aspekt sind die Einkaufskosten für das Produkt. Entscheidend ist, ob die wahrgenommenen Vorteile den Preis des Produkts für den Nutzer legitimieren. Dies umfasst jedoch ausschließlich die reinen Anschaffungskosten des Produkts. Jegliche zusätzlichen Kosten wie auch Einsparungen durch den Betrieb des Produkts liegen im Bereich der wahrgenommenen Vorteile und werden subjektiv durch den Nutzer bewertet.

Diese Formulierung des Produktwerts für den Nutzer ist geeignet, einen zentralen Faktor zu verdeutlichen: Tatsächlich wird der Nutzer ein additiv gefertigtes Produkt nur dann annehmen, wenn dieses einen größeren Wert bieten kann als alle anderen auf dem Markt befindlichen Produkte, die bereits den jeweiligen Bedarf ansprechen. Dies bedeutet, dass im Fall höherer Fertigungskosten durch additive Methoden diese durch einen Anstieg der wahrgenommenen Vorteile für den Nutzer ausgeglichen werden müssen.

Aus der Herstellerperspektive ist der Wert eines Produkts gleichbedeutend mit dem Profit (Reingewinn), den er durch das Produkt erzielt. Er ergibt sich aus dem Verkaufserlös abzüglich der Gesamtkosten für Herstellung und Serviceleistungen.

Auch mit Blick auf das produzierende Unternehmen kann ein größerer Wert des Produkts durch zwei Aspekte erreicht werden. Der erste ist eine Vergrößerung des Umsatzes entweder durch höhere Verkaufszahlen oder höhere Stückpreise, der zweite ist die Reduktion von Herstellungs- und bzw. oder Servicekosten. Dies kann zum Beispiel durch einen geringeren Montageaufwand und die Vereinfachung von Herstellungsschritten erfolgen oder durch die kostengünstigere und einfachere Fertigung von Ersatzteilen.

Diese Vorteile für Nutzer und Hersteller sind beeinflusst von der Gestalt des Produkts. Die in Kapitel 8 vorgestellten Gestaltungsprinzipien für Additive Fertigung ermöglichen die Gestaltung besserer Produkte in einem kreativen Prozess. Aufgrund der Complexity for Free erlauben additive Verfahren unter anderem eine Wertsteigerung durch Gewichtsreduktion und Funktionsintegration, wie etwa die Integration mechanischer Funktionen in Bauteilen. Bewegliche Elemente wie Schlitten oder Ringe oder sogar komplexe Bewegungsabläufe können unter bestimmten, prozessspezifischen Umständen in einem einzigen Druckvorgang erhalten werden. Des Weiteren können Ingenieure Schnappverbindungen oder sogar Federn und Dämpfungselemente in Bauteile integrieren. Die Integration von mechanischen Funktionen kann auch das Einbringen von Strukturen umfassen, die eine bessere Lasteinleitung am Teil oder zwischen mehreren Teilen ermöglichen.

Auch Funktionen zur Wärme- und Stoffübertragung können mit additiven Fertigungsmethoden umgesetzt werden, so etwa bei Wärmetauschern, bei denen die Wärmeleitfähigkeit durch das Kontrollieren der Porosität des Materials beeinflusst werden kann. Im Inneren des Bauteils liegende Kanäle, die speziell für AM gestaltet und additiv gefertigt werden, können mit weniger Kanten und Knicken gefertigt werden als bei konventioneller Fertigung. Ein bekanntes Beispiel hierfür ist die Anwendung Additiver Fertigung bei der Herstellung von Hydraulikblöcken. Dort können Effekte wie Druckabfälle, die in konventionell hergestellten Blöcken durch suboptimales Röhrendesign auftreten, drastisch reduziert werden. Die Integration von Kanälen kann in einigen Fällen sogar die Qualität einer Baugruppe verbessern und den Zusammenbau vereinfachen. Ein Beispiel dafür sind die in Abschnitt 9.6 vorgestellten additiv gefertigten Einsätze für CFK-Composite-Rahmen einer Flugdrohne. In diesem Beispiel vereinfachen spezielle SLS-gefertigte Kanäle den Zusammenbau des Rahmens der Drohne, was die Produktivität deutlich erhöht.

Die Integration elektronischer Funktionen ist möglich durch die Positionierung entsprechender Komponenten. So ist die additive Integration von komplexen Führungen zum Einbringen von Kabeln und von Vertiefungen für Sensoren und Aktoren gegenwärtiger State oft the art. Der direkte Druck von integrierten Schaltkreisen wird derzeit erforscht und ist auf konzeptioneller Ebene möglich. Zum jetzigen Zeitpunkt sind aber in diesem Bereich noch keine stabilen Systeme auf dem Markt erhältlich.

Die Gewichtsreduktion eines Bauteils durch Leichtbau stellt einen Vorteil für den Nutzer dar, sie ist aber auch ein notwendiges Werkzeug, um die Konkurrenzfähigkeit von additiv gefertigten Produkten auf dem Markt zu gewährleisten. Abhängig von der Art der Anwendung verbrauchen leichtere Produkte weniger Energie und können so gemeinsam mit den bereits diskutierten Aspekten die Vorteile für den Nutzer vergrößern. Auf der Produktionsebene verringert die Leichtbauweise unmittelbar die Herstellungskosten eines AM-Designs. Werkstoffe für additive Verfahren sind generell deutlich teurer als die Alternativen der konventionellen Fertigung, und die Optimierung des Bauteilgewichts hat einen direkten Einfluss sowohl auf die Materialkosten als auch die Durchlaufzeit der Fertigung.

6.3.3 Inkrementelle Markteinführung

Ein weiteres Anwendungsfeld der Additiven Fertigung ist die inkrementelle Markteinführung. Die Produktion einer kleinen, additiv gefertigten Serie ermöglicht dabei die Lancierung eines Produkts auf dem Markt ohne die Notwendigkeit von zeit- und kostenintensiven Fertigungsmitteln. So kann nicht nur die Markteinführung des Produkts deutlich früher erfolgen, sondern auch bereits vor Beginn der Massenproduktion das Feedback von Kunden eingeholt und das Produkt im Idealfall noch entsprechend angepasst werden. Zudem ermöglicht eine inkrementelle Markteinführung den «Testlauf» eines neuen Produkts auf dem Markt und kann so das Markteintrittsrisiko reduzieren. Bild 6.5 zeigt schematisch das Konzept der inkrementellen Markteinführung.

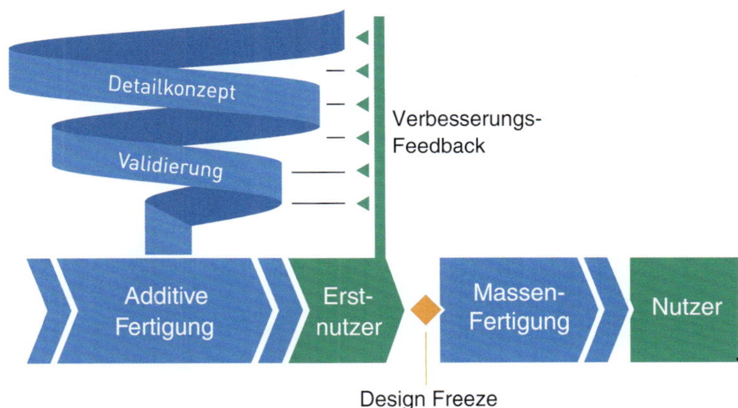

Bild 6.5 *Konzept der inkrementellen Markteinführung* [Quelle: ETHZ pd|z]

Die Herstellung von Fertigungsmitteln (z. B. Spritzgusswerkzeuge) für die konventionelle Fertigung eines neuen Produkts kann mehrere Monate in Anspruch nehmen. Durch den Einsatz Additiver Fertigung kann eine inkrementelle Markteinführung die Zeit bis zur Auslieferung der ersten Produkte an Kunden (*time-to-market*) signifikant verkürzen. Diese frühe, additiv gefertigte Version des Produkts kann an einen ausgewählten Kreis von Erstkäufern bzw. Erstnutzern (*Early Adopters*) verkauft werden, von denen der Hersteller dann Feedback einholen kann. Wenn die Produktstruktur dies zulässt, kann der Hersteller mit vergleichsweise geringem Kostenaufwand noch vor dem Beginn der Massenproduktion Design und Funktionen anpassen oder kleinere Verbesserungen vornehmen, die das Produkt für den Kundenkreis noch attraktiver machen. Dies ist ein besonderer Vorteil einer inkrementellen Markteinführung, da die Umsetzung derartiger Verbesserungen ansonsten bis zur nächsten Produktgeneration warten müsste. Sobald Funktionalität und Design des Produkts den Vorstellungen von OEM und Nutzern entsprechen, wird die endgültige AM-basierte Produktgestalt für die Massenfertigung mit konventionellen Fertigungsverfahren (z. B. Spitzguss) angepasst. Dieser Schritt der endgültigen Gestaltfestlegung vor dem Aufbau der Produktionsinfrastruktur wird als *Design Freeze* bezeichnet.

Ein Beispiel für inkrementelle Markteinführungen sind die Produkte der Schweizer TB-Safety AG. Das Unternehmen entwickelt und produziert unter anderem Belüftungssysteme und belüftete Vollschutzanzüge (Bild 6.6). Für die stetige Weiterentwicklung der verwendeten Gebläse setzt der OEM ausgiebig auf das Lasersinter-Verfahren. Der Einsatz von SLS ermöglicht es TB-Safety, nach der Markteinführung die Benutzerfreundlichkeit ihres Produkts weiter zu verbessern und es so noch robuster und sicherer zu machen. Anhand des Feedbacks der Kunden zur Produktperformance können dann Anpassungen am Design vorgenommen werden, wie etwa Optimierungen von Verbindungen, Positionierung von Luftkanälen und ergonomische Maßnahmen. Wenn das Gesamtsystem den gewünschten Status an komfortabler Handhabung und Funktionalität erreicht hat, wird das so entwickelte Design auf konventionelle Fertigungsverfahren wie Spritzguss übertragen. Dies ermöglicht die kostengünstigere Herstellung der nächsten Serie des Produkts mit höheren Stückzahlen.

Bild 6.6 *Der Vollschutzanzug ist ausgestattet mit Luftfilter und Gebläsen sowie einem Akkumulator. Bei der Weiterentwicklung des Produkts setzt der Hersteller auf inkrementelle Markteinführungen.* [Quelle: TB-Safety AG]

Im Gegensatz zu kontinuierlichen Verbesserungen eines etablierten Produkts, die meist ein überschaubares Risiko für den Hersteller mit sich bringen, ist die Reaktion des Marktes auf neuartige Produkte im Allgemeinen deutlich schwerer zu kalkulieren. Solche diskontinuierlichen Innovationen stellen dadurch ein deutlich höheres Risiko dar. Der eben beschriebene Erstkäufer-Ansatz hat sich in diesem Fall als ausgesprochen vorteilhafte Strategie erwiesen. Additive Fertigung kann bei inkrementellen Markteinführungen auch genutzt werden, um zunächst die Akzeptanz eines Produkts am Markt zu testen und das Risiko so zu verringern. Erst wenn das Produkt durch den Markt bestätigt ist, wird die zuvor auf additive Verfahren ausgelegte Produktgestalt für Verfahren der Massenproduktion angepasst. Die Innovationsfähigkeit eines OEM kann durch dieses Vorgehen signifikant verbessert werden.

Auf Seiten des OEM ist eine Grundvoraussetzung für eine inkrementelle Markteinführung eine reaktionsschnelle und kundenorientierte Unternehmensstruktur. Zudem ist tiefgreifendes Wissen im Bereich flexibler Fertigungssysteme elementar. Im speziellen Fall von Additiver Fertigung sind jene Technologien für dieses Konzept geeignet, die in der Lage sind, langlebige Produkte zu generieren. Eine gute Wahl sind daher Lasersintern, Laserschmelzen und einige indirekte Prozesse, wie sie in Kapitel 2 vorgestellt wurden. Das Produkt selbst muss – gegebenenfalls mit kleineren

Anpassungen – sowohl eine Herstellung mit additiven als auch mit konventionellen Fertigungsmethoden erlauben, um für eine inkrementelle Markteinführung in Frage zu kommen.

Ein entscheidender Aspekt des Erstnutzer-Ansatzes ist die Auswahl einer geeigneten Gruppe von Kunden, die gewillt sind, Feedback zu liefern. Es versteht sich von selbst, dass auch das produzierende Unternehmen über eine geeignete Feedbackstruktur verfügen muss, gekoppelt mit der Motivation, auch weiterhin Änderungen am Produkt vorzunehmen.

Tabelle 6.2 *Auswahlkriterien für Erstnutzer* [Quelle: ETHZ pd|z, nach Enkel et al. 2005]

Kriterien	Indikatoren: -1 keine, 0 vielleicht, 1 Ja (gut), 2 Ja (sehr gut)	Gewichtung	Kunde 1	Kunde 2	...	Kunde *n*
1. Qualifizierung als Erstnutzer						
a.	Passender Maschinentyp	20%	1	2		0
b.	Passendes Verkaufsvolumen	20%	1	1		2
c.	Marktanteil	20%	2	1		1
d.	Geheimhaltung	20%	2	0		1
e.	Unabhängiges Unternehmen	20%	1	1		1
	RESULTAT	*100%*	*1.40*	*1.00*		*1.00*
2. Bereitschaft zur Kooperation						
a.	Bedarf an neuer Maschine	20%	2	1		2
b.	Greifbare Vorteile für Kunden	20%	1	1		2
c.	Ähnlicher Kulturkreis	20%	2	1		1
d.	Geographische Nähe	20%	1	0		1
e.	Strategische Übereinstimmung	20%	2	1		1
	RESULTAT	*100%*	*1.60*	*0.80*		*1.40*
3. Innovationsbereitschaft						
a.	Innovativer Kunde, Erstnutzer	25%	1	1		2
b.	Unzufrieden mlt aktuellem Angebot	25%	1	1		1
c.	Engagement für Verbesserungen	25%	2	1		1
d.	Greifbare Vorteile durch neue Technologie	25%	2	0		1
	RESULTAT	*100%*	*1.20*	*0.60*		*1.00*
4. Innovationsfähigkelt						
a.	Fachwissen in der Anwendung	20%	2	2		1
d.	Erfahrung im Betrieb	20%	1	2		1
c.	Vorreiter	20%	1	1		1
d.	Technische Fähigkeiten der Mitarbeiter	20%	1	1		1
e.	Befähigung zur Qualitätskontrolle	20%	0	1		1
	RESULTAT	*100%*	*1.00*	*1.40*		*1.00*

Tabelle 6.2 gibt eine Übersicht über vier Kriterien, anhand derer die Eignung möglicher Erstnutzer beurteilt werden kann. Dies sind: Qualifikation des Kunden, bezogen auf seine Unternehmensstruktur, Motivation zur Kooperation, Motivation zur Innovation und Kompetenzen zur Innovation. Die abgebildete Übersicht führt zusätzlich einige mögliche Detailkriterien auf, es sollten aber auch kundenindividuelle und fallspezifische Faktoren bei der Auswahl berücksichtigt werden.

Ein praktisches Anwendungsbeispiel für eine inkrementelle Markteinführung mit der Methode Laserschmelzen ist der «Chairless Chair», der in Abschnitt 9.7 vorgestellt wird.

6.3.4 Kundenspezifische Produkte: Customization mittels Additiver Fertigung

Die kundenspezifische Individualisierung von Produkten (Customization) kann die Anpassung von Produktmerkmalen, die Modifikation eines Produktmodells oder sogar die auftragsspezifische Entwicklung eines gänzlich neuen Produkts entsprechend den Wünschen eines Kunden umfassen. Additive Fertigung stellt im Bereich der Customization einen ganz besonderen Vorteil dar, da sie keine Werkzeuge benötigt, um Bauteile als Einzelstücke zu fertigen. Der Bauraum einer AM-Maschine kann ohne zusätzliche Rüstzeiten in der Produktion einfach mit unterschiedlichen Bauteilen gefüllt werden, solange diese aus dem gleichen Material gefertigt werden – unabhängig von der Bauteilgestalt. Unterschiedliche Produktvarianten können zeitgleich hergestellt werden, sofern sie in die Maschine passen. Dieser Aspekt reduziert deutlich die existierenden Barrieren zur Fertigung mit hoher Variantenvielfalt und Customization.

Bereits seit einiger Zeit zeigen verschiedene Industriebereiche einen deutlichen Trend zu personalisierter Fertigung und ganz allgemein zu einer Erhöhung der Vielfalt der Produktvarianten, aus denen der Kunde wählen kann (vgl. Bild 6.7). So sind beispielsweise patientenspezifische Prothesen oder Instrumente, die der Anatomie des jeweiligen Patienten entsprechend individuell angefertigt werden, in der Medizin und Zahnmedizin bereits üblich (vgl. auch Abschnitte 9.2, 9.9, 9.12). Zusätzlich erfahren Konsumgüter, vor allem im High-End-Bereich, einen Trend in Richtung Ergonomie und Personalisierung. So geben beispielsweise marktführende Sportschuhhersteller ihren Kunden neuerdings die Möglichkeit, ihre Produkte zu personalisieren, was auch individualisierte Passformen umfasst.

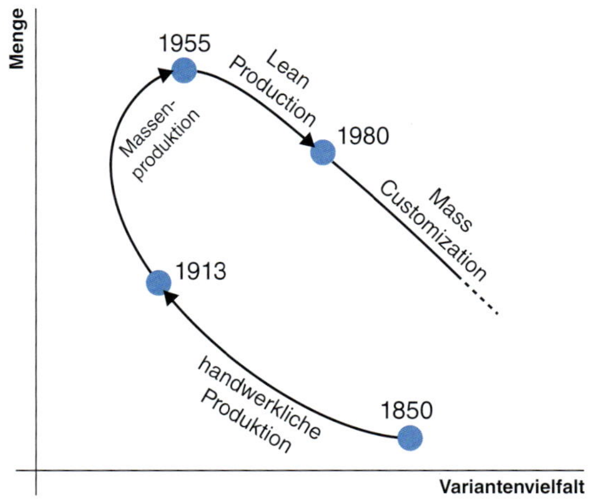

Bild 6.7 *Entwicklung des Verhältnisses von Variantenvielfalt zu Stückzahl in der Produktion seit 1850* [Quelle: ETHZ pd|z, nach Hu et al. 2013]

Aber auch in anderen Branchen mit hohen Produktionsvolumen, in denen größere Hürden für Customization bestehen, geht der Trend zu mehr Produktvielfalt. Customization erfolgt dabei oft in Form von individualisierter Verpackung, Größe, Gestalt oder in der Lebensmittelproduktion auch Geschmack. Die Ausprägung der Varianten ist abhängig vom Markt, den das Produkt bedient, und das Interesse der Kunden wächst, «ihre» Produkte wählen und teilweise auch beeinflussen zu können. Dieser Trend bringt neue Herausforderungen mit sich, die sowohl das Firmenkundengeschäft (B2B, engl.: Business-to-Business) als auch das Privatkundengeschäft (B2C, engl.: Business-to-Customer) betreffen. So sind beispielsweise Maschinenproduzenten am Markt erfolgreicher, wenn sie in der Lage sind, ihren Kunden innerhalb kurzer Zeit angepasste Module für ihre Produkte zur Verfügung zu stellen (vgl. Abschnitt 9.3). Die Flexibilität und Losgrößenunabhängigkeit der Additiven Fertigung ist hierbei ein großer Vorteil.

Ein Beispiel ist die Produktion von Lebensmittelverpackungen. Immer wieder kommt es vor, dass Schokoladenhersteller die Größe ihrer Verpackungen ändern. Dies kann bereits in der Standardproduktion der Fall sein, etwa wenn verschiedene angebotene Produkte in der Form variieren. Aber auch Marketingkampagnen mit besonderen, zeitlich begrenzten Aktionen können kurzzeitig eine besondere Form der Verpackung notwendig machen. Solche Änderungen der Produktform erfordern oft einen ganzen Satz neuer Formatteile, mit denen die Verpackungsmaschine bestückt werden muss. Dazu gehören auch Mitnehmer, wie sie in Bild 6.8 gezeigt sind. Es handelt sich um teils kundenspezifische Verschleißteile, die auf einer Gruppe von Rollketten angebracht werden und Nahrungsmittel über das Fließband schieben. Die Produktion dieser Mitnehmer mittels Lasersintern kann die Lieferzeit um bis zu 50 % reduzieren.

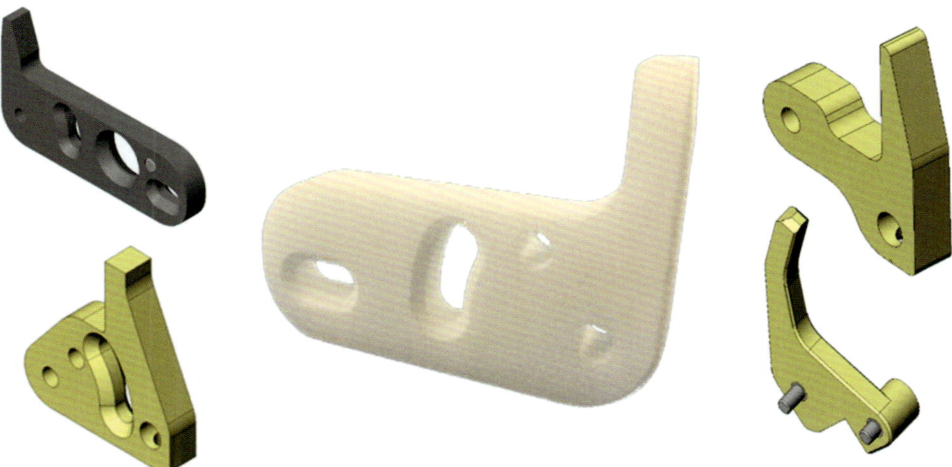

Bild 6.8 *CAD-Modelle verschiedener Mitnehmer-Designs für Lebensmittelverpackungsmaschinen sowie ein SLS-gefertigter Mitnehmer aus PA12 (Mitte)* [Quelle: ETHZ pd|z]

Traditionell besteht in der Produktion ein deutlicher Zielkonflikt zwischen Produktionsmenge und Variantenvielfalt. Wie in Bild 6.9 dargestellt, können die Produktionsarten Massenproduktion, Mass Customization (Herstellung auf den Kundenbedarf zugeschnittener Produkte zu Kosten der Massenproduktion) sowie Einzelteil- und Kleinserienfertigung im Bereich der kundenspezifischen Anpassung durch die beiden Dimensionen «Verkaufszahlen» und «Produktvielfalt» beschrieben werden.

- Verkaufszahlen (bezogen auf die gesamte Produktfamilie):
  Für ein bestimmtes Produkt bezeichnen die Verkaufszahlen die Menge der Verkäufe aller Produktvarianten einer entsprechenden Produktfamilie zusammengenommen. Im Fall eines Autos wären dies alle Verkäufe eines bestimmten Modells (nicht der einzelnen Konfigurationen).
- Produktvielfalt:
  Diese Dimension repräsentiert den Grad der Variantenvielfalt, die dem Kunden angeboten wird, bezogen darauf, wie stark er durch seine Präferenzen ein Produkt verändern oder beeinflussen kann. Die Spanne zieht sich hierbei von Standardprodukten bis hin zu Produkten, die individuell auf die spezifischen Kundenanforderungen zugeschnitten sind.

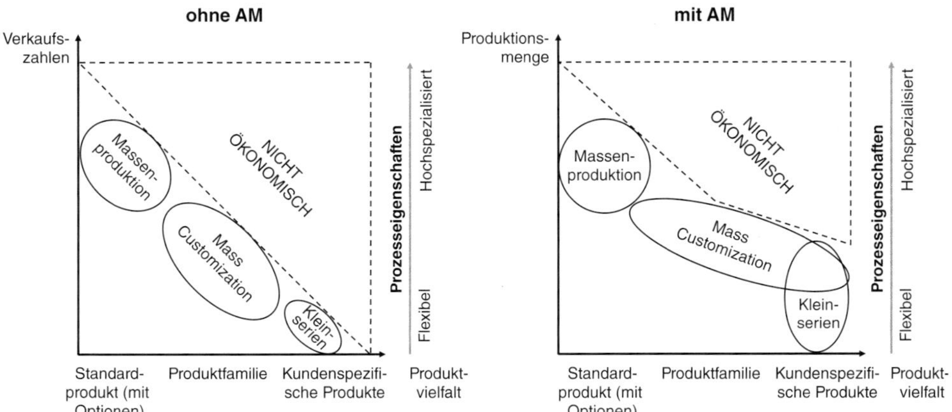

Bild 6.9 *Auswirkungen Additiver Fertigung auf verschiedene Strategien der Customization*
[Quelle: ETHZ pd|z, nach Tuck et al. 2008]

Im Rahmen dieser Analyse werden drei alternative Möglichkeiten in Betracht gezogen:

- Standardprodukt (mit Optionen),
- Produktfamilie,
- Produkt, das an individuelle Kundenspezifikationen angepasst wird.

Die *Massenproduktion* zeichnet sich durch Standardprodukte und hohe Verkaufszahlen aus. Für die Massenproduktion sind hochspezialisierte und kostenintensive Fertigungsmittel und standardisierte Produktionslinien erforderlich, um große Mengen identischer Produkte mit niedrigen Stückkosten herzustellen. In der Massenproduktion haben Kunden keine oder nur sehr wenige Möglichkeiten, das Produkt anzupassen. Ein einzelnes Design, das die Anforderungen des Durchschnittsnutzers erfüllt, wird mit hoher Stückzahl produziert. Ziel ist es dabei, die Kosten pro Stück so weit wie möglich zu minimieren. Die üblichen Herstellungsmethoden in diesem Bereich umfassen Prozesse, die auf kostenintensiven Werkzeugen basieren, wie Spritzguss, Metallumformen und Druckguss. Der Einsatz kapitalintensiver Produktionssysteme erfolgt auf Kosten der Herstellungsflexibilität. Je spezialisierter derartige Fertigungsmittel sind, desto weniger Flexibilität für kundenspezifische Variationen des Designs oder der Produkteigenschaften ist möglich.

Mass Customization nutzt viele Ansätze der Massenproduktion, um einen relativ hohen Durchsatz zu erreichen. Die Produkte sind bei dieser Methode modular aufgebaut, so dass durch die Kombination von eigentlichen Standardmodulen im Zusammenbau ein gewisser

Grad der Individualisierung erreicht werden kann. Das «finale» Produkt steht dementsprechend nicht bereits vor oder während der Fertigung fest, sondern ergibt sich erst später aus der individuellen Zusammenstellung der einzelnen Module. Die Produkte teilen dabei eine gemeinsame Grundstruktur, die mit unterschiedlichen Modulkombinationen zusammenpasst. Die Module besitzen standardisierte Schnittstellen, um die Integration einzelner Komponenten in diese Grundstruktur möglichst einfach zu halten. Auf diese Weise können die Module selbst mit niedrigen Stückkosten massenproduziert und dann in verschiedenen Variationen kombiniert werden, um individualisierte Produkte zu erhalten. Ein geläufiges Beispiel für derartige Mass Customization sind Computer, die sich durch verschiedene Komponenten (unterschiedliche Festplatten, CPU, Grafikprozessoren usw.) individualisieren lassen, wie auch die Automobilindustrie (gleiche Plattform für viele Modelle, unterschiedliche Motoren, Antriebe, Innenausstattung ...) und der Werkzeugmaschinenmarkt (Antriebe, Sensoren, Werkzeuge). Der erreichbare Grad der Customization ist begrenzt durch die verfügbaren Module, die Kompatibilität der Module und durch die Möglichkeit, die Funktionalität des Produkts in einzelne Module aufzuteilen.

Ein hoher Grad der Individualisierung besteht traditionell bei der Einzelteil- und Kleinserienfertigung. Die Produktionsmethode nutzt Fertigungstechnologien wie Fräsen und Drehen, die einen hohen Grad an Flexibilität erlauben, und kombiniert diese mit Werkstattfertigung und manuellen Montageschritten. Höhere Flexibilität führt zu längeren Durchlaufzeiten. Verglichen mit anderen Fertigungsmethoden ist die Einzelteil- und Kleinserienfertigung weniger effizient und die Stückkosten sind höher. Anwendungsmöglichkeiten finden sich im Medizin- und Prothetik-Bereich, bei Dampf- und Gasturbinen oder auch bei Turboladern.

Die Einführung von Additiver Fertigung bei den hier beschriebenen Produktionslandschaften hat deutliche Auswirkungen sowohl auf die Mass Customization als auch die Einzelteil- und Kleinserienfertigung, wie sich in Bild 6.9 im rechten Diagramm erkennen lässt. Bei der Mass Customization hat Additive Fertigung das Potenzial, den erreichbaren Grad der Individualisierung zu erweitern. Additive Fertigung kann die ökonomische Herstellung von nutzerspezifischen Modulen ermöglichen, wodurch sich modular aufgebaute Produkte noch weiter individualisieren lassen. Die Module können entsprechend spezifischen Kundenwünschen designt werden, wodurch der erreichbare Individualisierungsgrad des Produkts noch weiter erhöht wird. Dies bietet die Möglichkeit, kundenspezifische Einzelanfertigungen in einem Mass-Customization-Kontext zu verwenden, und führt so zu einer gewissen Überschneidung mit der Einzelteil- und Kleinserienfertigung, da die Einzel- oder auch Kleinserienproduktion solcher sehr spezialisierter Module von einem ökonomischen Gesichtspunkt aus attraktiver wird. Ein Beispiel hierfür sind die in Abschnitt 9.3 vorgestellten Ionisierer zur Reinigung von Chip-Bonding-Substraten.

In der Einzelteil- und Kleinserienfertigung eröffnet Additive Fertigung neue Möglichkeiten hin zu einer effizienteren Ausführung von Herstellungsschritten. Kürzere Durchlaufzeiten, niedrigere Kosten und eine höhere Produktivität können bei einer Produktion mit hoher Variantenvielfalt erreicht werden, vor allem dank der reduzierten Rüstzeiten und der Möglichkeit, unterschiedliche Bauteile in einem Los zu fertigen – beides typische Eigenschaften von additiven Prozessen. Die Einzelfertigung enthält im Allgemeinen eine Anpassungs- oder Neukonstruktion des Produkts für jede Kundenbestellung. Der Aufbau der Produkte in diesem Umfeld ist nicht modular, sondern integral. Beispiele für integrale kundenspezifische Produkte können sowohl im Bereich der Prothetik wie auch der Medizin gefunden werden. Hier können leichte Veränderungen der integralen Gestalt gleichzeitig in einem Los gefertigt werden. In der Produktionsumgebung einer Einzelfertigung ermöglichen additive Verfahren einen höheren Grad der Automatisierung von Prozessen.

Hinzu kommt die digitale Prozesskette der Additiven Fertigung, die den elementaren Vorteil bietet, dass ein Großteil der Customization nun komplett digital durchgeführt werden kann. Daten von Scans oder bildgebenden Verfahren können in Computer eingelesen und genutzt werden, um die Passform des Produkts zu gewährleisten. Validierungen der Gestalt können durch Simulationen erfolgen. Auf diese Weise ist es nicht mehr notwendig, zeit- und kostenintensive Anpassungen des Produkts nach der Fertigung durchzuführen. Das Risiko nachträglicher Korrekturen wird reduziert. Zusätzlich kann der Nutzer in einen Teil der Produktentwicklung einbezogen werden durch Web-CAD-Anwendungen und Produktkonfiguratoren. Das Potenzial ist sehr hoch, aber es besteht auch das Risiko, den Kunden ungeplant zu überladen, wenn die Auswahlmöglichkeiten zu umfassend sind. Tatsächlich ist das eigentliche Nadelöhr dieser Tage eher die Frage: Wie können Unternehmen kundenspezifische Anpassung und Konfigurationen eines Produkts in einer möglichst einfachen Art zur Verfügung stellen, ohne den Kunden mit einem «Zuviel» an Auswahl zu überfordern?

Eine aktuell fortschrittliche Anwendung, die das Potenzial der digitalen Prozesskette im B2B-Bereich verdeutlicht, sind die eGRIP-Systeme der Firma Schunk in Zusammenarbeit mit dem AM-Dienstleister Materialise. Schunk ist ein weltweit aktiver Anbieter für Greifsysteme. Für den Einsatz von Pick&Place-Robotern in Fertigungslinien sind produktspezifische Greifer notwendig, die der Produktgeometrie entsprechend angefertigt und dann auf die Greifsysteme montiert werden. In der Vergangenheit erforderte die Entwicklung und Herstellung solcher individuellen Greifer einen zeitintensiven, mehrere Schritte umfassenden Prozess. Die Entwickler von Schunk passten dann Vorlagen für Standardgreifer an die Produkte des Kunden an, basierend auf Informationen, Mustern und Datenmaterial, das die Kunden zur Verfügung stellten. Dieser Prozess erforderte diverse Kontakte zwischen den Kunden und Schunk, um ein auf das Produkt abgestimmtes Angebot zu entwickeln und einen Fertigungsauftrag auszuarbeiten.

Um diesen Prozess zu verbessern, entwickelte Schunk eine Internet-Plattform, auf der Kunden ihre 3D-Modelle des zu greifenden Produkts hochladen können und dann mit einem einfachen Prozess durch die Konfiguration eines individualisierten Greifers geführt werden. Die Kunden erhalten direkt ein Angebot für den Greifer und können diesen sofort bestellen. Sobald der Kunde sich entschieden hat, das Produkt zu bestellen, werden die Fertigungsdaten digital direkt an den AM-Dienstleister übermittelt, der die Bauteile fertigt und an den Kunden schickt. Auf diese Weise wurde ein zeitaufwendiger Prozess, der diverse Kontakte und Iterationen mit mehrfachem Informationsaustausch zwischen Entwicklungsabteilung, Vertrieb und Kunde erforderte, auf eine simple Prozesskette vereinfacht, die der Kunde vollständig allein durchführen kann. Die Durchlaufzeit für den gesamten Prozess wurde von mehreren Wochen auf wenige Tage verkürzt. Hinzu kommt, dass auch der Preis für die Greifer reduziert werden konnte, was den Service aus Kundenperspektive sogar noch attraktiver macht.

6.3.5 Additiv hergestellte Fertigungsmittel

In einem produzierenden Unternehmen ist es das Ziel der Fertigung, Standardteile mit möglichst hoher Qualität in möglichst geringer Durchlaufzeit herzustellen. Standardteile sind per Definition Bauteile, die praktisch identisch und damit untereinander austauschbar sind. Hierbei kommen Fertigungsmittel zum Einsatz, die eine effiziente Produktion in gleichbleibender Qualität sicherstellen oder überhaupt erst ermöglichen. Diese Fertigungsmittel werden als Einzelteile oder in kleinen Stückzahlen benötigt, selbst wenn das damit hergestellte Produkt in Millionen-Stückzahlen hergestellt wird.

Additive Fertigungstechnologien sind durch ihre Losgrößenunabhängigkeit und den Vorteil der Complexity for Free hervorragend zur Herstellung solcher Kleinserien- und Unikat-Bauteile geeignet. Durch den Einsatz additiver Verfahren können Fertigungsprozesse verbessert und beschleunigt werden, da die zeitintensive Entwicklung und Fertigung konventioneller Fertigungsmittel eingespart werden. Dieses eine Bauteil ermöglicht so die Verbesserungen der Produktion von tausenden Teilen. Hierbei sind additive Fertigungsmittel sowohl im Vorrichtungsbau als auch im Formenbau anwendbar.

Vorrichtungen werden unabhängig vom Automatisierungsgrad einer Fertigung benötigt. Es handelt sich dabei um Elemente, die Bauteile fixieren und stützen oder Anwenderbewegungen verbessern und führen. In wenig automatisierten Fertigungsstätten führen Mitarbeiter oft über einen längeren Zeitraum repetitive manuelle Arbeitsschritte aus. Dies erhöht die Anfälligkeit für Fehler und Ungenauigkeiten, die sowohl die Durchsatzzeit als auch die Qualität von Bauteil und Produkt beeinträchtigen können. Der Einsatz von Fertigungsmitteln kann die Fehleranfälligkeit bei manuellen Produktionsschritten reduzieren und die ergonomischen Bedingungen des Arbeitsablaufs verbessern. In automatisierten Produktionen werden Fertigungsmittel benötigt, um beispielsweise die exakte Positionierung eines Werkstücks sicherzustellen, damit ein Roboter es greifen kann.

Automobilhersteller setzen in ihren Produktionsstätten zahlreiche Fertigungsmittel ein. Ein Beispiel hierfür ist eine individuell angepasste additiv gefertigte Orthese für den Daumen, die in Bild 6.10 gezeigt ist. Diese spezielle Daumenorthese wird für Fließbandarbeiter angefertigt, die Gummistopfen in die Karosserie einpressen. Sie unterstützt das präzise Einsetzen der Stopfen und schützt gleichzeitig den Daumen des Arbeiters vor Überbelastung und Verletzungen. Die Orthese ist so gestaltet, dass das Daumengelenk weiterhin voll beweglich ist, bei der Pressbewegung aber in einer stabilen Position fixiert wird. Um einen optimalen Sitz zu gewährleisten, wird der Daumen des jeweiligen Arbeiters mittels 3D-Scan vermessen und die Daumenorthese dann passgenau mittels Lasersintern gefertigt.

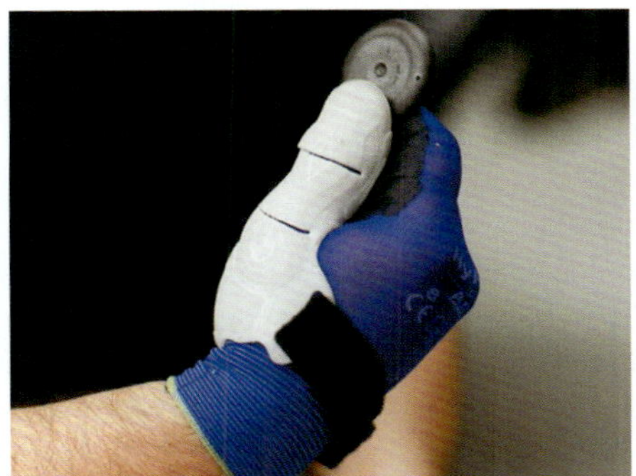

Bild 6.10 *Angepasste SLS-gefertigte Daumenorthese für die Fließbandarbeit* [Quelle: BMW AG]

Auch Bild 6.11 zeigt ein Fertigungsmittel, das dank additiver Verfahren umgesetzt werden konnte. Die abgebildete Vorrichtung wird in der Elektroindustrie eingesetzt, um das Löten von Kontakten zu vereinfachen. Die SLS-gefertigten Füße sind in Winkel und Höhe exakt auf ein bestimmtes Bauteil abgestimmt. Das fragliche Bauteil wird während des Lötvorgangs in der Vorrichtung fixiert und der Vorgang des Lötens so deutlich vereinfacht.

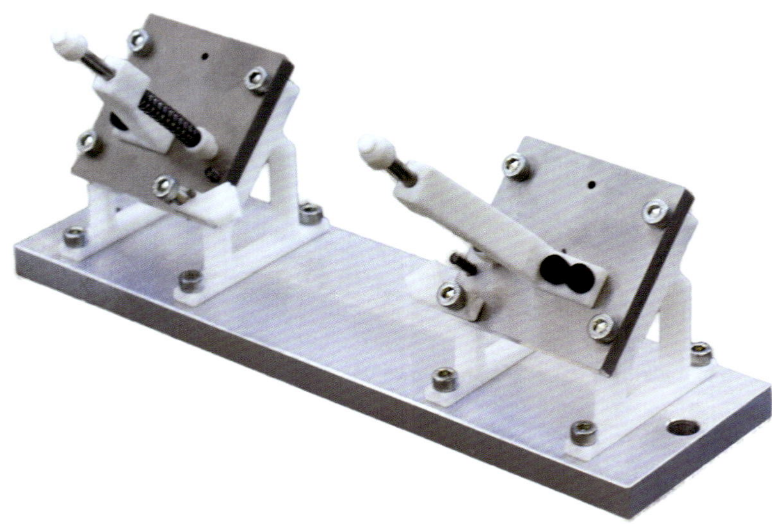

Bild 6.11 *Fertigungsmittel zur Fixierung elektrischer Kontakte während des Lötprozesses* [Quelle: ETHZ pd|z]

Konventionelle Fertigungsverfahren wie Urform- und Umformverfahren sind auf den Einsatz von Werkzeugen und Formen angewiesen. Diese werden individuell für ein Bauteil hergestellt und bestimmen maßgeblich die Qualität der produzierten Bauteile und die Wirtschaftlichkeit der Produktion. Aufgrund ihrer Rolle im Produktionsprozess müssen sie bereits lange vor Produktionsstart beschafft werden und sind entscheidend für die Time-to-Market eines neuen Produkts.

Additive Fertigungstechnologien bieten in einer indirekten Prozesskette (vgl. Abschnitt 2.2) verschiedene Möglichkeiten, den Werkzeug- und Formenbau für Metall, Kunststoffe und Verbundwerkstoffe zu beschleunigen und Kosten zu reduzieren. Die Additive Fertigung kann verwendet werden, um die eigentliche Form mit der Kavität herzustellen, in die dann das Material gefüllt wird, wie auch für Modelle, mit denen Formen hergestellt werden können. Tabelle 6.3 bietet einen Überblick darüber, welche additiven Fertigungsverfahren in Kombination mit entsprechenden Materialien zur Herstellung von Formen und Modellen geeignet sind. Für den Metallguss bietet die Additive Fertigung vier verschiedene Möglichkeiten des Werkzeugbaus. Diese umfassen Modelle für konventionellen Sandguss und qualitativ hochwertige positive Wachsmodelle für den Feinguss ebenso wie Stahlwerkzeuge für den Druckguss. Mit Binder Jetting können zudem komplexe Sandformen direkt von einem 3D-Modell für Anwendungen im digitalen Guss additiv hergestellt werden. Beim Werkzeugbau für die Kunststoffverarbeitung kann die Additive Fertigung mehrere Technologien unterstützen. Für die Thermoplastverarbeitung wird Laserschmelzen vor allem eingesetzt, um Spritzguss-Werkzeugformen mit konturnaher Kühlung aus Stahl herzustellen. Für kleine Bauteile in sehr kleinen Stückzahlen können auch additive Werkzeuge aus Photopolymeren mit guter Oberflächenqualität verwendet werden. Gleiches gilt für Silikonformen für Urethanguss.

Abhängig von ihrer Verwendung können Werkzeuge in zwei Kategorien unterteilt werden: verlorene Formen und Dauerformen. Verlorene Formen müssen für jede gefertigte Einheit des Endprodukts vollständig neu gebaut werden. Dauerformen können stattdessen für die Herstellung von identischen Einheiten des Endprodukts mehrfach wiederverwendet werden. Haltbarkeit und Verschleiß der Formen sind eine Herausforderung, wobei der Verschleiß materialabhängig ist.

Additiv hergestellte Dauerformen erreichen – verglichen mit konventionell gefertigten – die längste Haltbarkeit, wenn sie aus Metall gefertigt sind (Verfahren Laserschmelzen). Additiv aus Photopolymeren hergestellte Dauerformen erreichen im Verhältnis die geringste Haltbarkeit, sind dafür aber preiswerter.

Tabelle 6.3 *Möglichkeiten des Werkzeugbaus mit Additiver Fertigung* [Quelle: ETHZ pd|z]

		Sand Gips	Wachs	Photopolymere	Polymere		Metalle
		BJ	MJ	PJ/SL	FDM	SLS	SLM/EBM
Verlorene Formen	Dauerhaftes Modell			Modelle für Sandguss			
	Verlorenes Modell	Laminierwerkzeuge für CFK	Wachsmodelle für Feinguss				
	Kein Modell	Sandformen und Sandkerne			Kunststoffkerne für Sandwichstrukturen / Lasteinleitungen (CFK)		
Dauerformen	aus Modell			Silikonformen für Urethanguss			
	ohne Modell			Spritzgusswerkzeuge für Kleinserien	Tiefziehwerkzeuge		Druck- und Spritzgusswerkzeuge

Bei der Herstellung von Bauteilen aus Faserverbundwerkstoffen kann die Additive Fertigung für die Herstellung von Sandkernen verwendet werden, die dann einfach mit imprägnierten Fasern umwickelt werden können. Nach dem Aushärten der Matrix bei Umgebungsbedingungen oder bei hohem Druck und Temperaturen im Autoklaven kann der Sandkern wieder aus dem Faserverbundbauteil entfernt werden. Ebenso können additive Bauteile als bleibende Kunststoffkerne für Sandwichstrukturen und als Metalleinsätze für Lasteinleitungspunkte verwendet werden. Ein Beispiel für die Kombinationsmöglichkeiten von Additiver Fertigung und Faserverbundwerkstoffen findet sich in Abschnitt 2.2.

Mit additiven Fertigungsverfahren können außerdem Werkzeuge zum Tiefziehen von Kunststofffolie hergestellt werden. Ein Beispiel hierfür sind die in Abschnitt 9.2 vorgestellten kundenspezifischen Zahnspangen.

Additive Fertigungsmittel, sowohl Vorrichtungen als auch Formen, können auf mehrere Arten einen zusätzlichen Nutzen für das Unternehmen bieten. Einmaleffekte wie ein schnellerer Produktionsstart, spätere oder verringerte Investitionskosten sind hierbei von eher geringerer Bedeutung. Der große Mehrwert liegt häufig in einer effizienteren, robusteren Produktion mit geringeren Stückkosten, kürzeren Zykluszeiten und weniger Ausschuss. Diese wiederkehrenden Effekte summieren sich über das gesamte Produktleben auf und können ein Vielfaches dieser Einmaleffekte betragen.

6.3.6 Flexiblere Auftragsabwicklung

Mit Additiver Fertigung kann die Erfüllung von Kundenaufträgen beschleunigt werden durch eine Verbesserung und Verschlankung der zugehörigen Prozesse. Ein Blick auf die logistischen Aspekte der Planung und Durchführung von Herstellungs- und Lieferaufträgen zeigt, wo diese Verbesserungspotenziale liegen. Der Prozess der Auslieferung physischer Güter an einen Kunden umfasst normalerweise die Organisation von Informations- und Materialfluss, Produktion, Verpackung, Bestand, Lagerverwaltung und Transport. Additive Fertigungstechnologien können die Effizienz und Geschwindigkeit der Auftragsabwicklung in diesen Bereichen positiv beeinflussen.

Ein besonderer Vorteil von Additiver Fertigung im Bereich der Produktionsplanung und -steuerung sind die sogenannten Diversifikationsvorteile (engl.: *economies of scope*). Diversifikationsvorteile sind definiert als eine Fertigungssituation, in der die durchschnittlichen Gesamtproduktionskosten durch eine Vergrößerung der Produktvielfalt reduziert werden. Additive Fertigung ermöglicht Diversifikationsvorteile aufgrund von *Complexity for Free* und *Losgrößenunabhängigkeit*.

Die Reduktion der Durchlaufzeit, kombiniert mit einem Anstieg der Effizienz in einer Produktionsumgebung, ist ein Ziel, das gemäß den Lean-Prinzipien als Teil des Kontinuierlichen Verbesserungsprozesses (KVP) durch dauerhaftes und systematisches Suchen und Eliminieren von Verschwendung verfolgt wird. Um aufzuzeigen, wie Additive Fertigung dazu beitragen kann, solche Verbesserungen zu erreichen, werden hier zunächst einige Lean-Prinzipien vorgestellt. Die klassische Lean-Literatur definiert drei Hauptkategorien der Abweichung von optimaler Ressourcenverteilung und bezeichnet diese mit den japanischen Begriffen Muda (dt.: Nutzlosigkeit, Verschwendung), Mura (dt.: Unausgeglichenheit) und Muri (dt.: Unvernunft, Unzumutbarkeit, Unangemessenheit) (auch 3M genannt):

Muda umfasst sieben mögliche Quellen der Ineffizienz in der Auftragsabwicklung eines Unternehmens. Diese sieben Verschwendungsarten sind: Transport, Bestände, Bewegung, Wartezeit, Überproduktion, ungünstige Herstellungsprozesse, Defekt. Aus Kundenperspektive ist wertschöpfende Arbeit ein Prozess, der einen Mehrwert schafft (etwa durch die Produktion von Gütern oder die Erbringung eines Dienstes), für den der Kunde bereit ist zu zahlen. Jeder Prozess im Unternehmen, auf den dies nicht zutrifft, fällt unter die Kategorie Muda.

Mura steht für Abweichungen in den Prozessen und tritt auf, wenn die Kapazitätsauslastung von Produktionsressourcen und Lagerbeständen starken Schwankungen unterliegen. Nur eine gleichmäßige Auslastung der Produktion erlaubt es, Arbeiten in standardisierten Abläufen zu planen und damit die Kosten zu senken.

Muri bezeichnet die Überlastung von Mitarbeitern und Maschinen. Muri tritt auf, wenn ein Mitarbeiter oder eine Produktionseinheit gezwungen ist, mit komplexen und nicht standardisierten Aktivitäten fertig zu werden, so dass die Lieferung von konstanter und verlässlicher Qualität gefährdet ist.

Additive Fertigung kann diese 3M vor allem dann beeinflussen, wenn die Qualität der additiv gefertigten Bauteile für die gewünschte Anwendung ausreicht, ohne dass eine Nachbearbeitung erforderlich ist. Die Konzepte, die im Folgenden vorgestellt werden, gehen deshalb von einem solch idealisierten Standard aus. Mit zunehmend strengeren Anforderungen an die Bauteile und entsprechend steigender Notwendigkeit zu produktspezifischen Nachbearbeitungsroutinen und strikterer Qualitätssicherung wird die Prozesskette deutlich aufwendiger und die vorgestellten Vorteile sind entsprechend schwerer zu erreichen.

Als ein erster Effekt reduziert der Einsatz additiver Fertigungstechnologien die Bewegung an und zwischen Arbeitsstationen. Da mittels Additiver Fertigung auch komplexere Bauteile in einem einzigen Fertigungsschritt hergestellt werden können, müssen keine einzelnen Komponenten mehr zwischen unterschiedlichen Produktionseinrichtungen bewegt werden. Bei konventioneller Fertigung entfällt ein großer Teil der Zykluszeit auf schlichtes Warten zwischen den aufeinanderfolgenden Fertigungsschritten. Additive Fertigung eliminiert diese aufeinanderfolgenden Fertigungsschritte und damit auch die anfallenden Wartezeiten. Durch die so verkürzte Durchlaufzeit wird die Reaktionsfähigkeit der Produktion verbessert, auch wenn die Bearbeitungszeit selbst länger wird. Eine bessere Reaktionsfähigkeit und kürzere Durchlaufzeiten wiederum ermöglichen bedarfsorientiertere Produktionskonzepte, bei denen wenig bis gar kein Lagerbestand oder Umlaufbestand notwendig ist, um die die Nachfrage innerhalb derselben Lieferfrist zu erfüllen.

Diese Vorteile kommen vor allem im Fall der Lasersintertechnologie zum Tragen, da dieser Fertigungsprozess deutlich weniger Einschränkungen für eine effiziente Produktion unterliegt als andere additive Verfahren. So können die Bauräume von Lasersintermaschinen problemlos mit unterschiedlichen Bauteilen gefüllt werden. Hinzu kommt, dass in zahlreichen Anwendungsbereichen die Oberflächenqualität SLS-gefertigter Bauteile ausreicht oder nur eine geringe Nachbearbeitung erfordert, die dann einfach in Batches erfolgen kann.

Durch die digitale Produktion der Additiven Fertigung ist es möglich, Bauteile in Form entsprechender Datensätze elektronisch zu versenden und dann lokal zu fertigen, und so Kosten, Zeitaufwand und Umweltbelastungen zu vermeiden, die der Versand eines physischen Produkts mit sich bringt. Solche dezentralisierten Fertigungskonzepte ergeben zwar auf einer konzeptionellen Ebene durchaus Sinn, sie sind jedoch zurzeit noch nicht verbreitet. Die mangelnde Standardisierung im Bereich der Reproduzierbarkeit von additiven Fertigungsprozessen und der daraus resultierende Aufwand, der erforderlich ist, um eine Prozesskette mit verlässlicher und ausreichender Qualität an vielen verschiedenen Orten parallel aufzubauen, limitiert ihre Anwendung. Für Anwendungen, bei denen standardisierte Materialien und Fertigungsparameter gelten und bereits eine standardisierte Prozesskette besteht, ist ein gewisser Grad der Dezentralisierung möglich. Die Notwendigkeit von konventioneller Nachbearbeitung erhöht die Spezialisierung der Prozesskette und erschwert dadurch die Dezentralisierung. Die digitale Produktion in der Additiven Fertigung erlaubt zudem eine Automatisierung der Bestellprozesse.

Unausgeglichene Kapazitätsauslastung kann durch die Additive Fertigung von Produkten mit großer Variantenvielfalt gleichmäßiger gemacht werden. Additive Verfahren bieten Produktionsplanern die Möglichkeit, mehrere Produktvarianten in einem Los zusammenzufassen und die Kapazitätsauslastung der Anlagen so auszugleichen, wie es bei konventioneller Fertigung nicht möglich wäre. Wertvolle Zeit, die in der konventionellen Fertigung für das Umrüsten von Produktionslinien aufgebracht werden muss, entfällt in der Additiven Fertigung. Der Produktionsplaner muss jedoch bei Bestellprozessen zwischen Lieferzeit und Kosten abwägen. AM-Maschinen laufen am kosteneffizientesten, wenn ihre Baukammer optimal mit Bauteilen gefüllt ist. Es kann aber einige Zeit dauern, genug Bauteile für einen effizienten Baujob zu sammeln. Geht man davon aus, dass in einem bestimmten Zeitintervall eine gewisse Menge an Bauteilen zu fertigen sind, müssen Produktionsplaner eine Mindestgrenze für die Belegung des Bauraums festlegen, ab der der Auftrag freigegeben wird. Ein hoher Grenzwert verringert die Kosten; aber die Zeit, die benötigt wird, um genug Bauteile für den Baujob zu sammeln, kann lang sein. Andererseits können Fertigungsaufträge früher freigegeben werden, wenn weniger Teile erforderlich sind; die Kosten pro gefertigtem Bauteil sind dann aber entsprechend höher. In Kapitel 5 wurde dieser Sachverhalt bereits dargelegt.

6.3.7 Rückwärtsintegration durch Additive Fertigung

Durch den Einsatz additiver Fertigungsmethoden kann ein Teil der Wertschöpfung, der zuvor von Zulieferern bedient wurde, in das eigene Unternehmen verlagert werden (sogenannte Rückwärtsintegration).

Abhängig von Produkt und Unternehmensstrategie kann ein OEM auf eine breite Basis von Zulieferern angewiesen sein, von denen er nicht nur Rohmaterial und Komponenten bezieht, sondern auch Zusammenbau- und Herstellungsleistungen in Anspruch nimmt. Mit zunehmender Variantenvielfalt des Produkts wird die Koordination der projekt- bzw. produktspezifischen Ressourcen immer aufwendiger. Für jede projektspezifische Transaktion muss der OEM Zeit und Geld in die Suche von Zulieferern und in Vertragsverhandlungen investieren.

Mit Additiver Fertigung können komplexere Bauteile in weniger Produktionsschritten gefertigt werden. Dies kann die Abhängigkeit vom Markt reduzieren, da spezifische Komponenten oder

Fertigungsleistungen nicht mehr extern bezogen werden müssen. Bauteile, die zuvor hochspezifische Bearbeitungsverfahren und spezialisierte Produktionsanlagen erforderten, die nur geeignete Zulieferer bieten konnten, können mit additiven Verfahren teilweise im eigenen Unternehmen hergestellt werden. Dies bietet dem OEM die Möglichkeit, die Menge an zugekauften Bauteilen und Dienstleistungen zu reduzieren und so durch Additive Fertigung seine Abhängigkeit von anderen Unternehmen zu verringern. Ein Beispiel für erfolgreiche vertikale Rückwärtsintegration sind die in Abschnitt 9.1 vorgestellten additiv gefertigten Fördertöpfe.

7 Auswahl von Bauteilen und Baugruppen für die Additive Fertigung

Die Additive Fertigung eröffnet durch ihre digitale Prozesskette und die besondere Geometriefreiheit ein großes Potenzial in vielen Bereichen. Doch es existieren auch Restriktionen, die sich vor allem aus den vergleichsweise hohen Kosten und der geringen Produktivität der Maschinen ergeben. Aufgrund dieser Restriktionen eignen sich nicht alle Bauteile für eine Fertigung mit additiven Verfahren. Für eine erfolgreiche Implementierung additiver Technologien gilt es daher, geeignete Bauteile zu identifizieren, bei denen die Vorteile durch die Additive Fertigung überwiegen.

7.1 Gründe für die Additive Fertigung

Der Wechsel des Fertigungsverfahrens ist für ein Unternehmen immer eine Investition. Dies gilt auch für Unternehmen mit Erfahrung in der Additiven Fertigung. Eine Anpassung der Konstruktion und der Aufbau einer neuen Supply Chain verursachen Kosten und erfordern einen Lernprozess im Unternehmen. Im Allgemeinen wird erwartet, dass sich die so entstehenden Kosten durch Kosteneinsparungen an anderer Stelle oder durch einen zusätzlichen Nutzen amortisieren. Für die Auswahl von Bauteilen und Baugruppen für die Additive Fertigung ist daher ein Business Case aufzustellen, der Kosten und Nutzen gegenüberstellt.

Auf die Kostenstruktur der Additiven Fertigung wurde detailliert in Kapitel 5 eingegangen. Die Kosten für Konstruktion und Supply Chain lassen sich im Allgemeinen auf Basis von vergleichbaren Verfahrenswechseln zwischen konventionellen Verfahren gut abschätzen. Die Herausforderung liegt in der Quantifizierung des Mehrwerts über die Produktlebenszeit hinweg. Häufig dominiert dieser Mehrwert während des Produktlebens über die direkten Vorteile der Additiven Fertigung in der Produktion. Dieser Nutzen höherer Ordnung muss unbedingt im Bilanzraum des Business Cases aufgenommen werden. In Bild 7.1 sind die Ordnungen des Nutzens – ausgehend vom Ort, an dem die Änderung vorgenommen wird – skizziert.

Ein Nutzen erster Ordnung tritt direkt in der Herstellung des Produkts auf, beispielsweise durch eine günstigere Fertigung oder billigere Rohstoffe. Der OEM profitiert von einem Nutzen erster Ordnung einmal bei jedem hergestellten Produkt. Ein Nutzen erster Ordnung wird bei einem Wechsel zur Additiven Fertigung selten beobachtet, da die Verfahren vergleichsweise langsam und die Werkstoffe teurer sind als Halbzeuge für die konventionelle Fertigung. Vorteile entstehen für ein Unternehmen beispielsweise bei der Funktionsintegration von mehreren konventionellen Einzelteilen zu einem komplexen AM-Bauteil durch die Einsparungen von Montage- und Prüfschritten.

Ein Nutzen zweiter Ordnung tritt bei der Verwendung eines Produkts auf, beispielsweise durch höhere Effizienz, geringere Betriebskosten oder eine höhere Produktivität. Hierbei profitiert der Anwender des Produkts bei jeder Verwendung über die gesamte Produktlebensdauer. Der Nutzen zweiter Ordnung summiert sich daher über einen langen Zeitraum auf.

Wird das Produkt verwendet, um ein anderes Endprodukt herzustellen, und wird in diesem ein Nutzen ermöglicht, dann ist dies ein Nutzen dritter Ordnung. Ein Beispiel ist eine additiv gefertigte Kühlmitteldüse in einer Schleifmaschine, die zu einer geringeren Rauheit bei jedem produzierten Produkt führt. Ist dieses Produkt z. B. die Kurbelwelle eines Motors, dann reduziert sich der Kraftstoffverbrauch von jedem produzierten Motor. Der Nutzen dritter Ordnung summiert sich

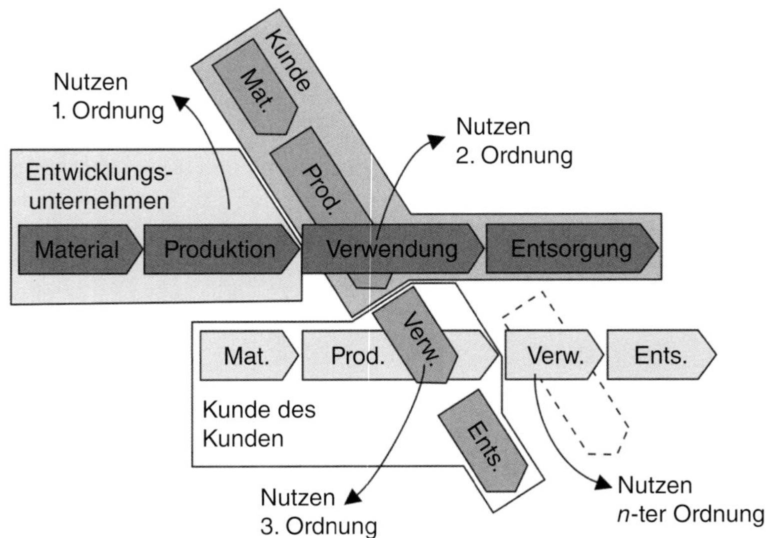

Bild 7.1 *Nutzen höherer Ordnung* [Quelle: ETHZ pd|z]

somit über die Lebensdauer aller mit allen additiv gefertigten Produkten hergestellten Endprodukte auf.

Diese Kette des Nutzens von Produkten, die wiederum der Herstellung anderer Produkte dienen, lässt sich weiter fortsetzen. Entscheidend hierbei ist, dass der Nutzen im Gesamtsystem immer größer wird. Für das Unternehmen, das die Änderungen vornimmt, wird der Anteil am Gesamtnutzen dabei allerdings häufig geringer, da es zunehmend schwieriger wird, durch einen Nutzen für Kunden der Kunden zusätzlichen Umsatz zu generieren. Bezogen auf das obige Beispiel bedeutet dies, dass der Werkzeugmaschinenhersteller vermutlich keinen finanziellen Vorteil davon haben wird, dass Millionen Autos unterschiedlicher Marken weniger Kraftstoff verbrauchen.

7.2 Strategische Entscheidungen vor der Bauteilauswahl

Bevor ein Unternehmen mit der Auswahl eines geeigneten Bauteils bzw. Anwendungsfelds für die Additive Fertigung beginnt, sollten die wesentlichen Rahmenbedingungen definiert werden. Die erste und wichtigste Frage ist hierbei: Welche Vorteile werden von der Additiven Fertigung für das Unternehmen erwartet? Je nachdem, welches der in Kapitel 6 beschriebenen Wertschöpfungsfelder angestrebt wird, kommen unterschiedliche Kriterien zur Anwendung. Dabei geht es in den meisten Fällen um einen Vergleich der Eigenschaften im Kontext der aktuellen Fertigungsmöglichkeiten mit den Möglichkeiten der Additiven Fertigung. Wenn beispielsweise durch den Einsatz der Additiven Fertigung Gewicht gespart werden soll, dann reicht es nicht aus, nach schweren Bauteilen zu suchen. Zielführender ist es, nach Bauteilen zu suchen, bei denen die aktuelle Konstruktion nicht dem optimalen Kraftfluss entspricht. Dies lässt sich an einer ungleichmäßigen Spannungsverteilung in einer statisch-mechanischen FEM-Simulation erkennen oder am Vergleich einer Topologieoptimierung mit der aktuellen Bauteilform.

Die Kriterien für einen Vorher-Nachher-Vergleich sollten vor Beginn der Bauteilsuche definiert werden. Welches sind die quantifizierbaren Eigenschaften (KPI, Key Performance Indicators), die später für die Beurteilung der AM-Lösung herangezogen werden, und welche Kennzahlen eines aktuellen Bauteils deuten auf ein großes Verbesserungspotenzial hin?

Auf Basis dieser Überlegungen können zwei grundlegende Arten der Einführung der Additiven Fertigung festgelegt werden, die auch die Stoßrichtungen für die Bauteilsuche definieren:

- **Verwendung der Additiven Fertigung ohne Veränderung der Bauteilform:** Das bestehende Design wird weitgehend beibehalten und lediglich das bisherige konventionelle Fertigungsverfahren mit einem additiven Verfahren substituiert. Dieses Vorgehen nutzt vor allem die Losgrößenunabhängigkeit und die digitale Prozesskette der Additiven Fertigung aus.
- **Verwendung der Additiven Fertigung mit einer Veränderung der Bauteilform:** Das Bauteil oder die Baugruppe wird ausgehend von seiner Funktion neu konzipiert und grundlegend neu konstruiert. Dieses Vorgehen nutzt die hohe Gestaltungsfreiheit der Additiven Fertigung, um verbesserte Systemeigenschaften zu erreichen.

Das Vorgehen und die Anwendungsfelder für diese beiden Strategien werden im Folgenden beschrieben.

7.3 Vorgehen für die Bauteilauswahl ohne Veränderung der Bauteilform

Der Wechsel von einem konventionellen zu einem additiven Fertigungsverfahren ohne eine Änderung der Bauteilform kann in mehreren Fällen sinnvoll sein. Das älteste und bekannteste Wertschöpfungsfeld diesbezüglich ist das Prototyping. Mit der Additiven Fertigung können schnell und kostengünstig Anschauungsobjekte und Funktionsmuster von Bauteilen erstellt werden, die später in der Serienproduktion mit konventionellen Prozessen hergestellt werden sollen. Andere mögliche Wertschöpfungsfelder, in denen die Additive Fertigung einen Vorteil bieten kann, ohne dass die Konstruktion geändert werden muss, sind inkrementelle Markteinführungen und eine verbesserte Lieferkette für Ersatzteile.

Auch wenn sich die grundlegende Bauteilform nicht verändert, können kleinere Anpassungen erforderlich sein, um die Herstellung in einem anderen Fertigungsverfahren zu ermöglichen. Der flexible Wechsel zwischen der Additiven und der konventionellen Fertigung bleibt hierbei immer möglich.

Da sich die Bauteilform bei diesem Vorgehen nicht verändert, verhält sich das Bauteil auch nicht wesentlich anders in der Anwendung. Die Auswahl von Bauteilen kann daher nach den produktionstechnischen Kriterien von Qualität, Zeit und Kosten erfolgen. Die Daten, die hierfür benötigt werden, liegen häufig bereits im ERP- oder PDM-System des Unternehmens vor und umfassen im Allgemeinen sämtliche verfügbaren Informationen zur Ressourcenplanung und zu den Produkten. Mit diesem Datenbestand kann eine automatisierte Suche über ein großes Teilespektrum gestartet werden.

Welche Kriterien hierbei sinnvoll sind, hängt davon ab, welche Zielgrößen durch den Wechsel des Fertigungsverfahrens verbessert werden sollen und auf welches Bauteilspektrum die Suche eingegrenzt wurde. Soll beispielsweise die Durchlaufzeit reduziert werden, um Kundenaufträge schneller zu erfüllen, dann kann die Anzahl an unterschiedlichen Bearbeitungsstationen der Bauteile einen Hinweis liefern. Dieses Maß bietet gegenüber der reinen Betrachtung der Durchlaufzeit der einzelnen Bauteile den Vorteil, dass es unabhängig von der Auslastung der einzelnen Stationen ist. Jeder Maschinenwechsel ist mit Organisationsaufwand, Wartezeiten, Transporten und Rüstzeiten verbunden. Dies sind *Muda*, die optimiert, aber nicht komplett eliminiert werden können. Bei den gefundenen Bauteilen mit langen Prozessketten ist zu analysieren, warum so viele unterschiedliche Bearbeitungsstationen erforderlich sind. Auf dieser Basis kann dann entschieden werden, ob sich entweder durch eine Veränderung am Bauteil oder der Prozesskette Bearbeitungsstationen einsparen lassen oder ob sich mehrere Bearbeitungsschritte durch ein additives Fertigungsverfahren ersetzen lassen.

Ist das primäre Ziel eines Wechsels zur Additiven Fertigung die Reduzierung der Fertigungskosten, so bietet sich ein Vorgehen wie im Anwendungsfall von Bosch Packaging an. Dieser wurde bereits in Abschnitt 6.3.4 als Beispiel für Mass Customization vorgestellt. Die Firma Bosch Packaging stellt unter anderem Verpackungsmaschinen für Lebensmittel her. In diesen Maschinen kommen sogenannte Formatteile zum Einsatz, die individuell für den zu verpackenden Artikel und die Verpackung angepasst werden. Je nachdem, ob beispielsweise eine Vollmilchschokoladentafel oder eine etwas höhere Nussschokoladentafel verpackt werden soll, können leicht unterschiedliche Formatteile erforderlich sein. Aus diesem Grund bewirtschaftet Bosch Packaging etwa 800 000 Ersatzteile. Um die Fertigungskosten für einen bestimmten Typ von Formatteil zu reduzieren und dabei die Lieferzeit zu verkürzen, sollte die Produktion auf das SLS-Verfahren umgestellt werden. In der Ausgangssituation wurde bereits zwischen häufig benötigten Varianten und seltenen Varianten differenziert. Erstere wurden im Voraus gefertigt und bis zu einer Kundenbestellung gelagert (*Make to Stock*), während für den Großteil der Varianten nur ein Rohling gefertigt und gelagert wurde, der dann bei einer Kundenbestellung in der Fertigung angepasst wurde (*Make to Order*).

Für die Identifizierung von geeigneten Varianten des Formatteils wurde ausgenutzt, dass die Herstellkosten des SLS-Verfahrens vor allem durch das Bauteilvolumen bestimmt werden. Für jede der Varianten wurden die aktuellen Volumenkosten aus den Herstellkosten mit dem konventionellen Prozess und dem Bauteilvolumen berechnet. Diese Kennzahl wurde mit dem Volumenpreis bei einem SLS-Dienstleister verglichen. In Bild 7.2 ist die Verteilung der Volumenkosten der Varianten mit dem bestehenden Fertigungsprozess aufgezeigt. Der ausgehandelte Volumenpreis der SLS-Fertigung ist die in der Grafik rot eingezeichnete Grenze zwischen einer wirtschaftlichen konventionellen Fertigung und einer kostengünstigeren Additiven Fertigung. Bei etwa der Hälfte der Formatteile ist die Additive Fertigung günstiger als die aktuelle konventionelle Fertigung.

Dieser direkte Vergleich der Volumenkosten ist möglich, da Versuche mit additiv gefertigten Formatteilen gezeigt haben, dass die SLS-Bauteile ohne eine weitere Nachbearbeitung verwendet werden können.

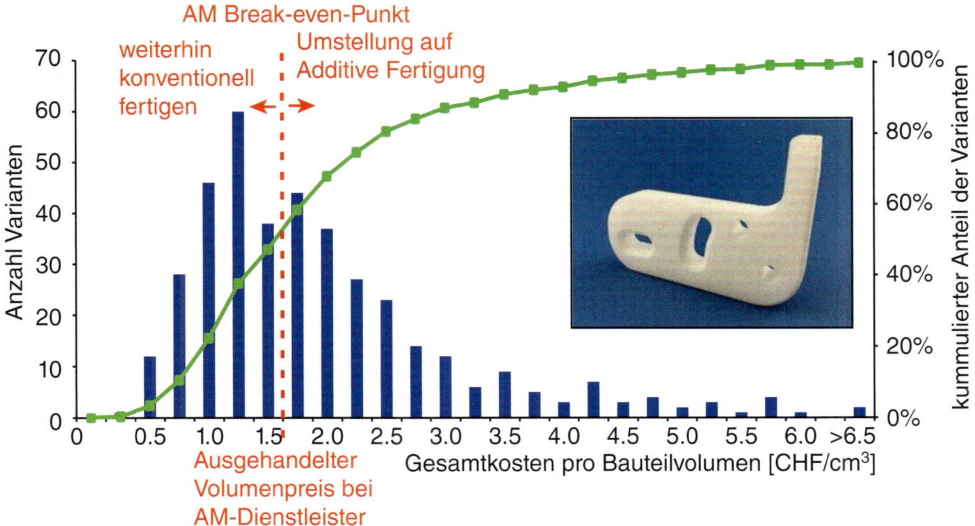

Bild 7.2 *Verteilung der Volumenkosten für die Herstellung von Formatteilen einer konventionellen Prozesskette mit dem ausgehandelten Volumenpreis bei einem AM-Dienstleister* [Quelle: ETHZ pd|z]

7.4 Vorgehen für die Bauteilauswahl mit Veränderung der Bauteilform

Werden Bauteile und Baugruppen mit dem Ziel gesucht, bei diesen durch die Ausnutzung der Gestaltungsfreiheit der Additiven Fertigung einen Vorteil zu realisieren, so ist ein anderes Vorgehen erforderlich. Die Additive Fertigung hat bereits durch viele industrielle Beispiele gezeigt, dass sich durch die Ausnutzung der Gestaltungsfreiheit ein Mehrwert im Produkt erzeugen lässt. Diese Möglichkeit, einen zusätzlichen Nutzen zu schaffen, und der damit verbundene finanzielle Vorteil lassen sich allerdings nur schwer automatisiert abschätzen. Anhand von vorhandenen Daten kann daher höchstens eine Vorauswahl getroffen werden. Die eigentliche Beurteilung muss durch eine Person erfolgen, die die Bauteile, ihre Funktion und den Kontext der Anwendung kennt.

Vor der personengebundenen Bauteilsuche kann das Suchfeld reduziert werden, indem nach festen Kriterien Bauteile ausgeschlossen werden. Für diesen Vorfilter eignen sich Kriterien, die sich bei einer Neukonstruktion nur geringfügig ändern oder bei denen bekannt ist, dass sie sich in eine unvorteilhafte Richtung entwickeln werden. Ein Beispiel für Eigenschaften, die sich durch eine Neukonstruktion kaum verändern, sind die Anschlussmaße der Bauteile. Da das Bauteil in ein bestehendes System passen soll, verändern sich die Schnittstellen nur wenig. Bauteile, die in der bestehenden Konstruktion nicht in den Bauraum von AM-Maschinen passen, können daher frühzeitig aussortiert werden.

Ein Beispiel für Kennzahlen, die sich bei einer Umkonstruktion verschlechtern, sind häufig die Herstellkosten. Bauteile für einfache Funktionen, die im bestehenden Herstellungsprozess bereits sehr günstig sind, werden selten durch eine Additive Fertigung noch günstiger. Normteile, einfache Blechbiegeteile und andere simple Teile können daher ebenfalls frühzeitig aus dem Suchfeld entfernt werden. Ist ein komplexeres Bauteil für eine Neukonstruktion ausgewählt, so sollten ggf. zuvor ausgeschlossene Teile in räumlicher Nähe zum ausgewählten Bauteil allerdings wieder betrachtet werden, da ihre Funktion möglicherweise in das Bauteil integriert werden kann.

Gleiches gilt für Baugruppen aus vielen simplen Teilen, bei denen jedes Teil einzeln betrachtet für die Additive Fertigung uninteressant ist, als Ganzes aber der Ersatz durch ein AM-Bauteil lohnt, um so den Fertigungs- und Montageaufwand zu reduzieren.

Nach dieser Vorauswahl kann in den verbliebenen Bauteilen nur manuell nach geeigneten Bauteilen für eine Neukonstruktion gesucht werden. Als Orientierungshilfe für diese personenbezogene Identifikation werden die Möglichkeiten, einen zusätzlichen Mehrwert zu schaffen, in Potenzialcluster zusammengefasst. Da die Identifikation manuell erfolgt, ist die Anzahl an Potenzialclustern auf eine Menge beschränkt, die ein Produktentwickler schnell im Kopf abfragen kann und mit denen er einen kurzen Potenzialcheck bei einem Bauteil jederzeit ohne weitere Hilfsmittel durchführen kann.

In Schulungen und Workshops haben sich die folgenden vier Potenzialcluster für eine optimierungspotenzial- und funktionsbasierte Analyse bewährt:

- Funktionsintegration,
- Performancesteigerung,
- Leichtbau,
- Kleinserie / Individualisierung.

7.4.1 Funktionsintegration

Die Funktionsintegration ist eines der größten Potenziale der Additiven Fertigung und nutzt die Gestaltungsfreiheit aus, um einerseits mehrere Bauteile zu einem zusammenzufassen und andererseits neue Funktionen in ein bestehendes Bauteil zu integrieren. Dieses Potenzialcluster ist daher sehr vielschichtig und kann auf unterschiedlichste Weise umgesetzt werden.

Bei der Bauteilkombination können Bauteile und sogar ganze Baugruppen zusammengefasst und so Teileanzahl und Montageaufwand reduziert werden. Insbesondere Baugruppen, die aus fertigungstechnischen Gründen separat gefertigt und für den Betrieb wieder statisch miteinander verbunden werden, können mittels Additiver Fertigung in einem Stück gefertigt werden. Aber auch die Fertigung von beweglichen Bauteilen ist in gewissem Maße möglich. Die Bauteilkombination kann zudem die Leckagegefahr reduzieren, da Dichtungen bzw. Verbindungsstellen entfallen, wenn die Bauteile in einem Stück gefertigt werden.

Die Integration neuer Funktionen bietet eine große Bandbreite an Umsetzungsmöglichkeiten. Diese reicht von der einfachen Integration eines Schnappverschlusses zur verbesserten Montage über Federelemente bis hin zu Sensorik. Sehr häufig werden neue Funktionen durch die Integration von Kanälen zur Flüssigkeits-, Gas- oder Kabelführung realisiert.

Zur Ermittlung des Potenzials einer Funktionsintegration wird bei der Suche nach geeigneten Bauteilen für die Additive Fertigung nach Bauteilen und Baugruppen gesucht, die mindestens eines der folgenden Kriterien erfüllen: «Aus fertigungstechnischen Gründen sind mehrere Bauteile erforderlich, um eine Funktion zu erfüllen» oder «durch weitere Funktionen kann der Nutzen für den Anwender gesteigert werden».

7.4.2 Performancesteigerung

Das Potenzialcluster der Performancesteigerung hilft bei der Suche nach Bauteilen, bei denen die Gestaltungsfreiheit der Additiven Fertigung genutzt werden kann, um die Leistungsfähigkeit eines Systems zu verbessern. Dies kann auf ganz unterschiedliche Arten geschehen. In Kunststoff-Spritzgusswerkzeugen ermöglichen es SLM-Werkzeugeinsätze, die Kühlkanäle sehr dicht an die

Kontur der Kavität heranzuführen. Mit solch einer konturnahen Kühlung kann die Kunststoffschmelze schnell und gleichmäßig heruntergekühlt werden. Hierdurch verbessert sich die Qualität der produzierten Kunststoffartikel und die Zykluszeit wird deutlich verkürzt. In Hydraulikkomponenten fließt das Öl nicht mehr durch rechtwinklig gebohrte Kanäle, sondern durch strömungsoptimierte Kanäle ohne scharfe Biegungen und abrupte Querschnittsänderungen.

Für die Anwendung des Potenzialclusters Performancesteigerung hilft die Überlegung, welche Bauteile und Baugruppen besonders wichtig für die Erfüllung der Funktionen des Systems sind. Eine Analyse der Personen, die mit dem Produkt im Laufe des Produktlebenszyklus interagieren, hilft unterschiedliche Bedürfnisse einzelner Personengruppen zu identifizieren. Hierbei ist zu beachten, dass der Nutzer und der Kunde eines Produkts nicht zwangsläufig die gleiche Person sind und die Interessen unterschiedlich sein können. Die nachfolgende Analyse der Interaktion hilft einem Unternehmen zu verstehen, was die Motivationen für den Kauf und die Verwendung ihres Produkts sind und welche Painpoints bestehen.

Das Ergebnis einer solchen Analyse kann durchaus überraschende Erkenntnisse liefern und somit das Unternehmen auch unabhängig von der Additiven Fertigung weiterbringen. Beispielsweise hat die Analyse eines Luft- und Raumfahrtkonzerns ergeben, dass die meiste Interaktion mit einem Satelliten während der Montage und beim Testen geschieht und daher eine Optimierung des Designs für diese Prozesse deutlich größere Auswirkungen auf Qualität, Zeit und Kosten hat als eine Optimierung für die Lebensdauer im Orbit.

7.4.3 Leichtbau

Leichtbau ist eines der am häufigsten genannten Potenziale der Additiven Fertigung, vor allem bei Metallteilen. Die hohe Gestaltungsfreiheit der Verfahren erlaubt es, Material nur dort zu platzieren, wo es für die mechanische Festigkeit und die Funktionserfüllung erforderlich ist. In gewissem Sinne ist der Leichtbau ein Teil des Potenzialclusters der Performancesteigerung. Aufgrund der großen Bedeutung des Leichtbaus für die Additive Fertigung ist dieser als eigenes Potenzialcluster definiert.

Im Idealfall ist ein Bauteil gleichmäßig belastet und bei einer FEM-Simulation zeigen sich keine Bereiche mit sehr hohen oder niedrigen Spannungen. Bei konventionell gefertigten Bauteilen ist dies selten der Fall, weil die Bauteilform stark durch die Möglichkeiten und die Kosten der Fertigungsverfahren bestimmt wird. Eine Vielzahl an Beispielen in der Industrie hat gezeigt, dass Gewichtseinsparungen zwischen 40 und 60 % üblich sind, wenn von einem gefrästen Bauteil zu einem AM-Bauteil gewechselt wird. Hierbei ist vor allem die Fertigung von Bauteilen aus der Titanlegierung TiAl6V4 mit dem SLM-Verfahren zu erwähnen. Die Legierung bietet gute mechanische Eigenschaften und lässt sich mit dem SLM-Verfahren gut verarbeiten, während die Zerspanung von Titan aufwendig und teuer ist.

Um ein Bauteil zu konstruieren, bei dem das Material optimal ausgenutzt wird, benötigt ein Ingenieur ein gutes Verständnis für die Lastfälle und den Kraftfluss. Zur Unterstützung des Konstruktionsprozesses existieren in vielen FEM-Programmen neben Modulen zur Berechnung des statischen und dynamischen Bauteilverhaltens auch Module für die Topologieoptimierung. Diese berechnen aus dem verfügbaren Bauraum, Lagerbedingungen und Lastfällen die Materialverteilung, die eine maximale Steifigkeit bei einem gegebenen Gewicht bzw. das minimale Gewicht bei einer vorgegebenen Steifigkeit gewährleistet. In Abschnitt 3.4 ist die Topologieoptimierung detaillierter beschrieben.

Die Suche nach geeigneten AM-Bauteilen mit dem Potenzialcluster Leichtbau orientiert sich an der Frage, an welchen Stellen im System sich ein hohes Bauteilgewicht besonders negativ auf die

Anwendung auswirkt und somit eine leichteres AM-Teil einen Mehrwert schaffen kann. Diese Bauteile finden sich häufig in einer Reihe von typischen Anwendungen. In mobilen Maschinen wie z. B. Flugzeugen reduziert sich der Energieverbrauch bzw. erhöht sich die Nutzlast, wenn das Strukturgewicht geringer ist. In Produktionsmaschinen können sich die Produktivität und die Lebensdauer erhöhen, wenn beschleunigte Massen reduziert werden, z. B. von Greifern in Pick-&Place-Automaten. Bei Geräten, die vom Nutzer in der Hand gehalten werden, erhöht sich der Bedienkomfort und reduziert sich die Ermüdung des Nutzers, wenn er weniger Gewicht in der Hand hält.

Auch unabhängig davon, ob sich durch ein leichteres Bauteil ein Mehrwert für den Nutzer schaffen lässt, sollten alle AM-Bauteile gewichtsoptimiert werden, da das Bauteilvolumen einen Großteil der Fertigungskosten bestimmt.

7.4.4 Kleinserie / Individualisierung

Das Potenzialcluster Kleinserie / Individualisierung unterstützt Entwickler bei der Suche nach Bauteilen, die bereits in kleinen Stückzahlen gefertigt werden oder bei denen sich durch eine Differenzierung in mehrere Varianten ein Mehrwert schaffen lässt. Dabei wird vor allem die Losgrößenunabhängigkeit der Additiven Fertigung ausgenutzt.

Für Fertigungszeit und Kosten ist es bei der Additiven Fertigung unerheblich, ob x-mal das gleiche Bauteil gefertigt wird oder ob x verschiedene Einzelteile gefertigt werden, die für die Anforderungen des jeweiligen Kunden optimiert sind. Hierbei ist allerdings zu beachten, dass durch eine solche Individualisierung der Konstruktionsaufwand steigt. Daher sind die Automatisierung der Konstruktion, z. B. durch parametrisierte CAD-Modelle, und die Beherrschung der Prozesskette in der Datenvorbereitung zwingende Voraussetzungen für individualisierte Produkte.

Ebenfalls in dieses Potenzialcluster ist die Fertigung von Ersatzteilen zu nehmen. Im Allgemeinen sind bei diesen die Geometrie und das Material durch das Bestandsteil weitgehend vorgegeben und es kann ein Vorgehen wie in Abschnitt 7.3 angewendet werden. Bei Neuentwicklungen sollte allerdings die Möglichkeit der Additiven Fertigung in das Konzept der zukünftigen Ersatzteilversorgung einbezogen werden – beispielsweise, indem Werkzeuge nur noch für die Lebensdauer der Serienproduktion ausgelegt und am Ende der Serie verschrottet werden. Dies reduziert die Investitionskosten zu Beginn und die Lager- und Instandhaltungskosten nach der Produktion.

Die Leitfragen für das Potenzialcluster der Kleinserie / Individualisierung suchen nach Bauteilen, bei denen heute schon kleine Stückzahlen oder ein stark schwankender Bedarf vorliegen oder bei denen durch eine Erhöhung der Varianten besser auf den Bedarf des jeweiligen Nutzers eingegangen werden kann. Typische Anwendungsfelder für Kleinserien sind Bauteile mit Schnittstellen zu Elektronikkomponenten, Bauteile, die direkten Kontakt zum Benutzer haben, und Adapter zwischen auswählbaren Komponenten. Bei einer kompletten Individualisierung steht der Nutzer im Vordergrund. Entweder reichen standardisierte Baugrößen nicht aus, um einen passgenauen Sitz zu erreichen, oder der Nutzer will eine erkennbare Individualisierung als Statussymbol.

7.5 Vorgehen bei Neukonstruktionen

Je früher im Produktentwicklungsprozess die Entscheidung für den Einsatz der Additiven Fertigung in der Serienproduktion fällt, desto ausgiebiger können die Möglichkeiten der Gestaltungsfreiheit genutzt werden. Die Potenzialcluster können nicht nur bei der Analyse von bestehenden Systemen angewendet werden, sondern auch bei der Neuentwicklung von Systemen.

Da zu diesem Zeitpunkt nur erste Konzepte für das Produkt und eventuell noch Erfahrungen von der Vorgängerversion vorliegen, geschieht die Festlegung der Produktionsverfahren anhand einer sehr vagen Datenbasis in Hinblick auf Gestalt, Leistungskennzahlen, Stückzahlen, Bauteilvolumen und Herstellkosten. Es ist daher schwer, einen seriösen Business Case zum Vergleich von additiven und konventionellen Herstellkosten aufzustellen.

Anstelle eines Business Cases können die Ergebnisse von Entwicklungsmethoden wie dem House of Quality oder dem Target Costing genutzt werden. In diesen Methoden wird bereits eine Funktionsstruktur des Systems aufgestellt und die einzelnen Funktionen werden hinsichtlich ihrer Bedeutung für den Nutzer gewichtet. Diese Sortierung in wichtige und weniger wichtige Funktionen kann genutzt werden, um zu prüfen, ob sich die Erfüllung von wichtigen Funktionen mit der Gestaltungsfreiheit der Additiven Fertigung noch weiter verbessern lässt. Hierbei dienen die Potenzialcluster wieder als schnelle Beurteilungskriterien für die einzelnen Funktionen.

Im Laufe des Produktentwicklungsprozesses werden vermutlich auch Bauteile für Prototypen und die Nullserie additiv gefertigt, die für die eigentliche Serie als konventionell gefertigte Bauteile geplant sind. Bei der Erprobung dieser Systeme sollte immer auch die Wahl des Fertigungsverfahrens hinterfragt werden.

7.6 Prozess zur Identifikation und Beurteilung von Bauteilen

Für die Identifikation und Beurteilung von Bauteilen hat sich ein zweistufiger Prozess bewährt. Die erste Stufe entspricht einer divergenten Phase mit dem Ziel, eine möglichst große Auswahl zu schaffen. Erst in der zweiten Stufe kommt die konvergente Phase, in der die eingereichten Bauteile bewertet werden und eine Auswahl getroffen wird.

Die klare Trennung in eine divergente und eine konvergente Phase hilft dabei, gute, aber ungewöhnliche Ideen nicht frühzeitig auszusortieren.

Die ETH Zürich und die Inspire AG verwenden in ihren AM-Workshops den in Bild 7.3 gezeigten Steckbrief. Mit ihm können die Teilnehmer die wichtigsten Angaben zu einem Bauteil oder einer Baugruppe erfassen. Hierzu gehören die Bezeichnung, aktueller Jahresbedarf und Herstellkosten sowie Abmessungen, Volumen, Gewicht und Material des aktuellen Bauteils. Diese Kennzahlen werden ergänzt durch eine Beschreibung der Funktion des Bauteils, Fotos oder CAD-Screenshots. Der Teilnehmer nimmt auch eine erste Potenzialbeurteilung anhand der Potenzialcluster vor und beschreibt den erwarteten Nutzen eines additiven Bauteils. Bei der Gestaltung des Steckbriefs wurden zwei Ziele verfolgt. Zum einem soll die Hürde für das Ausfüllen möglichst niedrig sein, daher werden nur Daten abgefragt, die sich parallel zum Tagesgeschäft im Unternehmen leicht beschaffen lassen. Zum anderen werden die Mitarbeiter dazu angeleitet, sich auf das Potenzial und den Nutzen einer Additiven Fertigung zu konzentrieren. Der Steckbrief wird in Kapitel 10 ausführlicher vorgestellt.

Die Informationen aus dem Steckbrief werden für die Bewertung des AM-Potenzials durch AM-Experten verwendet. Im Rahmen eines AM-Workshops geht es vor allem um Bauteile mit einem hohen Potenzial und der Möglichkeit einer schnellen Umsetzung in einem Pilotprojekt. Haben die Verfahren in solch einem Projekt ihren Nutzen bewiesen, dann können aufwendigere Projekte angegangen werden, bei denen beispielsweise noch ein umfangreiches Qualitätssicherungskonzept oder eine Werkstoffentwicklung erforderlich sind.

Die Kriterien für die Beurteilung sind die Herstellbarkeit eines additiv gefertigten Bauteils und der Nutzen, der durch einen Wechsel zur Additiven Fertigung für die Kunden und den OEM entsteht.

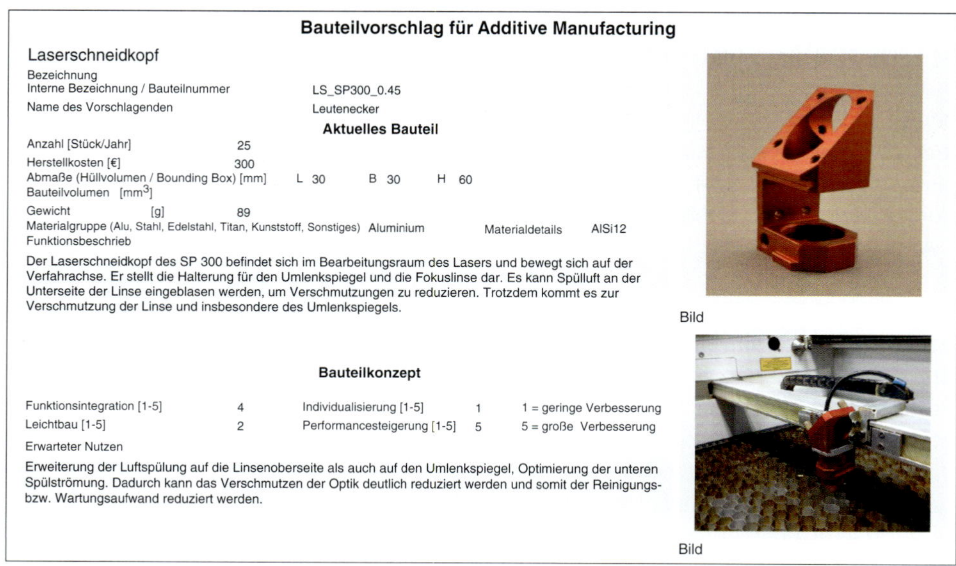

Bauteilvorschlag für Additive Manufacturing

Laserschneidkopf

Bezeichnung
Interne Bezeichnung / Bauteilnummer LS_SP300_0.45
Name des Vorschlagenden Leutenecker

Aktuelles Bauteil

Anzahl [Stück/Jahr] 25
Herstellkosten [€] 300
Abmaße (Hüllvolumen / Bounding Box) [mm] L 30 B 30 H 60
Bauteilvolumen [mm³]
Gewicht [g] 89
Materialgruppe (Alu, Stahl, Edelstahl, Titan, Kunststoff, Sonstiges) Aluminium Materialdetails AlSi12
Funktionsbeschrieb

Der Laserschneidkopf des SP 300 befindet sich im Bearbeitungsraum des Lasers und bewegt sich auf der Verfahrachse. Er stellt die Halterung für den Umlenkspiegel und die Fokuslinse dar. Es kann Spülluft an der Unterseite der Linse eingeblasen werden, um Verschmutzungen zu reduzieren. Trotzdem kommt es zur Verschmutzung der Linse und insbesondere des Umlenkspiegels.

Bild

Bauteilkonzept

Funktionsintegration [1-5]	4	Individualisierung [1-5]	1	1 = geringe Verbesserung
Leichtbau [1-5]	2	Performancesteigerung [1-5]	5	5 = große Verbesserung

Erwarteter Nutzen

Erweiterung der Luftspülung auf die Linsenoberseite als auch auf den Umlenkspiegel, Optimierung der unteren Spülströmung. Dadurch kann das Verschmutzen der Optik deutlich reduziert werden und somit der Reinigungs- bzw. Wartungsaufwand reduziert werden.

Bild

Bild 7.3 *Bauteilsteckbrief für die Erfassung von Funktion, Kennzahlen und erwartetem Nutzen bei einem Wechsel zur Additiven Fertigung* [Quelle: Leutenecker-Twelsiek et al. 2017]

Die Herstellbarkeit umfasst zum einen die technische Machbarkeit des Bauteils mit den vorhandenen additiven Fertigungsverfahren und Werkstoffen. Passen die Abmessungen und die Größe der geometrischen Details zu den Bauräumen und Auflösungen der kommerziell verfügbaren Maschinen? Gibt es den gewünschten Werkstoff oder einen Werkstoff mit ähnlichen Eigenschaften bereits? Bei diesen Überlegungen wird auch geprüft, ob ein Wechsel zu einer anderen Werkstoffklasse möglich ist. Häufig lassen sich gering belastete Metallteile durch Kunststoffteile ersetzen. Zum anderen wird bei der Herstellbarkeit auch betrachtet, wie viel Nachbearbeitung erforderlich ist. Bei einem Bauteil, dessen Oberflächen aufgrund von Toleranzangaben und Oberflächenanforderungen fast komplett nachbearbeitet werden müssen, ist die Gestaltungsfreiheit der Additiven Fertigung von den Grenzen der Nachbearbeitung oft so stark eingeschränkt, dass kein zusätzlicher Nutzen geschaffen werden kann.

Der Nutzen ist unterteilt in den Nutzen für den Kunden und für den OEM. Diese Differenzierung ist erforderlich, weil zusätzliche Kosten für das Unternehmen ausgeglichen werden können, wenn der Kunde dadurch einen Vorteil hat, der sich in mehr Umsatz und einer höheren Marge niederschlägt. Der Kunde kann auf verschiedenste Arten von einem additiv gefertigten Bauteil profitieren, während der Nutzen für das Unternehmen vor allem aus einer veränderten Supply Chain entsteht. Die Lieferkette wird vereinfacht, beschleunigt und kann dynamischer auf neue Anforderungen reagieren. Ob hierzu auch ein Kostenvorteil kommt, kann mit den Kostenmodellen aus Abschnitt 6.3 anhand der Angaben zu Bauteilgröße und -volumen abgeschätzt werden.

Mit den Bewertungskriterien und Punkten in Tabelle 7.1 sowie einer passenden Gewichtung können die eingereichten Bauteile bewertet werden.

Tabelle 7.1 *Kriterien für die Beurteilung von Bauteilen*

Bewertung	Technische Realisierbarkeit	Post-Processing-Aufwand	Kundennutzen, verglichen mit konventioneller Lösung	OEM-Nutzen, verglichen mit konventioneller Lösung
0	Nicht realisierbar	Unmöglich	Nachteile	Längere oder komplexere Prozesskette
1	Technologieentwicklung erst auf Konzeptebene	Aufwendige Nachbearbeitung (z. B. 5-Achs-Fräsen von Freiformoberflächen)	Kein zusätzlicher Nutzen	Vergleichbare Länge und Komplexität der Prozesskette
2	Technologie unter Laborbedingungen realisiert	Intensive Nachbearbeitung: mehrere subtraktive Bearbeitungsschritte (z. B. Anschlüsse)	Geringe Wahrscheinlichkeit für zusätzlichen Kundennutzen	Verbesserung in zwei Dimensionen von Qualität, Zeit und Kosten
3	Anlagentechnik vorhanden und qualifiziert, keine geeigneten Werkstoffe	Einzelne subtraktive Bearbeitung (z. B. Gewinde, Planfräsen)	Mittlere Wahrscheinlichkeit für zusätzlichen Kundennutzen	Verbesserung der drei Dimensionen von Qualität, Zeit und Kosten auf Bauteilebene
4	Anlagentechnik vorhanden und qualifiziert, geeignete Werkstoffe nicht zertifiziert	Batch Post-Procesing (z. B. Trowalisieren)	Hohe Wahrscheinlichkeit für zusätzlichen Kundennutzen	Verbesserung der drei Dimensionen von Qualität, Zeit und Kosten auf Produktebene
5	Anlagentechnik und Werkstoffe kommerziell verfügbar	Keine besondere Nachbearbeitung (z. B. nur Sandstrahlen, Wärmebehandlung)	Gesteigerter Kundennutzen sicher	Komplett digitalisierte Prozesskette

Die Bewertung durch AM-Experten anhand der Kriterien in Tabelle 7.1 sollte noch um kurze Erläuterungen ergänzt werden, um die Annahmen und Randbedingungen der Bewertung zu dokumentieren. Diese Informationen können als Teil des in Kapitel 10 beschriebenen Lernprozesses als Feedback übermittelt werden. Dies stärkt die Beurteilungskompetenz der Workshop-Teilnehmer und versetzt sie in die Lage, ein eigenes Bauchgefühl für gute AM-Anwendungen zu entwickeln.

8 Gestaltungsleitfaden für die Additive Fertigung

Die vorhergehenden Kapitel haben bereits eingehend die unterschiedlichen Vorteile wie auch Restriktionen erläutert, die die Additive Fertigung gegenüber konventionellen Fertigungsmethoden charakterisieren. Einer der größten Vorteile der Additiven Fertigung ist die gänzlich neue Gestaltungsfreiheit im Bauteildesign. Doch dieser Vorteil kann auch zu Problemen führen, wenn diese theoretische Freiheit in der Praxis an ihre Grenzen stößt. Wie bei konventionellen Verfahren müssen auch bei der Gestaltung für AM die entsprechenden Grundlagen bekannt sein und die relevanten Prinzipien müssen berücksichtigt werden. Der in diesem Kapitel vorgestellte Gestaltungsleitfaden beruht auf den Ausführungen von LEUTENECKER-TWELSIEK (2019) und gibt eine direkte Hilfestellung, indem er konkret die Gestaltungsprinzipien für die Additive Fertigung darlegt und an Beispielen veranschaulicht.

8.1 Aufbau und Struktur des Leitfadens

Der Gestaltungsleitfaden ist so angelegt, dass er dem Konstrukteur über den gesamten Produktentwicklungsprozess als Hilfestellung dienen kann. Er bietet eine Orientierungshilfe in der Gestaltung von AM-Bauteilen – sowohl in der Konzeption als auch in der Umsetzung. Der Leitfaden richtet sich dabei an erfahrene Ingenieure und ist so lösungsoffen wie möglich angelegt. Ziel ist es, die außergewöhnlichen Gestaltungsfreiheiten der Additiven Fertigung für ein funktionsgerechtes Konstruieren aufzuzeigen und die Kreativität des Konstrukteurs für innovative Lösungskonzepte zu unterstützen, ohne dabei die notwendigen Regeln und Restriktionen aus den Augen zu verlieren.

Der Leitfaden ist in drei Kategorien aufgeteilt: Verfahrenseigenschaften, Gestaltungsprinzipien und Gestaltungsrichtwerte.

Die *Verfahrenseigenschaften* sind Merkmale der additiven Verfahren, die für die additive Bauteilfertigung von Bedeutung ist. Die Benennung dieser spezifischen Verfahrensmerkmale von AM im Unterschied zu solchen konventioneller Prozesse greift Fakten auf, die bereits in den vorhergehenden Kapiteln vorgestellt wurden. Dies führt stellenweise zu einer Wiederholung der entsprechenden Inhalte, vereinfacht aber das Verständnis und die Einordnung der hier dargestellten Prinzipien und erleichtert zudem das Querlesen. Für das tiefere Verständnis der entsprechenden Grundlagen kann der Leitfaden aber die übrigen Kapitel dieses Buches nicht ersetzen.

DEFINITION

Verfahrenseigenschaften: Eigenschaften eines additiven Fertigungsverfahrens, die deutliche Auswirkung auf die Gestaltung und die Eigenschaften der Bauteile haben.

Die *Gestaltungsprinzipien* haben einen unmittelbaren Einfluss auf die Gestalt und Funktion von Bauteilen. Das Augenmerk liegt hierbei auch auf Fertigungsrestriktionen und möglichen Optionen, um diese einzugrenzen oder auch ganz zu umgehen. Zusätzlich finden sich auch Hinweise auf Kostenaspekte und gegebenenfalls Strategien zur Aufwandsminimierung. Dies soll den Entwickler bei einer additiven Bauteilgestaltung unterstützen, die Bauteilqualität zu steigern und Herstellungskosten respektive Nachbearbeitungsaufwand zu reduzieren. Bei der Anwendung der additiven Gestaltungsprinzipien kann es – wie bei konventionellen Verfahren auch – zu Zielkonflikten kommen. So kann beispielsweise eine Gestaltungsanweisung mit dem Ziel einer Vermeidung von Stützstrukturen zu einer Volumenvergrößerung führen und damit in Widerspruch geraten zum Prinzip des Materialminimalismus. In solchen Fällen muss der Konstrukteur jeweils den konkreten Gesichtspunkten und Randbedingungen entsprechend abwägen und entscheiden. Selbstverständlich grenzen sich die Gestaltungsprinzipien der Additiven Fertigung nicht vollständig von jenen der konventionellen Fertigung ab oder widersprechen diesen. Vielmehr erfahren bestimmte konventionelle Prinzipien in der Additiven Fertigung eine wesentliche Bedeutungserweiterung, die von ihrer eingeführten Begrifflichkeit bisher nicht abgedeckt ist. Prinzipien – wie etwa die Funktionsintegration – ermöglichen so gänzlich neue Lösungsräume, die dem Prinzip eine andere Reichweite geben und dementsprechend auch eine inhaltlich erweiterte Formulierung der Strategie und ihrer Perspektiven erfordern. Die Strategien, die sich durch die additiven Gestaltungsrichtlinien ergeben, und die mitunter daraus resultierenden Zielkonflikte finden sich auch bei den allgemein bekannten Gestaltungsprinzipien der konventionellen Fertigungsverfahren.

DEFINITION

Gestaltungsprinzipien: Vorgehen und Hinweise, die helfen, eine gute Konstruktion in Hinblick auf Qualität, Zeit und Kosten entlang der ganzen Prozesskette zu erreichen.

Die *Gestaltungsrichtwerte* liefern exemplarische Details zu den vorher bezeichneten grundlegenden Prinzipien und stellen bereits identifizierte und validierte Kennwerte für konkrete Gestaltungsprojekte bereit. Im Rahmen der Erstellung der realen Gestalt eines Bauteils, insbesondere in der Phase der Detailgestaltung, benötigt der Entwickler zusätzlich zu den Strategien konkrete Zahlenwerte zur entsprechenden Dimensionierung und Ausgestaltung des Bauteils. Bei den hier aufgeführten Richtwerten handelt es sich um geometriespezifische Kenngrößen, die von den eingesetzten additiven Verfahren, Materialien, Maschinen und Prozessparametern abhängig sind, wie z. B. minimale Wanddicken oder Mindestmaße für Spalten und Kanäle.

DEFINITION

Gestaltungsrichtwerte: Konkrete geometrische Kennwerte, die bei der Konstruktion beachtet werden sollten, um eine Herstellbarkeit der Bauteile sicherzustellen.

Um die Prinzipien des Gestaltungsleitfadens zu veranschaulichen, wird ihr Einsatz anhand konkreter Anwendungsbeispiele für FDM-, SLS- und SLM-Verfahren exemplarisch dargestellt. Unter anderem verdeutlichen diese Beispielbauteile, wie wichtig es bei der Anwendung des Leitfadens in der Praxis ist, zwischen den jeweiligen spezifischen Fertigungsverfahren zu differenzieren.

Auch lässt sich an den Beispielen gut nachvollziehen, welche Strategien der Zuständigkeit des Konstrukteurs bzw. Fertigers zuzurechnen sind. Die Abgrenzungen sind hier nicht immer eindeutig, und die technologische Entwicklung bei den Verfahren und Anlagen verschiebt diese Grenzen auch weiterhin. So kann beispielsweise die Vermeidung von Verzug je nach Verfahren und Anlagenpotenzial Aufgabe des Konstrukteurs oder des Fertigers sein. Primär bleibt es jedoch die Verantwortung und Aufgabe des Konstrukteurs, auf entsprechender Informations- und Wissensbasis seine gestalterischen Entscheidungen zu treffen.

8.2 Verfahrensmerkmale der Additiven Fertigung

Die Eigenschaften der verschiedenen additiven Fertigungsmethoden sind stark verfahrensspezifisch. Die Verfahrensmerkmale unterliegen einer gewissen Dynamik, die in der steten Weiterentwicklung der additiven Technologie begründet ist. Zudem sind die Verfahrensmerkmale abhängig vom konkret eingesetzten Einzelverfahren und dessen Parametern. Die hier vorgestellten Informationen entsprechen dem aktuellen Stand der additiven Verfahren und beschränken sich im Wesentlichen auf die Verfahren Fused Deposition Modelling, Lasersintern und Laserschmelzen, die sich für die Serienproduktion von Endprodukten als besonders geeignet und relevant erwiesen haben.

8.2.1 Schichtweiser Aufbau

Das zentrale Merkmal der Additiven Fertigung ist der aufbauende Charakter der Herstellung. Die Fertigung der Bauteile erfolgt werkzeuglos und schichtweise durch selektive Materialzuführung und -verfestigung in Aufbaurichtung (*z*-Richtung; vgl. Bild 8.1), wobei ein virtuelles 3D-Modell als Datengrundlage dient. Hierdurch ergibt sich eine besondere Freiheit für die Konstruktion, die konventionelle Fertigungsverfahren in dieser Form nicht bieten können. Die dabei auftretenden Restriktionen sind verfahrens- und materialabhängig. Es ist deshalb wichtig für den Konstrukteur, diese bereits bei der Bauteilgestaltung zu berücksichtigen. Tatsächlich ist es eine Besonderheit der Additiven Fertigung und ihrer besonderen Gestaltungsfreiheit, dass sich viele prozesstypischen Restriktionen konstruktiv umgehen lassen.

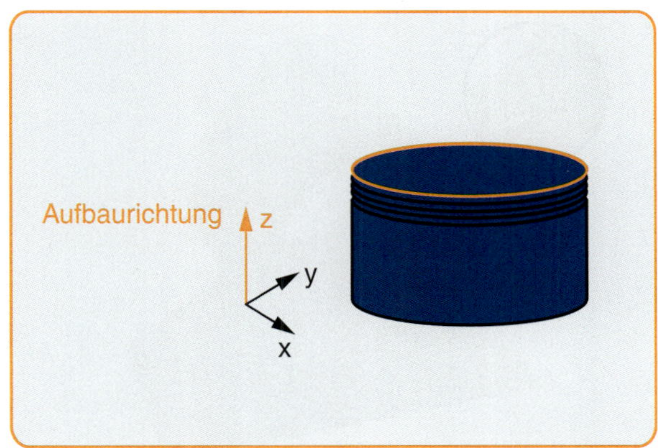

Bild 8.1 *Schichtweiser Aufbau in der Additiven Fertigung* [Quelle: Leutenecker-Twelsiek 2019]

8.2.2 Treppenstufeneffekt

Im additiven Bauprozess erfolgt die Formgebung auf der *x*-*y*-Ebene sehr präzise. In *z*-Richtung hingegen kommt es durch den schichtweisen Aufbau zu einem Treppenstufeneffekt. Seine Ausprägung ist stark von der jeweiligen Schichtstärke abhängig. Je größer die Schichtdicke, desto ausgeprägter ist der Treppenstufeneffekt (vgl. Bild 8.2).

Wie in Bild 8.3 zu erkennen, bildet sich der Treppenstufeneffekt an Flächen aus, die eine Abweichung der Kontur zur darunter liegenden Bauschicht aufweisen, d. h. an mehrfach gekrümmten Flächen bzw. an Flächen, die nicht orthogonal oder parallel zur Bauebene liegen.

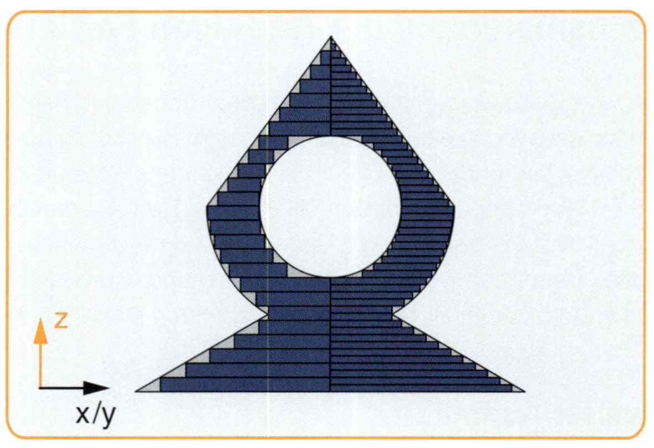

Bild 8.2 *Auswirkungen des Treppenstufeneffekts bei unterschiedlichen Schichtstärken*
[Quelle: Leutenecker-Twelsiek 2019]

Der Treppenstufeneffekt ist charakteristisch für alle kommerziell verfügbaren additiven Fertigungsverfahren, da der schichtweise Aufbau ihr wesentliches Merkmal ist. Er ist allerdings je nach Verfahren und Anlagentyp unterschiedlich stark ausgeprägt. Bei FDM-Anlagen mit schwenkbaren Auftragssystemen oder Bauplatten sind die Schichten nicht mehr parallel, sondern können entsprechend der Belastung und Oberflächenanforderungen ausgerichtet werden. Dies reduziert die negativen Auswirkungen von Treppenstufeneffekt wie auch Anisotropie.

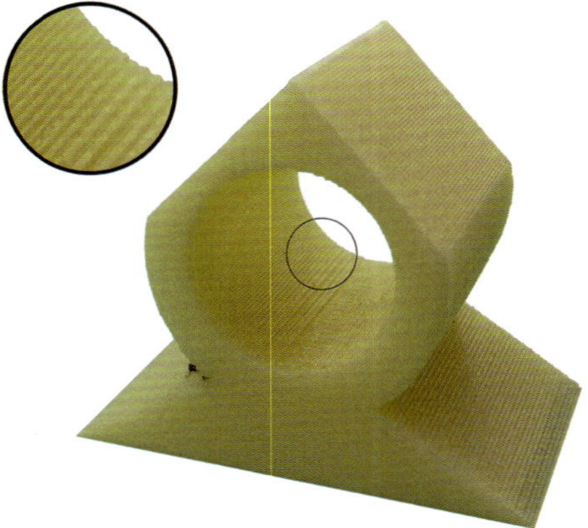

Bild 8.3 *Treppenstufeneffekt an einem FDM-Bauteil mit 0,33 mm Schichtdicke*
[Quelle: Leutenecker-Twelsiek 2019]

Der Treppenstufeneffekt wirkt sich negativ auf die Oberflächenqualität des Bauteils aus. Insbesondere bei Funktionsflächen kann dies von Nachteil sein und sogar bis zum Ausfall der Funktion führen. Um das zu vermeiden, kann die Schichtdicke möglichst gering gehalten oder kritische Flächen im Bauraum können so positioniert werden, dass ein Treppenstufeneffekt dort verhindert wird. Ist beides nicht möglich oder ausreichend, so bleibt nur die Möglichkeit, den Bauteilbereich mit einem Aufmaß zu versehen und mit subtraktiven Fertigungsverfahren nachzubearbeiten.

8.2.3 Werkstoffe

Es gibt bereits eine Vielzahl von Werkstoffen, die mittels Additiver Fertigung prozessiert werden. Die Spannweite reicht von Wachsen über Kunststoffe bis hin zu Metallen und Keramiken. Dabei besteht eine enge Verknüpfung zwischen den spezifischen Fertigungsprozessen und ihrer Aufbauart (also dem jeweiligen physikalischen Prinzip der Schichterzeugung) sowie den geeigneten Werkstoffen. Die gängigen Verfahren in Abhängigkeit von Werkstoffen und Aufbauart wurden in Kapitel 1 ausgiebig vorgestellt und sind als Übersicht in Bild 1.2 aufgeführt.

Ausschlaggebend für die Wahl eines Fertigungsprozesses sind immer der gewünschte Endwerkstoff und dessen Eignung für das Bauteil, da in additiven Fertigungsprozessen nicht nur die Gestalt, sondern auch der Werkstoffzusammenhalt erzeugt wird. Eine beispielhafte Darstellung von möglichen Ausgangsmaterialien und daraus gefertigten Bauteilen gibt Bild 8.4.

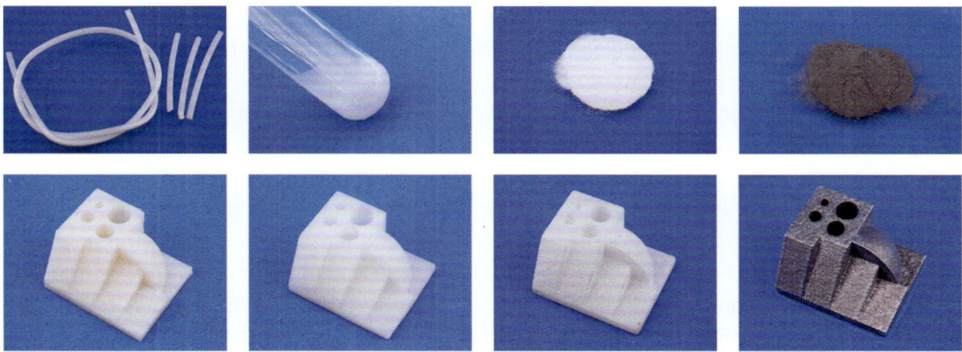

Bild 8.4 *Beispielhafte Darstellung von Ausgangsmaterialien und entsprechenden Produkten. Verfahren (von links nach rechts): FDM, Stereolithografie, Lasersintern, Laserschmelzen* [Quelle: Leutenecker-Twelsiek 2019]

Bedingt durch die unterschiedlichen Prozesseigenschaften hat diese Abhängigkeit der Werkstoffe von den jeweiligen additiven Verfahren einen erheblichen Einfluss auf die spezifischen Restriktionen und Strategien der Bauteilgestaltung (etwa in Form von Supportstrukturen oder Post-Processing-Aufwand). Infolgedessen geht die Festlegung des Materials grundsätzlich mit der Wahl des Fertigungsprozesses einher. Ein Werkstoffwechsel nach der Ausgestaltung des Bauteils verlangt entsprechende Gestaltanpassungen, wenn dadurch ein Verfahrenswechsel bedingt ist.

8.2.4 Anisotropie

Die Anisotropie von Werkstoffen beschreibt die Richtungsabhängigkeit ihrer Eigenschaften. Bei konventionell verarbeiteten Werkstoffen wie Metall kann in der Regel von isotropen Werkstoffeigenschaften ausgegangen werden. Dies bedeutet, dass Werkstoffeigenschaften wie etwa E-Modul, Zugfestigkeit oder Bruchdehnung in alle Raumrichtungen identisch sind, was die Auslegung und Simulation von Bauteilen vereinfacht. Anisotrope Werkstoffe, wie etwa faserverstärkte Kunststoffe, erhöhen hingegen nicht nur den Aufwand in der Simulation und Berechnung, sondern auch in der Verarbeitung.

Werkstoffzusammenhalt wird bei Additiver Fertigung schichtweise hergestellt, und zwar innerhalb und zwischen den Schichten. Auch wenn das Ausgangsmaterial isotrop ist, bewirkt dieser

Prozess Unterschiede in den Eigenschaften entlang des Materialauftrags innerhalb der Bauebene gegenüber der Aufbaurichtung. Im Allgemeinen ist das Material in Aufbaurichtung schwächer. Der Grad der Anisotropie ist dabei stark vom jeweiligen additiven Fertigungsprozess bzw. Werkstoff abhängig.

In FDM-Prozessen hat schon allein das Aufbringen der einzelnen Materialstränge gewisse Anisotropien zur Folge. Der abgelegte Strang zeigt in Strangrichtung einen deutlich besseren Werkstoffzusammenhalt als in der Anbindung zu Nachbarsträngen. Insbesondere bei der Verarbeitung von ABS-Material macht sich dies bemerkbar, da es nicht zu einer Verschmelzung der einzelnen Stränge miteinander kommt, sondern lediglich zu einer leichten Anschmelzung an den Kontaktstellen.

Andere Materialsysteme, wie etwa Nylon 12, ermöglichen eine Vernetzung von Molekülketten zwischen den einzelnen Strängen, was die Anisotropie deutlich reduziert.

Beim Lasersintern schmilzt ein Laser das Pulverbett linienförmig auf. Dabei wird das umgebende Bauteil angeschmolzen und es entsteht eine gute Verbindung zwischen den einzelnen Bahnen und zwischen den Schichten. Die Anisotropie ist dadurch deutlich geringer als beim FDM. Wird dem SLS-Pulver ein Füllstoff beigemischt, um die Eigenschaften zu verbessern, beispielsweise Kohlenstoff-Kurzfasern oder Glaskugeln, so haben diese hauptsächlich in der Bauebene eine Wirkung. Die Kurzfasern werden zusätzlich durch die Bewegung des Beschichters ausgerichtet und verstärken das Bauteil vor allem in diese Bauteilrichtung.

Bei Bauteilen, die mit Laserschmelzen hergestellt wurden, zeigen sich die im Vergleich geringsten Anisotropien. Beim Aufschmelzen des Metallpulvers werden die unteren, bereits erzeugten Schmelzspuren teilweise nochmals mit aufgeschmolzen und so miteinander verbunden. Hierdurch kommt es zu einer gewissen Homogenisierung, und die einzelnen Schichten und Schmelzspuren sind nur noch metallographisch nachweisbar. Die Anisotropie beim SLM-Verfahren entsteht daher nicht durch eine schwache Verbindung zwischen den Schichten, sondern durch das Gefüge, das beim Erstarren der Schmelze entsteht. In der Schmelze findet eine gerichtete Erstarrung statt, bei der die Körner des Gefüges vor allem in Aufbaurichtung wachsen. Die VDI gibt in der Richtlinie 3405 Blatt 2 zur Ermittlung von SLM-Werkstoffkennwerten verschiedene Ausrichtungen der Proben im Bauraum vor, um die Anisotropie zu berücksichtigen (vgl. Bild 8.5).

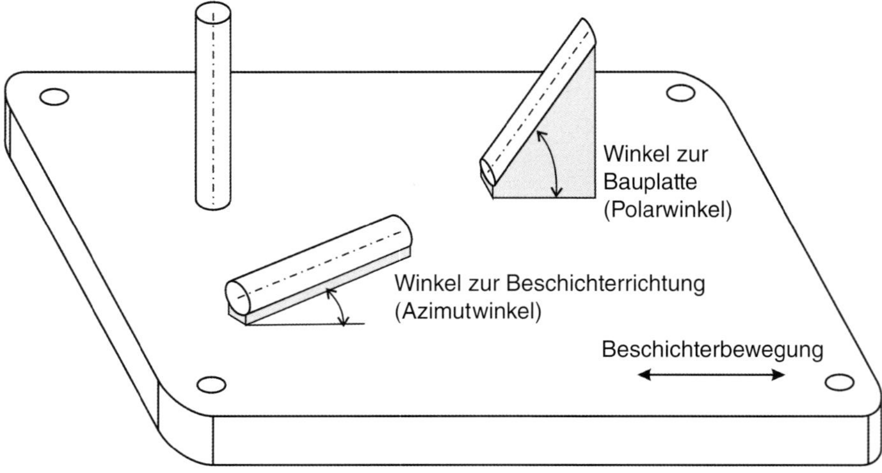

Bild 8.5 *Ausrichtung der Proben im Bauraum* [Quelle: ETHZ pd|z]

8.2.5 Eigenspannungen und Verzug

Eigenspannungen sind werkstoff- und abmessungsabhängige mechanische Spannungen, die im Inneren eines Körpers herrschen, der sich im thermischen Gleichgewicht befindet und ohne dass äußere Kräfte oder Momente einwirken. Innerhalb des Bauteils stehen Bereiche von Zugspannungen den Bereichen von Druckspannungen gegenüber, wodurch sich die Summe der Kräfte und Momente innerhalb des Bauteils gegenseitig aufheben.

Bei der Additiven Fertigung kommt es bei bestimmten Verfahren zu thermisch-induzierten Eigenspannungen. Diese entstehen durch lokale Wärmeeinbringung, wie etwa durch lokales Aufschmelzen (SLS / SLM) oder auch durch Aufbringen von geschmolzenem Material (FDM). Die lokal eingebrachte Wärme führt zur Ausdehnung des Materials. Der Temperaturgradient zwischen dem lokal erhitzten bzw. erhitzt aufgetragenen Material und dem Umgebungsmaterial führt zur Abkühlung und somit zu Materialschrumpfungen. Dabei wird durch die feste Verbindung mit dem umgebenden Material Zwang auf das abkühlende Material ausgeübt. Aus der Behinderung der Materialschrumpfung bei der Abkühlung resultieren thermisch induzierte Eigenspannungen (Bild 8.6).

Überschreiten die Eigenspannungen die Streckgrenze des Materials, werden sie durch plastisches Fließen abgebaut, was zu einer Verformung des Bauteils führt. Dies kann zur Rissbildung im Bauteil oder auch zur vollständigen Zerstörung des Bauteils führen. Der durch Eigenspannung induzierte Verzug wird als *Curl-Effekt* bezeichnet. Der Curl-Effekt tritt insbesondere bei großflächigen bzw. länglichen Bauteilen mit geringer Höhe auf, die parallel zur Bauebene aufgebaut werden. Dabei erfolgt großflächiger Wärmeeintrag in einer Bauschicht mit wenig Gegenhalt aufgrund der geringen Bauteilhöhe. Infolgedessen kann es zu einem derart ausgeprägten Verzug kommen, dass das Bauteil sich aus der Bauebene heraushebt. Beim Auftragen der nächsten Bauschicht kann es dann zur Kollision zwischen Bauteil und Beschichter bzw. Auftragsdüse kommen. Folge ist in der Regel ein vorzeitiger Abbruch des Bauprozesses und Ausschuss des gesamten Baujobs.

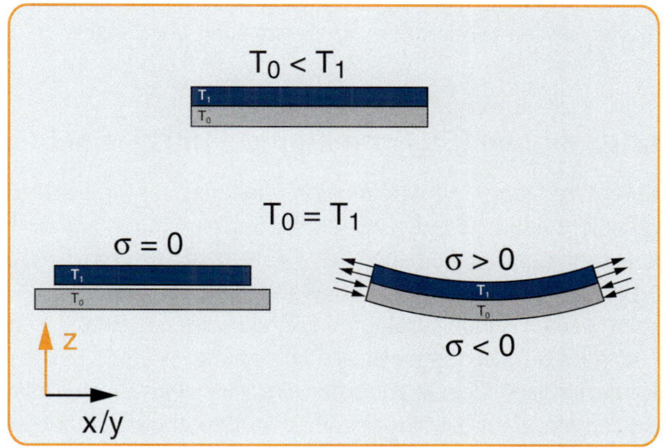

Bild 8.6 *Entstehung von Verzug durch abkühlungsbedingtes Schrumpfen* [Quelle: ETHZ pd|z]

Thermisch induzierte Eigenspannungen treten bei allen thermischen additiven Bauprozessen auf, sie unterscheiden sich jedoch deutlich in ihrer Ausprägung. Ausschlaggebend für die Eigenspannungen ist der lokale Temperaturgradient. Durch die Beheizung der Bauräume in FDM- und SLS-Verfahren und die relativ niedrigen Schmelzpunkte von Kunststoffen ist der Temperaturgradient deutlich geringer als bei der Verarbeitung von Metallen im Laserschmelzen. Allerdings können auch bei den Kunststoffverfahren die Eigenspannungen in bestimmten Fällen zum Verzug des Bauteils führen.

Der besonders hohe Temperaturgradient bei der Verarbeitung von Metallen im SLM-Prozess führt hingegen zu einer hohen Anfälligkeit für Eigenspannungen und Verzug. Zur Reduktion dieser verfahrensbedingten Eigenspannungen wurden eine Reihe von Prozessstrategien entwickelt. Durch eine Vorheizung des Bauraums, angepasste Belichtungsstrategien und Prozessparameter lässt sich die Entstehung von Eigenspannungen reduzieren. Zudem werden zur Verhinderung von Verzug im SLM-Prozess Supportstrukturen eingesetzt. Sie sollen sowohl eine bessere Wärmeableitung ermöglichen als auch durch Fixierung einen Verzug verhindern. Bild 8.7 zeigt die Auswirkungen von Eigenspannungen am Beispiel eines SLM-gefertigten Bauteils. Links ist die Ausgangsgeometrie des Bauteils dargestellt, mittig und rechts das Bauteil. Der Verzug in den unteren Eckbereichen ist deutlich zu erkennen, ebenso wie das Versagen der in diesem Fall unterdimensionierten Supportstrukturen am untersten Fächerelement.

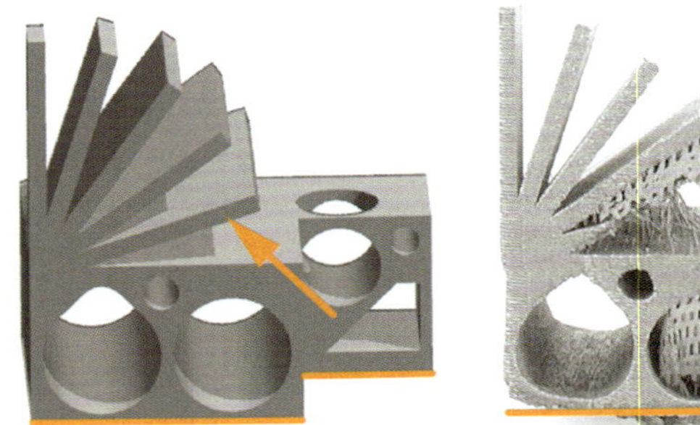

Bild 8.7 *Verzug in einem SLM-gefertigten Bauteil: Ausgangsgeometrie (links), Auswirkungen von Bauteilverzug und unterdimensioniertem Support (Mitte und rechts)* [Quelle: ETHZ pd|z]

8.2.6 Supportstrukturen (Stützstrukturen / Hilfsgeometrien)

Bei einigen additiven Verfahren werden Supportstrukturen für unterschiedliche Aufgaben benötigt. Diese Supportstrukturen werden zumeist als Stützstrukturen bzw. Hilfsgeometrien bezeichnet. Sie kommen vor allem an überhängenden Bauteilstrukturen zum Einsatz, um das Bauteil zu stützen, Verzug entgegenzuwirken sowie um Wärme lokal abzuleiten (vgl. Bild 8.8).

In FDM-Prozessen werden Supportstrukturen benötigt, um das Bauteil in der Aufbauphase abzustützen. Die beheizte Düse benötigt eine Auflage, auf der sie den Kunststoffstrang ablegen kann. Bis zu einer bestimmten Überlappung der einzelnen Bauschichten bzw. der einzelnen Stränge kann das Baumaterial im FDM-Prozess ohne Stützstrukturen aufgebaut werden. Ist die Überlappung der einzelnen Stränge zu gering und die Aufbauschicht hat keine hinreichende Auflage, so muss das Baumaterial mit Hilfe von Stützstrukturen abgefangen werden.

Die benötigten Stützstrukturen können direkt aus dem Baumaterial gefertigt und nach dem Bauprozess manuell entfernt werden. Bei industriell eingesetzten FDM-Fertigungsanlagen wird allerdings häufig eine zweite Auftragsdüse im Druckkopf eingesetzt und gesondertes Material für die Stützstrukturen (Supportmaterial) verarbeitet. Dieses Material ist in speziellen Flüssigkeiten löslich, was ein Auswaschen der Stützstruktur nach dem Bauprozess ermöglicht. Eine aufwendige manuelle Entfernung der Stützstrukturen entfällt.

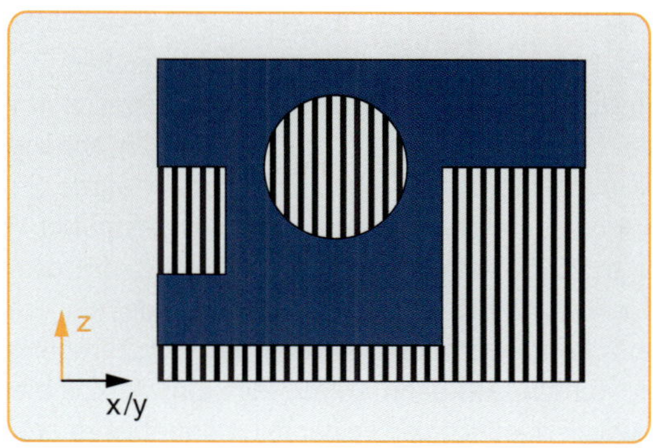

Bild 8.8 *Darstellung der notwendigen Supportstrukturen bei einem Bauteil* [Quelle: ETHZ pd|z]

In SLS-Prozessen werden die Bauteile durch das umliegende Pulvermaterial hinreichend gestützt. Eine forcierte Wärmeabfuhr ist aufgrund des geringen Temperaturgradienten bei der Kunststoffverarbeitung nicht notwendig und Supportstrukturen erübrigen sich insofern.

Im SLM-Verfahren sind Supportstrukturen erforderlich, um die Energie das Lasers abzuleiten und den Verzug des Bauteils zu verhindern, bis die Eigenspannungen nach dem Bauprozess durch Spannungsarmglühen entfernt wurden. Die Supportstrukturen binden entweder unmittelbar an die Bauplatte oder an einen bodennahen Bereich des Bauteils an und müssen nach dem Bauprozess mechanisch entfernt werden.

Die digitale Erzeugung und Positionierung von Supportstrukturen erfolgt bei der Datenvorbereitung vor dem Slicen. Abhängig von der eingesetzten Software können die Supportstrukturen automatisiert erzeugt, durch den Fertiger nachbearbeitet oder gänzlich manuell erzeugt werden.

Supportstrukturen werden zur Materialeinsparung vornehmlich als Gitterstrukturen bzw. möglichst filigran aufgebaut, insbesondere wenn sie primär zur Abstützung des Bauteils dienen. Bei erhöhten Beanspruchungen, etwa zur Kompensation von starkem Verzug, werden stabilere Supportstrukturen benötigt. Die Anbindung am Werkstück erfolgt dann nicht nur punktuell, sondern über einen Linienkontakt oder durch massive Strukturen. Dadurch erhöht sich allerdings nicht nur der Materialaufwand, sondern auch der Arbeitsaufwand der Nachbearbeitung. Eine zu schwache Auslegung von Supportstrukturen und Anbindungen kann allerdings zur Folge haben, dass diese während des Prozesses versagen (vgl. Bild 8.7), was unter Umständen zum Abbruch des Baujobs führen kann.

8.2.7 Restpulver

Bei pulverbettbasierten additiven Fertigungsverfahren wird das Ausgangspulver schichtweise im gesamten Bauraum aufgetragen und anschließend in den vorgesehenen Bereichen selektiv Werkstoffzusammenhalt erzeugt. Das nicht verfestigte Pulver wird als Restpulver bezeichnet. Nach Beendigung des Bauprozesses werden die Bauteile aus dem Pulverkuchen entnommen. Das noch an den Bauteilen anhaftende oder in Hohlräumen bzw. Kanälen befindliche, unverarbeitete Pulver muss nach dem Baujob entfernt werden. Der Konstrukteur muss diesen Faktor bereits bei der Bauteilgestaltung entsprechend berücksichtigen.

In SLS-Prozessen ergibt sich die Besonderheit, dass die gesamte Prozesskammer bis an die Grenze zur Schmelztemperatur des Werkstoffs aufgeheizt wird, um so durch Nachvernetzung die mechanischen Eigenschaften zu optimieren. Dies wirkt sich unvermeidbar auch auf die

Viskosität und somit auf die Fließfähigkeit des Umgebungspulvers aus (das Pulver «verbackt») und erschwert insofern dessen Entfernung aus Hohlräumen und Kanälen.

Nicht verarbeitetes Restpulver kann prinzipiell als Ausgangsmaterial Wiederverwendung finden. Allerdings ergeben sich entsprechende Einschränkungen abhängig von Verfahren und Werkstoff, wenn die Pulverqualität verfahrensbedingt reduziert wurde. So wird beispielsweise der PEEK-Werkstoff im SLS-Prozess derart verändert, dass das Restpulver nicht nochmals genutzt werden kann. Bei anderen Kunststoffen im SLS-Prozess muss das gealterte Pulver mit einem gewissen Anteil an Neupulver gemischt werden, bevor es wieder eingesetzt werden kann.

Im SLM-Prozess kann Restpulver durch Sieben von im Fertigungsprozess angefallenen Schweißspritzern befreit werden und dann erneut zum Einsatz kommen. Das mehrfache Verwenden dieses Pulvers reduziert jedoch den Feinanteil. Kommt es zu großen Verschiebungen im Verhältnis von Fein- und Grobanteil, wirkt sich dies ebenfalls negativ auf die Fließfähigkeit aus und das Pulver muss entsprechend neu gemischt werden.

8.2.8 Mögliche Auflösung

Jedes additive Verfahren hat Grenzen bezüglich der kleinstmöglichen und detailgetreuen Herstellung von Geometrien. Diese verfahrensspezifischen Begrenzungen ergeben sich aus der möglichen Auflösung sowohl in 3D-Modellen (digitale Auflösung) als auch im realen Bauteil (physikalische Auflösung).

Digitale Auflösung

Die digitale Auflösung wird bei der Erstellung der 3D-Modelle für additive Verfahren festgelegt (vgl. hierzu Kapitel 3). Bei voxelbasierten Formaten entspricht die digitale Auflösung der Kantenlänge des Voxels. In STL-Formaten wird nicht die Kantenlänge der Dreiecke vorgegeben, da die Größe der Dreiecke im Bauteil variieren kann. Als fixer Grenzwert wird deshalb die maximale Sehnenhöhe festgelegt. Die Sehnenhöhe beschreibt die maximal zulässige Abweichung eines Punktes auf der Bauteiloberfläche von den triangulierten Dreiecksoberflächen des STL-Modells. Zu grobe Vorgaben in der digitalen Auflösung wirken sich dabei direkt auf das gefertigte Bauteil aus, wie in Bild 8.9 dargestellt. Eine genauere, sprich höhere Auflösung wiederum führt zu deutlich

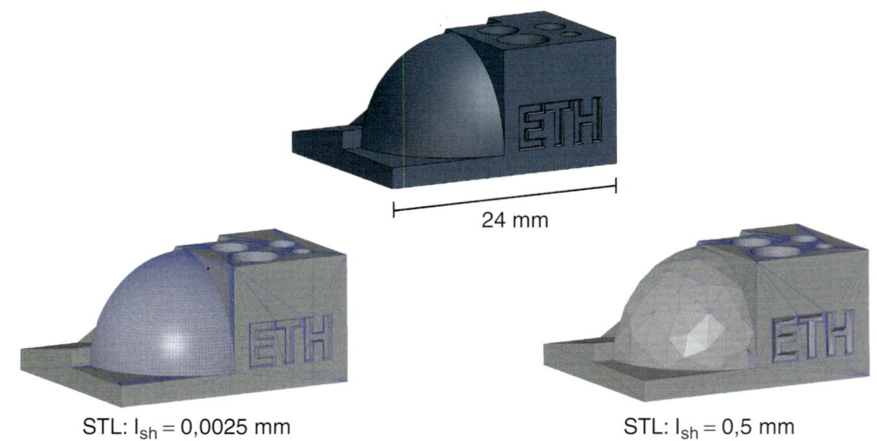

Bild 8.9 *3D-Modelle eines Bauteils zum Vergleich mit 0,0025 mm Sehnenhöhe l_{Sh} (unten links) und mit 0,5 mm Sehnenhöhe (unten rechts)* [Quelle: Leutenecker-Twelsiek 2019]

größeren Dateien, was den Datentransfer bzw. die Datenvorbereitung verlangsamt. Hier muss produktspezifisch abgewogen werden, welches Vorgehen geeigneter ist.

Physikalische Auflösung

Die physikalische Auflösung beschreibt die Grenzen der jeweils kleinstmöglich produzierbaren Geometrien. Diese sind wesentlich vom Fertigungsprozess bzw. von der Präzision der Maschine abhängig, wobei nach Bauebene (*x*-*y*-Richtung) und Aufbaurichtung (*z*-Richtung) unterschieden wird.

Das Mindestmaß im FDM-Prozess wird im Wesentlichen von drei Faktoren bestimmt. In *z*-Richtung ist dies die Schichtdicke. In *x*-*y*-Richtung ist es primär der Düsendurchmesser in Verbindung mit dem ausgebrachten Materialvolumen und der Schichtdicke. Der Düsendurchmesser beschreibt dabei die minimalste Strangbreite. Zusätzlich kann sich durch Verformung des extrudierten Strangs das Materialvolumen noch verändern und die Spurbreite erhöhen, wie links in Bild 8.10 skizziert.

In SLS- und SLM-Prozessen werden die minimalen Auflösungen in *z*-Richtung nicht ausschließlich durch die Schichtdicke vorgegeben, sondern sind abhängig von der eingebrachten Laserenergie. In der Regel wird der Laserstrahl so eingesetzt, dass er punktuell signifikant mehr Energie einbringt als für das Aufschmelzen einer Schicht notwendig. Auf diese Weise werden 2 bis 3 Schichten aufgeschmolzen, was den Verbund zwischen den Schichten verstärkt und damit auch die minimale Auflösung in *z*-Richtung definiert. In *x*-*y*-Richtung ist der Fokusdurchmesser des Laserstrahls in seinem Zusammenwirken mit der jeweils eingebrachten Laserenergie ausschlaggebend. Wie in Bild 8.10 rechts dargestellt, definiert dies die Größe des Schmelzpools, der in Summe mit den angeschmolzenen Partikeln im Randbereich die Auflösung in *x*-*y*-Richtung vorgibt.

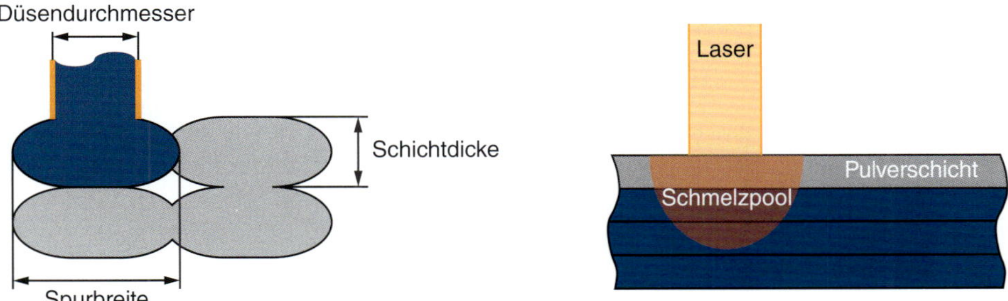

Bild 8.10 *Schematische Darstellung der Gestalterzeugung im FDM-Prozess (links) und SLS-/SLM-Prozess (rechts)* [Quelle: Leutenecker-Twelsiek 2019]

8.3 Verfahrensspezifische Gestaltungsprinzipien

Die verfahrensspezifischen Gestaltungsprinzipien stellen Strategien für die Gestaltung von additiven Bauteilen bereit. Die Strategien dienen dazu, die Potenziale der Verfahren gezielt auszunutzen und bestehende Restriktionen zu beachten oder sie kreativ zu umgehen, um Kosten und Aufwand zu reduzieren sowie Funktionalität und Design des Bauteils zu optimieren. Durch die Berücksichtigung der Prinzipien sollen Gestaltungsprozesse effizienter ablaufen und unnötige Iterationen vermieden werden.

Die Prinzipien werden grundlegend erläutert und ihre Umsetzung wird anhand von einfachen Konstruktionsbeispielen und Beispielbauteilen aus Industrie und Forschung aufgezeigt.

8.3.1 Funktionsorientierte Gestaltung

Die Besonderheit der Additiven Fertigung, Bauteile schichtweise und werkzeuglos zu produzieren, hat erheblichen Einfluss auf die Möglichkeiten des Gestaltens. Bauteilstruktur wird nur dort erzeugt, wo das digitale Modell es vorsieht. Im Gegensatz zu subtraktiven Verfahren, die immer von einem bestehenden Rohling ausgehen, kann hier viel freier gestaltet werden. Zudem müssen keine Werkzeuggeometrien oder Zugänglichkeiten für Werkzeuge beachtet werden. Gleiches gilt für die Entformbarkeit von Gusswerkzeugen.

Um diese Verfahrensvorteile auszunutzen, ist ein grundlegendes Umdenken notwendig, das sich auf die funktionsgerechte Gestaltung konzentriert. Diese Strategie, von der Funktion aus zu gestalten, ist weder neu noch unbekannt. Bei der Additiven Fertigung ergeben sich jedoch völlig neue Arten und Weisen, Funktionen zu realisieren (vgl. die Gestaltvarianten der Halterung in Bild 8.11).

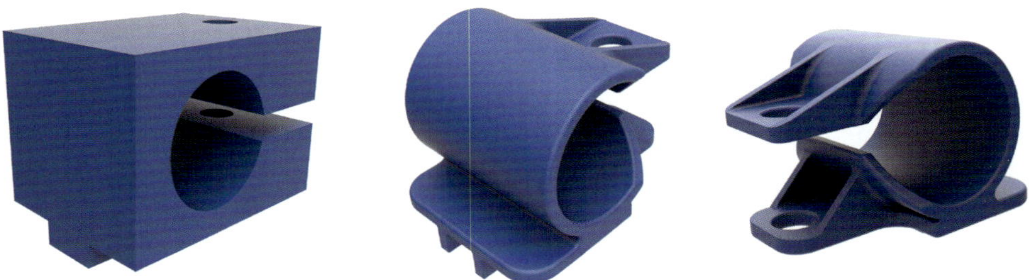

Bild 8.11 *Fertigungsgerechte Fräskonstruktion (links) und funktionsorientierte AM-Konstruktion (Mitte, rechts)* [Quelle: Leutenecker-Twelsiek 2019]

Dabei ist auch die Additive Fertigung nicht frei von Restriktionen; diese unterscheiden sich aber erheblich von jenen konventioneller Verfahren. Der Entwickler muss diese neuen Restriktionen beachten und zugleich die konventionellen Restriktionen und davon abgeleiteten Gestaltungsstrategien ausblenden.

In Entwicklungsprojekten zeigt sich immer wieder, dass ein zu früher Fokus auf Restriktionen die Ideenvielfalt ausbremst und eine konsequente Funktionsorientierung erschwert. Vor allem erfahrene Entwickler laufen Gefahr beim Versuch, die neuen Restriktionen zu beachten, unterbewusst konventionellen Restriktionen und bestehenden Denkmustern zu folgen.

Um diesem konventionellen Verhalten vorzubeugen, hat sich eine zweistufige Strategie für die funktionsorientierte Gestaltung bewährt. In einem ersten Schritt wird eine *Idealgestalt* völlig frei von Fertigungsrestriktionen entwickelt. Diese wird dann in einem weiteren Schritt in die *produzierbare Gestalt* für das additive Verfahren überführt.

Als Idealgestalt wird eine werkstoffabhängige Geometrie bezeichnet, die die geforderte Funktion bestmöglich erfüllt, und zwar ohne Berücksichtigung von Fertigungsrestriktionen. Die Idealgestalt muss dabei nicht als virtuelles 3D-Modell ausgearbeitet werden, sondern kann vielmehr in Form von Skizzen oder in einfachen Prototypen vorliegen. Ziel ist es, die volle Geometriefreiheit kreativ auszunutzen und den Modellierungsaufwand im CAD zu vermeiden oder möglichst gering zu halten. Erst die produzierbare Gestalt muss im CAD realisiert werden. So können anfallende fertigungsbedingte Gestaltanpassungen, z. B. zur Vermeidung von Stützstrukturen (vgl. Abschnitt 8.3.5), vor der Ausgestaltung im CAD berücksichtigt werden.

Für die Entwicklung der Idealgestalt eines Bauteils müssen die Funktion und die Anforderungen an das Bauteil klar definiert werden, um daraus die dafür ideale Gestalt ableiten zu können.

Bei einem additiven Re-Design von Bauteilen besteht anfangs ein erhebliches Risiko, sich nicht von einer konventionellen Gestaltung lösen zu können, so dass der Bauteilentwurf weit hinter den technischen und wirtschaftlichen Möglichkeiten zurückbleibt. Um dies zu verhindern, ist ein Abstrahieren des Bauteils auf seine Funktionsflächen hilfreich. Es werden die für die Funktion des Bauteils benötigten Funktionsflächen identifiziert und die benötigte Gestalt der Flächen festgelegt. Ausgehend von diesen Funktionsflächen wird dann die minimal für die Funktionserfüllung relevante Bauteilstruktur unter Berücksichtigung des Kraftflusses gestaltet und so die Idealgestalt entwickelt.

Das beschriebene Vorgehen wird nachfolgend anhand des Re-Designs einer einfachen Halterung verdeutlicht. Die Halterung hat die Funktion, ein Führungsrohr mit definiertem Abstand an einem Aluminiumprofil zu befestigen. Sowohl das Führungsrohr als auch das Profil sollen mittels Klemmverbindung mit der Halterung verbunden und durch Lösen der Verbindung entlang ihrer jeweiligen Achse verschiebbar sein. Aufgrund der Belastung und der Umgebungsbedingungen ist für den Halter Aluminium als Werkstoff vorgeben. Von den Halterungen werden nur sehr geringe Stückzahlen benötigt (max. 6 Stück). Das konventionelle Bauteil, der Einbauzustand und die Hauptbelastung sind in Bild 8.12 dargestellt.

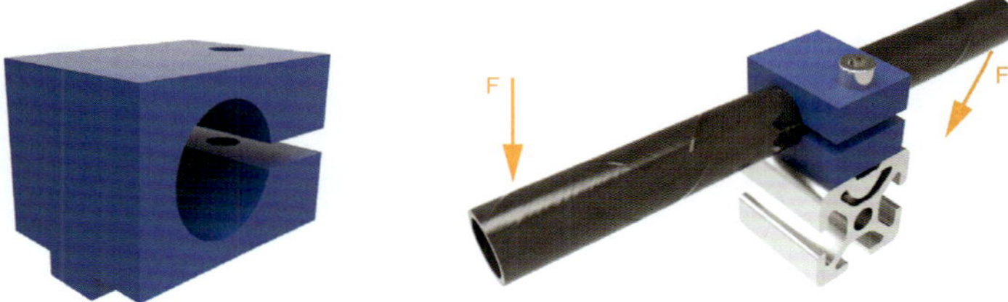

Bild 8.12 *Konventionell gestaltete Halterung (links) und die Einbausituation mit Hauptbelastung (rechts)* [Quelle: Leutenecker-Twelsiek 2019]

Die Analyse des Bauteils ergibt vier für die Funktion relevante Flächen, woraus sich die benötigten Funktionsflächen und deren Geometrie ableiten lassen. Bild 8.13 zeigt dies anhand einer Skizze.

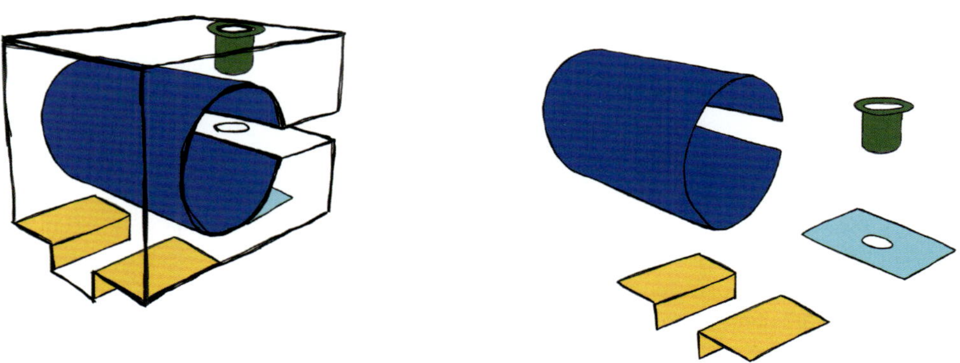

Bild 8.13 *Analyse der Funktionsflächen (links) und für die Funktion relevante Flächen (rechts)* [Quelle: ETHZ pd|z]

Die Anordnung der Funktionsflächen erfolgt nach den Anforderungen der Funktion, ebenso wie die Gestaltung der Bauteilstruktur und deren belastungs- und kraftflussgerechte Auslegung. Hieraus ergibt sich die Idealgestalt des Bauteils, die in Bild 8.14 links dargestellt ist. Bei der weiteren Entwicklung der Idealgestalt sind insbesondere auch Möglichkeiten der Funktionsintegration (vgl. Abschnitt 8.4.2) zu beachten. Ausgehend von der Idealgestalt, erfolgt schließlich die Überführung in die produzierbare Gestalt (in Bild 8.14 rechts dargestellt) unter Berücksichtigung weiterer additiver Gestaltungsprinzipien und AM-spezifischer Gestaltungsrichtwerte.

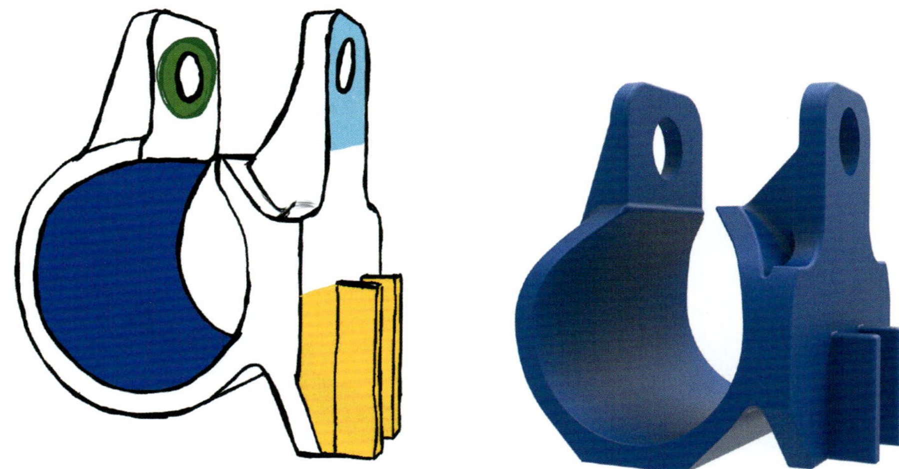

Bild 8.14 *Idealgestalt (links) und produzierbare Gestalt (rechts)* [Quelle: Leutenecker-Twelsiek 2019]

Die Überführung in die produzierbare Gestalt kann nochmals erhebliche Auswirkungen auf die Geometrie haben. Dabei kann die Entwicklung von Idealgestalt und produzierbarer Gestalt mit Hilfe von Skizzen den Modellierungsaufwand im CAD reduzieren. Es kann allerdings nicht als generelle Strategie empfohlen werden, die CAD-Modellierung erst nach der Entwicklung der produzierbaren Gestalt vorzunehmen. So kann z. B. eine frühzeitigere Modellierung notwendig sein, um etwa Simulationen zu ermöglichen. Insbesondere zur Entwicklung der Idealgestalt können dabei Topologieoptimierungen, FEM- und Strömungssimulationen eingesetzt werden.

Ein früher Einsatz von CAD-Modellen und Simulationstools kam auch bei der Gestaltung des in Bild 8.15 gezeigten Schneidkopfes einer Laserschneidanlage zum Einsatz. Ziel war es, die Verschmutzung der Optik (Umlenkspiegel und Fokussierlinse) im Schneidkopf zu reduzieren. Zu diesem Zweck sollten die vorhandene Druckluftspülung der Linsenunterseite optimiert sowie eine Spülung der Linsenoberseite und des Spiegels hinzugefügt werden. Als Ausgangsobjekt diente der bisher verbaute Laserschneidkopf. Dessen Wirkflächenpaare wurden analysiert und die relevanten Wirkflächen im CAD abgebildet (vgl. Bild 8.15, Mitte). Zusätzlich wurde ein Konzept für die Luftspülung erarbeitet und mittels Strömungssimulation optimiert, um die Wirkfläche des Strömungskanals festlegen zu können (vgl. Bild 8.15 rechts).

Die Wirkflächen des Strömungskanals wurde in das CAD-Modell integriert und die Idealgestalt für das Lösungskonzept im CAD umgesetzt. Unter Verwendung weiterer Gestaltungsprinzipien wurde die Idealgestalt in die produzierbare Gestalt überführt. Diese wurde mittels SLM in AlSi12 gefertigt und eine konventionelle Nachbearbeitung durchgeführt (vgl. Bild 8.16).

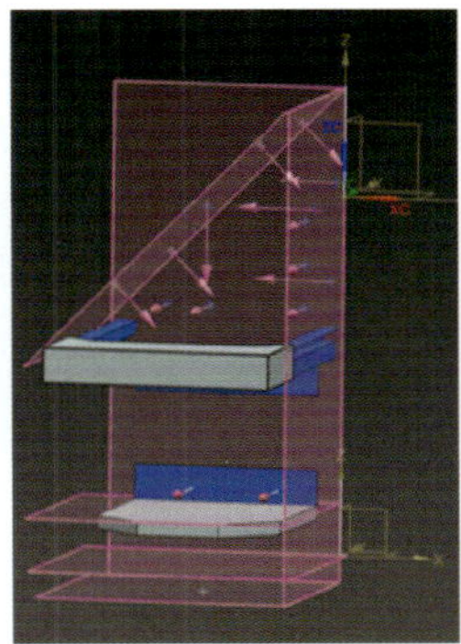
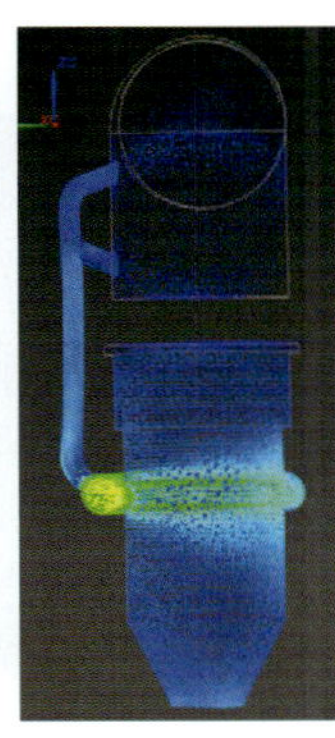

Bild 8.15 *Originalbauteil Laserschneidkopf (links), Funktionsflächen-Modellierung im CAD (Mitte), Strömungssimulation (rechts)* [Quelle: Leutenecker-Twelsiek 2019]

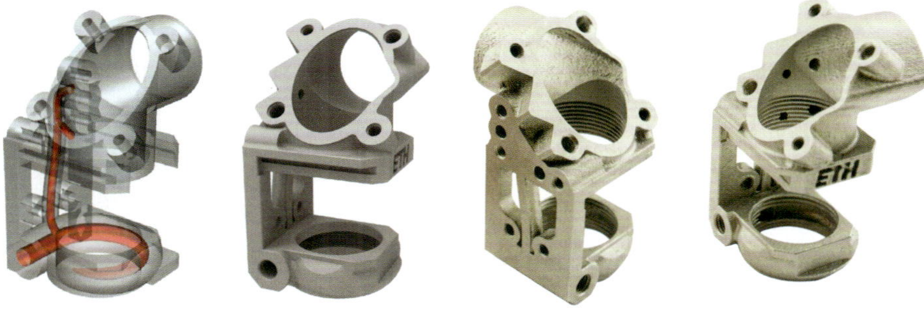

Bild 8.16 *Laserschneidkopf – Idealgestalt (links), realisierbare Gestalt (Mitte links), gefertigtes Bauteil (Mitte rechts und rechts)* [Quelle: Leutenecker-Twelsiek 2019]

Die frühe virtuelle Modellierung ermöglichte in diesem Bauteil eine Strömungssimulation mit entsprechender Optimierung. Sie führte jedoch ebenfalls zu erheblichem Modellierungsaufwand, da eine direkte Überführung von der Idealgestalt in die produzierbare Gestalt nicht möglich war und einzelne Bereiche im CAD erneut modelliert werden mussten. Die verfolgte Strategie der funktionsorientierten Gestaltung des AM-Bauteils ist im Vergleich zum Ausgangsbauteil in Bild 8.15 jedoch deutlich zu erkennen.

Die funktionsorientierte Gestaltung ist auch bei der in Bild 8.17 gezeigten Motorenhalterung mit integrierter Kühlung deutlich zu erkennen. Beide dargestellten Konstruktionen erfüllen dieselben Funktionen und sind in dieser Form nur mittels Additiver Fertigung herstellbar. Die ursprüngliche Gestaltung (vgl. Bild 8.17 links) wurde unabhängig vom Gestaltungsleitfaden konstruiert. Bei der Überarbeitung auf Grundlage des Leitfadens (vgl. Bild 8.17 rechts) sind die konstruktiven Fortschritte gut zu erkennen, insbesondere die Funktionsorientierung und die Ablösung des Entwicklers von konventionellen Gestaltungsroutinen. Die Geometrie ist nun primär durch die Funktion bestimmt. Sie nutzt die additiven Verfahrensmöglichkeiten gut aus und reduziert in erheblichem Umfang die Fertigungskosten.

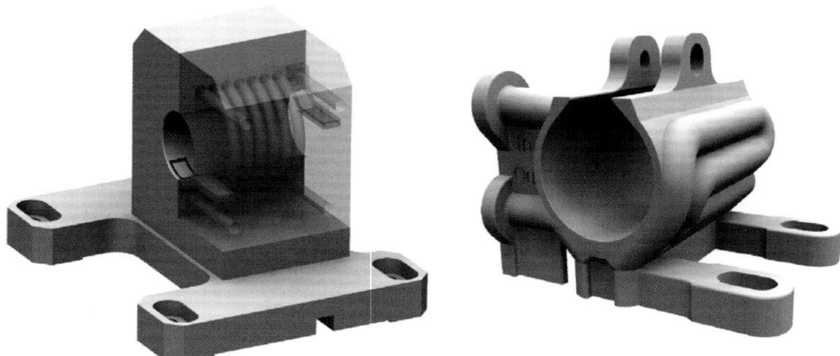

Bild 8.17 *Motorhalter mit Kühlung: ursprüngliche Konstruktion (links), überabeitete Konstruktion (rechts)* [Quelle: Leutenecker-Twelsiek 2019]

8.3.2 Funktionsintegration

Die *Complexity for Free* in der Additiven Fertigung ermöglicht außerordentliche Gestaltungsspielräume und Komplexität der gefertigten Bauteile nahezu unabhängig von den Fertigungskosten (vgl. Kapitel 1). Diese Unabhängigkeit erlaubt eine Steigerung der Bauteilkomplexität ohne Mehrkosten, wodurch additiv hergestellte Bauteile besonders geeignet für eine Funktionsintegration sind. Vorteile liegen hierbei nicht nur in den fertigungstechnischen Möglichkeiten, sondern auch in den ökonomischen Potenzialen. Zusätzlich kann durch die Integration unter Umständen eine Nutzensteigerung erreicht werden.

Die Strategie, Bauteile und Funktionen zu integrieren, ist bereits aus der allgemeinen Literatur der Konstruktionsmethodik bekannt. Dieser Ansatz der allgemeinen Gestaltungsprinzipien hat unverändert Gültigkeit, erhält aber durch die Möglichkeiten der Additiven Fertigung eine höhere Bedeutung. Aus diesem Grund wurde das Prinzip der Funktionsintegration nochmals und gesondert in die additiven Gestaltungsprinzipien aufgenommen. Eine weitere Unterscheidung in *Integration von Bauteilen* (Integralbauweise) und *Funktionsvereinigung* ist wie bei den allgemeinen Gestaltungsprinzipien möglich, aber nicht notwendig. Bei einer Bauteilintegration in AM-Bauweise sollten ohnehin im Sinne des Prinzips der funktionsorientierten Gestaltung die Funktionen des zu integrierenden Bauteils berücksichtigt werden und nicht nur eine simple geometrische Vereinigung erfolgen.

Eine sinnvolle Funktionsintegration sollte insofern bereits beim Konzeptentwurf oder bei der Suche von Lösungsprinzipien für die Funktion mit beachtet werden, um gegebenenfalls auch radikalere Lösungsalternativen zeitig mit berücksichtigen zu können. Bei der Entwicklung der Idealgestalt ist zudem systematisch zu prüfen, ob die Systemgrenze des Bauteils nicht evtl. noch zu erweitern ist.

Eine solche Überprüfung lässt beim bereits oben dargestellten Beispiel der Halterung (vgl. Abschnitt 8.3.1) gestalterische Alternativen erkennen. Es zeigt sich ein Integrationspotenzial im Bereich der Befestigung und Klemmung durch die Integration des Nutsteins, wie in Bild 8.18 dargestellt.

Am Beispiel der Halterung lassen sich die Integration eines angrenzenden Bauteils und eine entsprechende Teilereduktion demonstrieren. Die Teilereduktion kann jedoch auch erheblich größere Umfänge annehmen. Dies gilt insbesondere bei Bauteilen, die aus rein fertigungstechnischen Gründen einer bislang konventionellen Fertigung aus mehreren Einzelteilen bestehen, die für die Funktionserfüllung fest verbunden sind. Ein entsprechendes Beispiel ist das in Bild 8.19

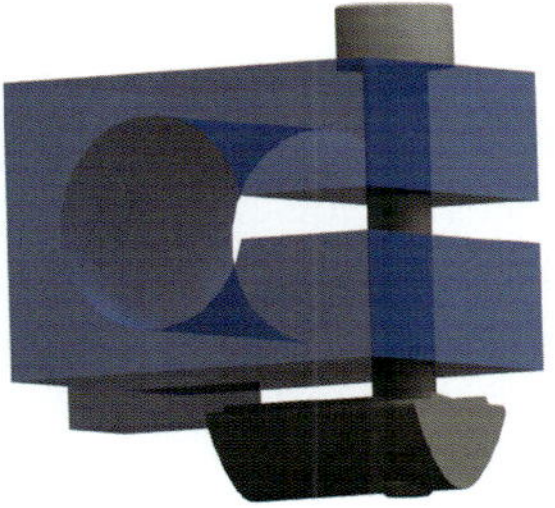
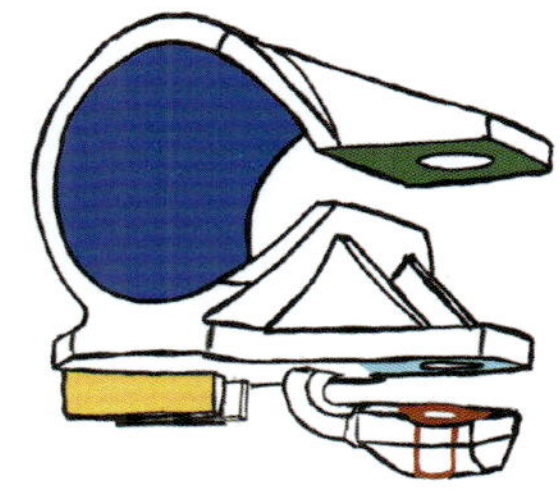
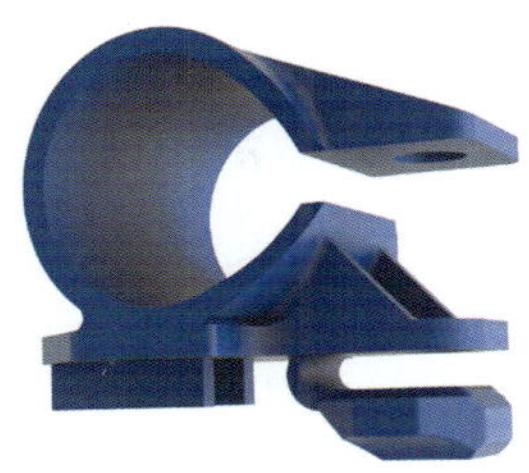

Bild 8.18 *Konventioneller Halter mit Nutstein (links); Konzeptskizze für Funktionsintegration des Nutsteins (Mitte); Idealgestalt des Halters mit Funktionsintegration des Nutsteins (rechts)*
[Quelle: LEUTENECKER-TWELSIEK 2019]

gezeigte Kartuschen-Temperiermodul für die Applikation von Klebstoff. Das konventionell gefertigte und montierte Bauteil besteht aus sechs teilweise komplexen Einzelteilen, zwei Dichtungen und 70 Verbindungselementen. Infolge eines Re-Designs für die Additive Fertigung konnten alle Elemente in ein einziges Bauteil integriert und dadurch die Herstellkosten um 80 % gesenkt werden. Zudem entfallen durch die Integration auch alle montagebedingten Dichtflächen.

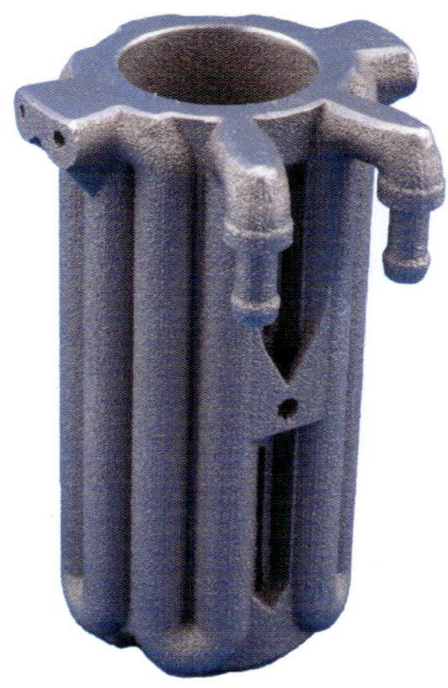

Bild 8.19 *Konventionelles Temperiermodul (links, bestehend aus 78 einzelnen Elementen) und AM Re-Design (rechts, am Stück gefertigtes einzelnes Bauteil)* [Quelle: LEUTENECKER-TWELSIEK 2019]

In dem beschriebenen Beispiel wird die große Zahl der Verbindungselemente durch die Bauteilintegration obsolet. Ist für die Funktionserfüllung von Bauteilen dagegen eine Demontagemöglichkeit zwingend notwendig, ist auch eine direkte Integration von Verbindungselementen möglich. So können im Rahmen der zulässigen Festigkeit beispielsweise Schraubverbindungen durch Schnappverbindungen oder Bajonettverschlüsse ersetzt werden. Ziel ist es hierbei, nicht nur die Teilezahl zu reduzieren, sondern mehr noch die Montage / Demontage zu vereinfachen. Dabei kann für die Gestaltung von Schnappverbindungen auf konventionelle Dimensionierungen, wie sie etwa aus dem Spritzguss bekannt sind, zurückgegriffen werden.

Noch weitaus größere Rationalisierungseffekte lassen sich u.U. durch Integrationen von Funktionen erzielen, die auf neuen Lösungsansätzen beruhen. Solche Funktionsintegrationen müssen dann allerdings bereits bei der Konzeptentwicklung bedacht werden. So kann beispielsweise durch die Integration eines Druckluft-Auswerfersystems in einen additiv gefertigten Einsatz für ein Spritzgusswerkzeug die gesamte Auswurfmechanik ersetzt werden. Bei dem in Bild 8.20 dargestellten Beispiel wurden in den Werkzeugeinsatz spezielle luftdurchlässige Mesostrukturen integriert, die nach dem Spritzgussprozess das Werkstück mittels Druckluft aus dem Werkzeug lösen können, beim Gussprozess aber keine Kunststoffschmelze in die Strukturen eindringen lassen.

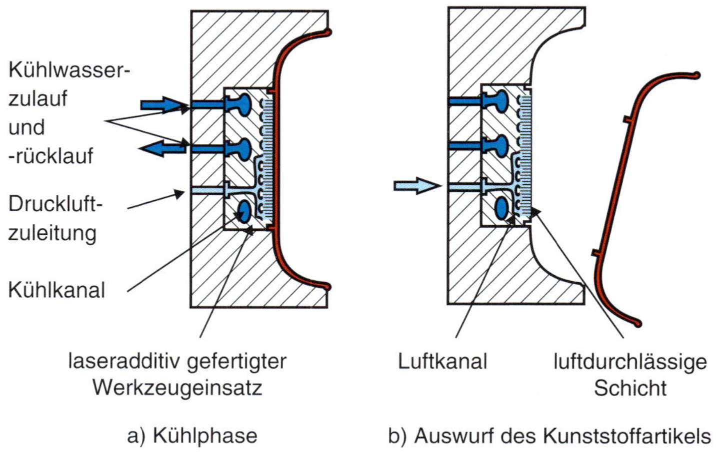

Bild 8.20 *Aufbau und Funktionsprinzip des Druckluft-Auswerfersystems* [Quelle: Klahn 2015]

Zusätzlich wurde zur besseren Wärmeabfuhr eine Kühlstruktur in das Werkzeug integriert, um die Zykluszeit zu reduzieren. Die Funktionsintegration ist im transparenten CAD-Modell in Bild 8.21 deutlich zu erkennen, ebenso wie die luftdurchlässigen Mesostrukturen im SLM-Bauteil aus Werkzeugstahl.

Um das volle Potenzial von Funktionsintegrationen auszunutzen, die eine Additive Fertigung ermöglicht, sollten diese bereits bei der Lösungssuche und Konzeptphase berücksichtigt und während des Gestaltungsprozesses regelmäßig geprüft werden.

8.3.3 Frühzeitiges Festlegen der Bauteilorientierung

Die Festlegung der Bauteilorientierung im Bauraum der AM-Maschine – und damit auch die Festlegung der Aufbaurichtung – hat aufgrund der schichtweisen Fertigung und der ggf. notwendigen Supportstrukturen einen erheblichen Einfluss auf Qualität, Maßhaltigkeit, Material und Oberflächenbeschaffenheit sowie Kosten und Funktion. Das Vorgehen, die Bauteilorientierung erst nach der Gestaltung im Rahmen der Produktionsvorbereitung festzulegen, ist für den Prototypenbau noch akzeptabel, da dort in der Regel das Bauteil nicht für additive Verfahren ausgelegt ist. Bei speziell für die Additive Fertigung gestalteten Bauteilen ist dies jedoch nicht zielführend, da nach der Orientierung meist erneut eine Gestaltungskorrektur durchgeführt werden

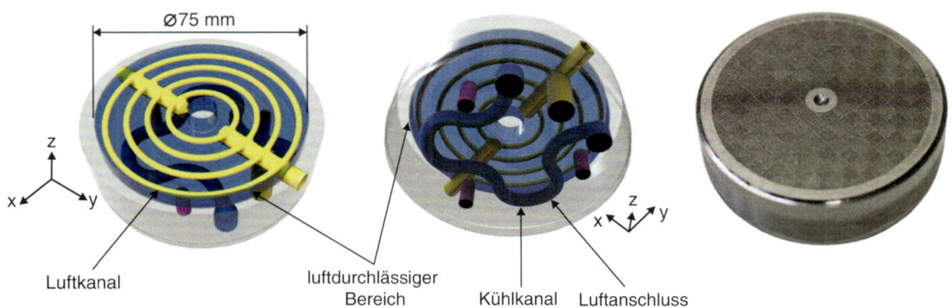

Bild 8.21 *Transparentes CAD-Modell des Werkzeugeinsatzes mit luftdurchlässigen Mesostrukturen (links und Mitte); SLM-gefertigter Werkzeugeinsatz (rechts)* [Quelle: nach Klahn 2015]

muss, wodurch zusätzliche Kosten und Aufwände entstehen, die vermeidbar sind. Die Bauteilorientierung muss deshalb vor der Ausgestaltung festgelegt und umfassend durchdacht werden, um technisch und wirtschaftlich optimale AM-Bauteile zu gestalten.

Die frühzeitige Festlegung der Bauteilorientierung erfolgt auf Basis der Idealgestalt des Bauteils. Dazu werden die einzelnen Gestaltelemente der Idealgestalt anhand von Orientierungskriterien analysiert und die Orientierung des Bauteils dementsprechend festgelegt.

Grundlage für die Analyse sind Gestaltelemente, die für eine Teilfunktion des Bauteils relevant sind. Die Zerlegung der Idealgestalt in Gestaltelemente orientiert sich an den Funktionsflächen. Gestaltelemente bestehen aus den entsprechenden Wirk- bzw. Funktionsflächen und den zugehörigen Strukturen, aus denen sich das Funktionsvolumen ergibt. Ein typisches Gestaltelement kann beispielsweise ein Befestigungsgewinde darstellen. Es besteht aus der Funktionsfläche des Gewindes sowie dem für die Kräfteaufnahme benötigten Funktionsvolumen.

Die hierfür einzusetzenden Orientierungskriterien werden im Folgenden aufgeführt:

- Notwendigkeit von Stützstrukturen: Der Umfang der benötigten Stützstrukturen kann durch die Orientierung erheblich beeinflusst werden. Es ist zu untersuchen:
  - Sind Stützstrukturen bei der Geometrie notwendig?
  - Falls ja, wie kann die Geometrie orientiert werden, um die Stützstrukturen minimal zu halten?
- Maßtoleranz: Toleranzen und Maßhaltigkeit sind parallel zur Bauebene erheblich besser. Es ist zu untersuchen:
  - Sind die Maßtoleranzen unabhängig von der Orientierung einzuhalten?
  - Falls nein, kann durch eine bestimmte Orientierung die Maßtoleranz eingehalten werden?
- Anisotropie: Die Werkstoffkennwerte können in Aufbaurichtung von jenen in der Bauebene abweichen. Es ist zu untersuchen:
  - Sind die Werkstoffkennwerte in Baurichtung ausreichend?
  - Entsprechen die Richtungen der größten Bauteilbelastungen der Anisotropie?
- Eigenspannungen und Verzug: Die Belichtungsflächen sind abhängig von der Bauteilorientierung, der damit auch ein erheblicher Einfluss auf Eigenspannungen und daraus resultierendem Verzug zukommt. Es ist zu untersuchen:
  - Besteht die Gefahr des Verzuges?
  - Wie kann dies durch entsprechende Orientierung verhindert werden?

- Oberflächenqualität: Die Oberflächenqualität ist von der Orientierung der Fläche im Bauraum abhängig. Verschlechterung der Oberflächenqualität erfolgt durch Treppenstufeneffekte oder prozessbedingt bei Überhangflächen ggf. auch durch den Einsatz von Stützstrukturanbindung. Es ist zu untersuchen:
  - Besteht für die Funktionserfüllung eine bestimmte Anforderung an die Fläche?
  - Falls ja, muss dafür eine bestimmte Orientierung vorgesehen werden?
  - Kann diese Anforderung auch ohne Nachbearbeitung erreicht werden?
- Bauzeit / Aufbaukosten: Die Aufbauhöhe des Baujobs ist – insbesondere beim SLM-Verfahren – maßgebend für die Produktionszeit und hat somit Einfluss auf die Produktionskosten. Ausschlaggebend für die Orientierung ist die Anzahl der zu produzierenden Bauteile. Wenn es sich um ein Einzelstück handelt, ist eine liegende, möglichst flache Aufbauhöhe sinnvoll. Sollen mehrere Bauteile gefertigt werden, kann auch eine stehende Orientierung vorteilhaft sein, da so mehr Bauteile auf einer Bauplatte positioniert und gleichzeitig in einem Baujob produziert werden können. Es ist zu untersuchen:
  - Wie kann der Bauraum optimal für die zu erwartende Produktion ausgelastet werden?

Die Orientierungsstrategie besteht aus vier Vorgehensschritten, die in Tabelle 8.1 am Beispiel der bereits zuvor dargestellten Halterung erläutert sind.

In Schritt 1 wird die Idealgestalt in die einzelnen Geometrieelemente zerlegt.

In Schritt 2 werden die Geometrieelemente und auch die Gesamtstruktur der Idealgestalt auf die Relevanz der einzelnen Orientierungskriterien hin untersucht, und die optimale Orientierung jedes Gestaltelements wird festgelegt. Die Orientierungskriterien mit der höchsten Relevanz für das Gestaltungselement sind ausschlaggebend für dessen Orientierung.

In Schritt 3 werden die einzelnen nun orientierten Gestaltelemente miteinander verglichen und hierarchisiert. Hierzu werden, wenn vorhanden, gleich orientierte Gestaltelemente zu Gruppen zusammengefasst. Die Gruppen und die verbleibenden einzelnen Gestaltelemente können nun mittels Binärvergleich hierarchisiert werden. Als Vergleichskriterium ist die Relevanz des Geometrieelements und seiner Orientierung für die Funktion des Bauteils heranzuziehen. Dabei sind die Möglichkeit der Geometrieanpassung des Gestaltelements bzw. auch Möglichkeiten und Aufwand der Nachbearbeitung bei einer nicht optimalen Orientierung zu berücksichtigen.

In Schritt 4 wird entsprechend der Orientierung des Gestaltelements resp. der Gruppe der Gestaltelemente mit der höchsten Priorisierung die Idealgestalt für die Fertigung orientiert. Ergibt sich aus dieser Orientierung ein erheblicher Widerspruch zu den anderen Gestaltelementen, muss eine Abweichung von der Idealgestalt durch Umpositionierung oder auch Neuanordnung einzelner Gestaltelemente im Hinblick auf die Funktion geprüft und vorgenommen werden. Mit der Festlegung der Orientierung ist dann die Basis für die Überführung der Idealgestalt in die produzierbare Gestalt unter Berücksichtigung der weiteren Gestaltungsprinzipien geschaffen.

Tabelle 8.1 *Vorgehen zur Bauteilorientierung im Bauraum* [Bildquelle: LEUTENECKER-TWELSIEK 2019]

Schritt 1: Zerlegung in einzelne Gestaltelemente

Zerlegen der Idealgestalt in einzelne Gestaltelemente (GE). Die Idealgestalt muss hierfür nicht als CAD-Modell vorliegen, sondern kann auch mit Handskizzen, Prototypen etc. visualisiert werden.

Beispiel Halterung:
GE 1: Spannschraubenhalterung (grün)
GE 2: Stütze für Rohrspannung (türkis)
GE 3: Rohrhalterung Ø 10 mm (blau)
GE 4: Schienenprofil (orange)
GE 5: Klemmmechanismus mit Gewinde (rot)

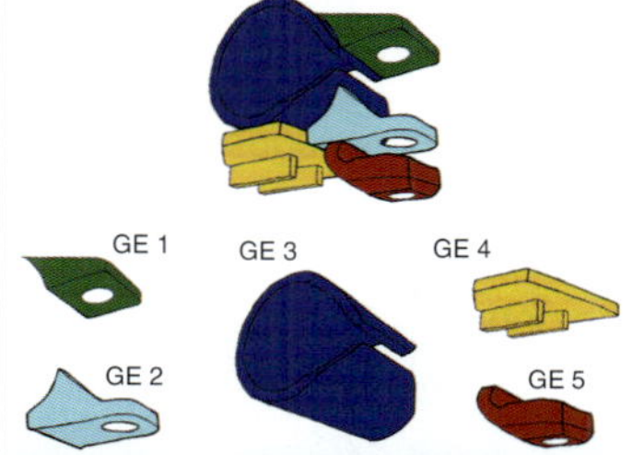

Schritt 2: Orientierung der Gestaltelemente

Orientierung der einzelnen Gestaltelemente anhand der Orientierungskriterien. Für jedes Gestaltelement werden eine oder mehrere Ausrichtungen bestimmt, die für den Fertigungsprozess und die erforderliche Nachbearbeitung vorteilhaft sind.

Beispiel Halterung:
GE 1: Orientierung aufgrund Stützstrukturen und Verzug
GE 2: Orientierung aufgrund Stützstrukturen und Verzug
GE 3: Orientierung aufgrund Stützstrukturen, Maßtoleranz und Oberflächenqualität
GE 4: Orientierung aufgrund Stützstrukturen und Maßtoleranz
GE 5: Orientierung aufgrund Verzug Gesamtstruktur (GS): Orientierung für möglichst geringe Bauzeit

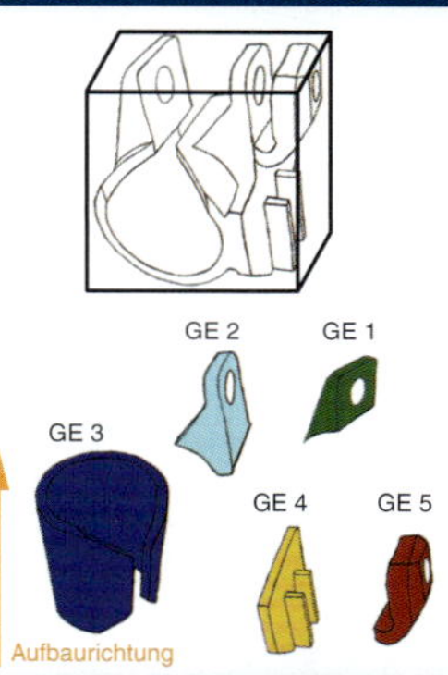

Schritt 3: Gruppierung der Gestaltelemente und Gewichtung

Gruppierung von Gestaltelementen, deren Ausrichtung voneinander abhängig ist oder die die gleiche optimale Orientierung aufweisen. Die Gruppen werden mittels Binärvergleich nach ihrer Bedeutung für die Funktion des Gesamtbauteils gewichtet.

Beispiel Halterung:
Gruppierung von GE 1, 2, 4 aufgrund gleicher Orientierung. Hierarchisierung der GE mittels Binärvergleich. Die gruppierten GE 1,2,4 haben die höchste Priorität für die Funktion und können durch diese Ausrichtung ohne Nachbearbeitung eingesetzt werden.
GE 3 hat eine geringere Priorität und kann mit Abstrichen passend zur Gruppe G 1,2,4 ausgerichtet werden.
GE 5 kann aufgrund der geringen Anhängigkeit von Orientierungskriterien und notwendiger Nachbearbeitung (Gewinde schneiden) für die Orientierung vernachlässigt werden.
Die Bauzeit der Gesamtstruktur GS ist nicht zu vernachlässigen, hat aber gegenüber den funktionalen Anforderungen eine untergeordnete Bedeutung

	GE 1,2,4	GE 3	GE 5	GS	Σ	Rang
GE 1,2,4		1	1	1	3	1
GE 3	0		1	1	2	2
GE 5	0	0		0	0	4
GS	0	0	1		1	3

Schritt 4: Festlegung der Bauteilorientierung

Festlegung der Bauteilorientierung

Beispiel Halterung:
Die Orientierung erfolgt anhand der Gruppierung GE 1,2,4 da diese die höchste Priorisierung aufweisen.
GE 3 und GE 5 benötigen geringfügige Anpassungen, um Stützstrukturen zu vermeiden (rot markierter Bereich), was jedoch keine Funktionseinschränkung darstellt.
Diese Orientierung bildet die Ausgangslage für die Überführung von der Idealgestalt (links) in die produzierbare Gestalt (rechts).

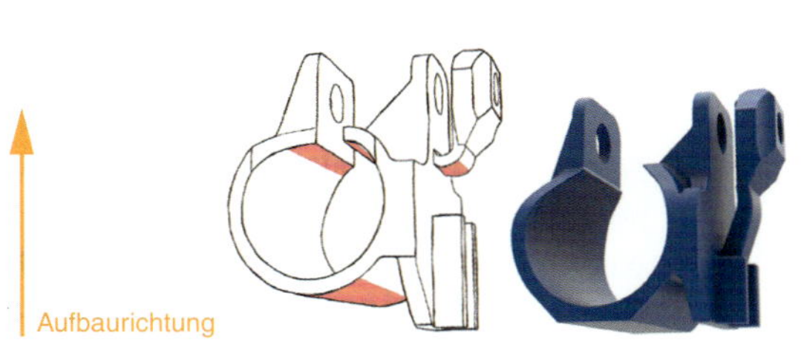

Eine frühzeitige Bauteilorientierung ist die Grundlage, um bestehende Verfahrensrestriktionen in der Gestalt zu berücksichtigen und ggf. umgehen zu können. Ein eindrucksvolles Beispiel hierfür ist die in Bild 8.22 gezeigte hochkomplexe Brennerdüse. Sie weist eine Vielzahl für die Funktion optimierter Kanäle auf. Gleichzeitig sind die Kanäle derart gestaltet, dass sie ohne innere Stützstrukturen gefertigt werden können. Dies ist nur möglich, wenn die Bauteilorientierung vor der Gestaltung festgelegt ist.

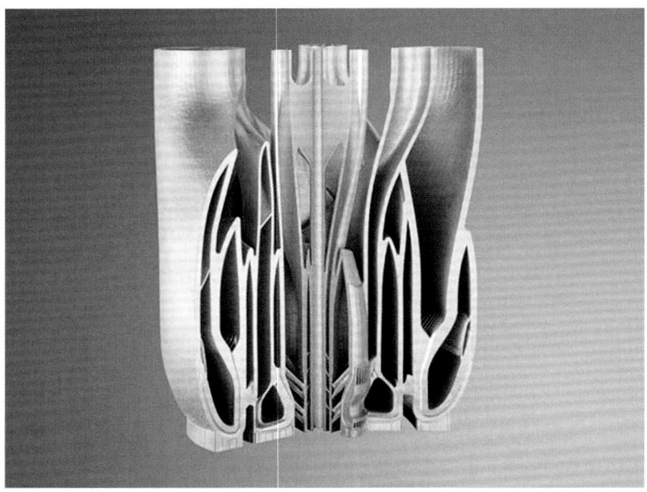

Bild 8.22 *Brennerdüse von Siemens, gefertigt von Trumpf* [Quelle: Trumpf]

Um die Bauraumorientierung frühzeitig festzulegen, kann das bereits beschriebene Vorgehen genutzt werden. Die Unterteilung in vier Schritte dient hier primär der Vermittlung des Vorgehens und ist im späteren Einsatz nicht zwingend erforderlich. Erfahrungen haben gezeigt, dass das Vorgehen nach kurzer Zeit intuitiv eingesetzt und einzelne Schritte durch den Konstrukteur parallelisiert durchgeführt werden können. So können beispielsweise Gestaltelemente, die kaum Abhängigkeiten von den Orientierungskriterien aufweisen, frühzeitig aus der Betrachtung eliminiert und der Aufwand somit reduziert werden. Bei sehr komplexen Bauteilen empfiehlt sich jedoch in der Regel das systematische, schrittweise Vorgehen, um aufwendige Änderungen am Bauteil zu vermeiden.

8.3.4 Materialminimalismus

Eine der großen Besonderheiten der Additiven Fertigung ist, dass im Gegensatz zu den subtraktiven Fertigungsverfahren nicht unnötiges Material abgetragen wird, sondern nur das benötigte Material aufgetragen bzw. nur dort wo benötigt, Materialzusammenhalt hergestellt wird. Eine damit zusammenhängende Besonderheit ist die Struktur der Fertigungskosten von AM. Die Fertigungskosten setzen sich hierbei vorwiegend aus den Kosten von Material und Fertigungszeit zusammen (vgl. Kapitel 5). Die Komplexität hat hingegen keinen nennenswerten Einfluss auf die Kosten. Diese besondere Kostenstruktur von AM ermöglicht eine neuartige Freiheit im Leichtbau.

Ziel im Leichtbau ist es, bei gleicher Bauteilfestigkeit das Bauteilgewicht so weit wie möglich zu reduzieren. In der Regel steigen dadurch die Geometriekomplexität der Bauteile und damit auch die Kosten einer konventionellen Fertigung. Somit sind bei der Gestaltung für konventionelle Fertigungsverfahren der Leichtbau und die Fertigungskosten meist konträre Ziele. Bei AM ist dies nicht der Fall, da Komplexität keine Mehrkosten verursacht und die Materialeinsparung im Gegenteil Kosten für Material und Fertigungszeit reduziert.

Aus der Tatsache, dass bei Additiver Fertigung durch Materialeinsparung bzw. Volumeneinsparung nicht nur Gewicht, sondern auch Fertigungskosten eingespart werden können, resultiert das Prinzip des Materialminimalismus. Ziel ist es, bei der Gestaltung nur das für die Funktion benötigte Materialvolumen einzusetzen. Der simple Merksatz «Lass weg, was stört!» ist dabei nur bedingt zielführend, da dieser wieder auf materialabtragende Strategien bezogen wäre. Für die Additive Fertigung gilt dementsprechend vielmehr die Devise: «Erzeuge (nur dort), wo benötigt!». Um diese Strategie zu realisieren, muss von den Funktionsflächen ausgehend lediglich das für die Funktion notwendige Materialvolumen angefügt werden. Dieses notwendige Materialvolumen ergibt sich aus der Belastung bzw. Beanspruchung aufgrund der Funktion und der dafür notwendigen Belastbarkeit des Bauteils.

Das Potenzial zur Materialeinsparung bei der Additiven Fertigung ist in Bild 8.23 an einem einfachen Anschauungsbeispiel verdeutlicht. Ausgehend von der Funktionsanalyse des ursprünglichen, konventionellen Bauteils (Mitte), wurde an die Funktionsflächen lediglich das notwendige Material angefügt. Das Ergebnis ist im Bild rechts zu sehen. Die Minimalvolumen wurden dabei durch die Restriktion der minimalen Wandstärke des eingesetzten additiven Fertigungsverfahrens und die für die Funktion benötigte Festigkeit vorgegeben. Zur Veranschaulichung ist links im Bild ein Design abgebildet, das ausgehend vom konventionellen Bauteil nach der Devise «Lass weg, was stört!» optimiert wurde. Es ist deutlich zu erkennen, dass dieses Vorgehen für die Additive Fertigung nur leidlich zielführend ist.

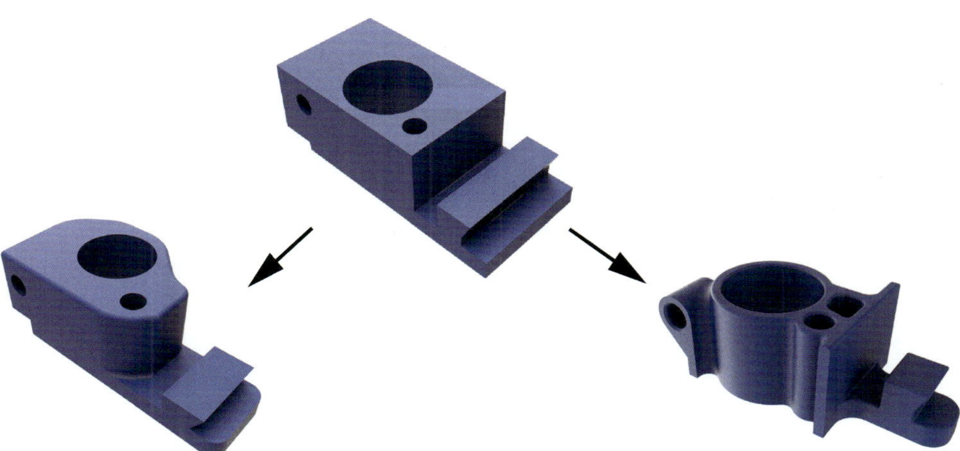

Bild 8.23 *Materialminimalismus in AM: Ausgangsbauteil (Materialvolumen 100 %; Mitte), «konventionelle» Strategie (55 %; links), Materialminimalismus-Strategie (28 %; rechts)* [Quelle: Leutenecker-Twelsiek 2019]

Ein weiteres Beispiel für die strikte Anwendung des Materialminimalismus-Prinzips ist das in Bild 8.24 gezeigte Gelenkelement einer Kapp- und Gehrungssäge. In diesem Fall konnte das Gewicht des Bauteils um 43 % reduziert werden – bei identischen Anforderungen. Die Idealgestalt wurde mittels Topologieoptimierung ermittelt und im CAD umgesetzt mit dem strikten Fokus auf Materialminimalismus. Weitere Prinzipien, wie die Vermeidung von Stützstrukturen oder Sicherstellung der Nachbearbeitung, wurden hier zugunsten der Materialeinsparung vernachlässigt, was einen entsprechenden Mehraufwand in der Fertigung nach sich zieht.

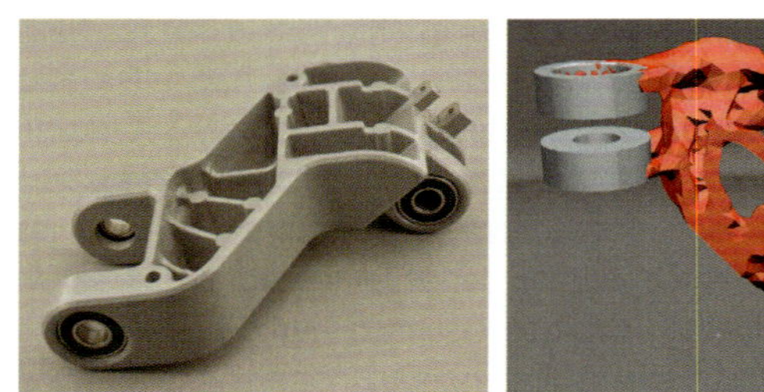

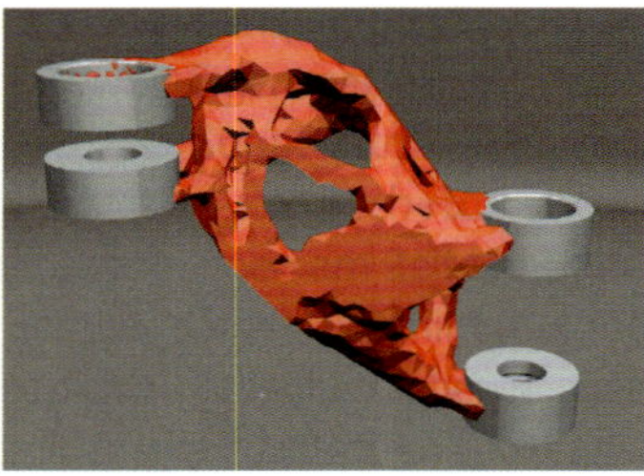

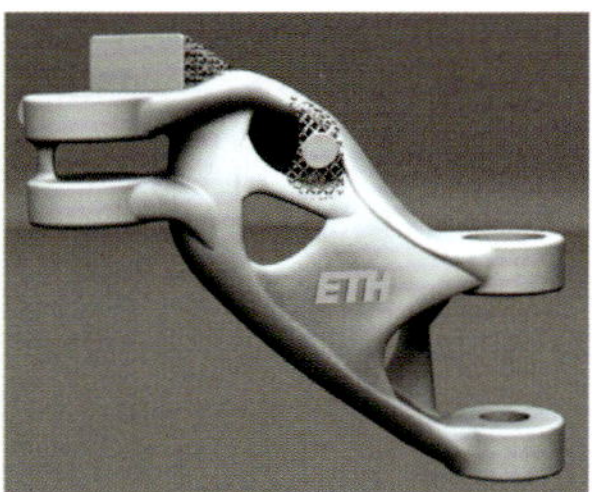

Bild 8.24 *Strikte Umsetzung des Materialminimalismus-Prinzips beim Gelenkelement einer Kapp- und Gehrungssäge* [Quelle: Leutenecker-Twelsiek 2019]

Derartig radikale Anwendungen des Materialminimalismus-Prinzips sind in der industriellen Umsetzung bei besonders gewichtssensiblen Bauteilen zu finden, wie z. B. bei hochdynamisch bewegten Bauteilen oder in der Luft- und Raumfahrt. Eine entsprechende Anwendung in der Raumfahrt ist in Bild 8.25 dargestellt. Für die Antennenhalterung der Firma RUAG für den Satelliten Sentinel wurde die Idealgestalt ebenfalls mittels Topologieoptimierung ermittelt und strikt in die produzierbare Gestalt umgesetzt. Dabei konnte eine Gewichtseinsparung um 40 % gegenüber dem konventionell gefertigten Bauteil erreicht werden.

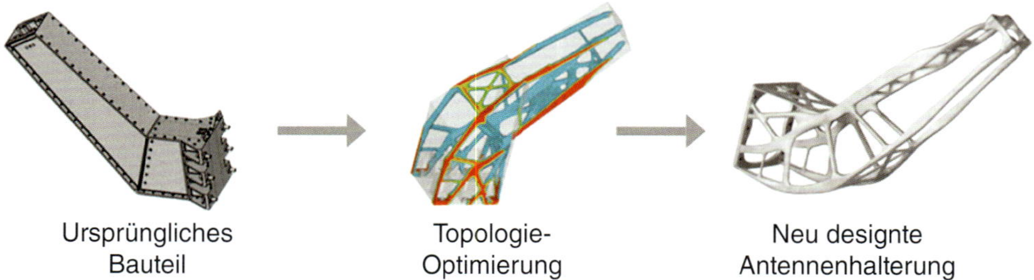

Bild 8.25 *Antennenhalterung der Firma RUAG für den Satelliten Sentinel: konventionell gestaltetes Ausgangsbauteil sowie Ergebnis der Topologieoptimierung und SLM-gefertigtes Bauteil* [Quelle: EOS GmbH]

8.3.5 Vermeidung von Stützstrukturen

Die Notwendigkeit von Stützstrukturen ist verfahrensabhängig. Der erhöhte Materialbedarf, die verlängerten Fertigungszeiten und die Entfernung der Stützstrukturen nach dem Fertigungsprozess verursachen zusätzliche Kosten und bedeuten erheblichen Aufwand, insbesondere beim SLM-Prozess, da dort die Entfernung i. d. R. manuell erfolgt. Eine subtraktive maschinelle Entfernung wäre grundsätzlich möglich, setzt aber eine gründliche Pulverentfernung bei den Strukturen voraus und ist je nach Geometrie sehr aufwendig.

Um Aufwand und damit Kosten zu reduzieren, wird das Prinzip der Vermeidung von Stützstrukturen angewendet. Dies kann durch eine entsprechende Orientierung im Bauraum realisiert werden (vgl. Abschnitt 8.3.3) bzw. durch Geometrieanpassungen, sofern die Funktionserfüllung dies zulässt. Ausgangslage für die Geometrieanpassung ist die aufbauorientierte Idealgestalt. Ziel ist es, alle Flächen unterhalb des *Freiwinkels* (Grenzwinkel, ab dem Stützstrukturen benötigt werden, vgl. Abschnitt 8.4.2) durch eine Gestaltanpassung zu eliminieren, wie in Bild 8.26 dargestellt. Dies kann bei Überhängen durch das Einbringen von ausreichend geneigten Schrägen erfolgen. Kanäle, die den Maximaldurchmesser für einen stützstrukturfreien Aufbau überschreiten (vgl. Abschnitt 8.4.4), können beispielsweise in Tropfen- oder Rautenform ausgebildet werden.

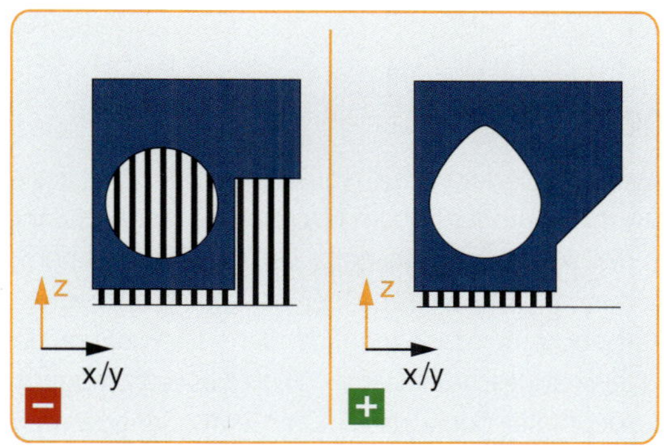

Bild 8.26 *Prinzipdarstellung zur Vermeidung von Stützstrukturen durch Gestaltanpassung*
[Quelle: Leutenecker-Twelsiek 2019]

Auch das Einbringen von massiven Strukturen, um die Stützstrukturen zu ersetzen, kann vorteilhaft sein, wenn

- die Entfernung von Stützstrukturen nicht möglich ist (z. B. an unzugänglichen Stellen) und eine Pulverentfernung sichergestellt werden muss;
- aufwendiges Entfernen von Stützstrukturen vermieden werden soll. Hier gilt, dass die Stützstrukturen ersetzt werden sollten, wenn die Nachbearbeitungskosten für die Stützstrukturentfernung höher sind als die Mehrkosten von Material und Fertigungszeit und wenn keine Funktionseinschränkung entsteht;
- maschinelle Nachbearbeitung erleichtert wird. So können beispielweise Bohrungen, die aus Toleranzgründen nachbearbeitet werden müssen, mit einem solchen Aufmaß belegt werden, dass Stützstrukturen nicht mehr benötigt werden.

Voraussetzung für all diese Maßnahmen ist, dass die Funktion des Bauteils nicht oder nur in vertretbarem Maße beeinträchtigt wird.

Die in Bild 8.27 dargestellten Einzelbeispiele zeigen, wie Stützstrukturen durch eine geeignete Gestaltung vermieden werden können. Im linken Beispiel ermöglicht die tropfenförmige Ausgestaltung eines Kanals die Fertigung ohne Stützstrukturen. Rechts abgebildet ist ein Lagersitz, der aus Toleranzgründen nachbearbeitet werden muss. Es wurde ein ausreichend großes Aufmaß gewählt (orange gekennzeichneter Bereich in der Schnittskizze A-A), um die Geometrie derart zu verjüngen, dass kein Stützmaterial mehr notwendig ist.

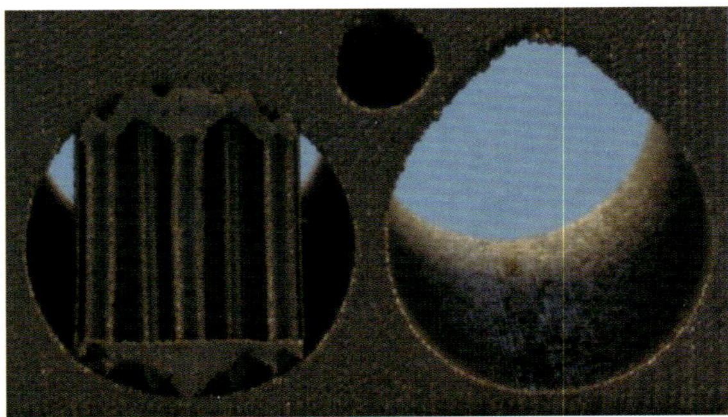

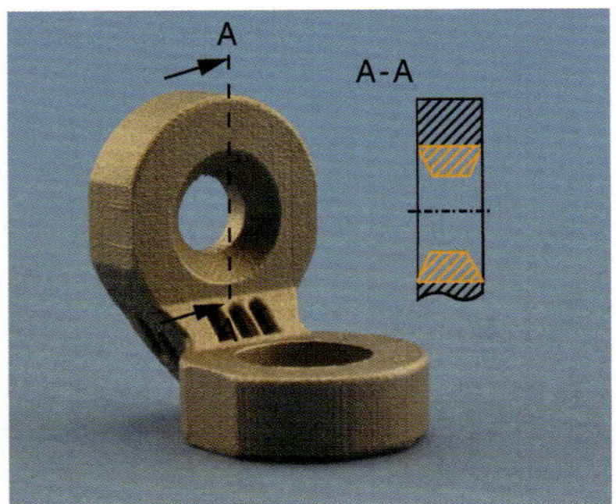

Bild 8.27 *Beispiele für die Vermeidung von Stützstrukturen durch Tropfenform (links) und durch Materialzugabe (rechts)* [Quelle: Leutenecker-Twelsiek 2019]

8.3.6 Vermeidung von Verzug

Ein durch Eigenspannungen induzierter Verzug (vgl. Abschnitt 8.2.5) reduziert die Maßhaltigkeit des Bauteils und kann zum Ausschuss oder hohem Nachbearbeitungsaufwand führen. In extremeren Fällen verursacht Verzug den Abbruch des Baujobs. Um dies zu verhindern, sollte der Konstrukteur einem Verzug des Bauteils möglichst bereits bei der Gestaltung entgegenwirken. Grundsätzlich ist die Anpassung der Gestalt jedoch nur dann möglich, wenn die Funktion des Bauteils dadurch nicht oder nur in akzeptabler Weise eingeschränkt wird. Wenn dies nicht möglich ist, muss dem Verzug in der Fertigung mittels ausgeprägter Supportstrukturen entgegengewirkt werden. Diese Supportstrukturen bringen jedoch die bereits zuvor beschriebenen Nachteile mit sich.

Die Bauteilorientierung und die Gestalt des Bauteils haben einen erheblichen Einfluss auf den Verzug, was bei deren Festlegung entsprechend zu berücksichtigen ist (vgl. Abschnitt 8.3.3). So sollten etwa sprunghafte Anstiege der Fläche der Schichten in Aufbaurichtung vermieden werden.

Ist die Orientierung festgelegt, kann einem Verzug durch Reduzierung von Eigenspannungen mittels gleichmäßiger Wärmeableitung oder durch Erhöhung des Widerstandmoments entgegengewirkt werden. Diese beiden Maßnahmen können in der Anwendung nicht strikt voneinander getrennt werden, da die Erhöhung des Widerstandmoments häufig auch mit einer verbesserten Wärmeabfuhr einhergeht. Sie sind vielmehr als zwei Strategien zu sehen, die zwei Ansatzpunkte zur Verfügung stellen, um das gleiche Ziel zu erreichen. Bild 8.28 zeigt eine SLM-gefertigte Kabinenhalterung (Mammutbracket) aus einem Flugzeug. Dieses Bauteil zeigt besonders eindrucksvoll, wie durch den massiven Einsatz von Supportstrukturen ein Verzug vermieden werden konnte.

Da Verzug prozessbedingt insbesondere beim Laserschmelzen verstärkt auftritt, sind die folgend beschriebenen Maßnahmen primär auf SLM-spezifische Strategien bezogen.

Zur Reduzierung von Eigenspannungen sollten große Belichtungsflächen mit schlechter Wärmeabfuhr oder ein starker Anstieg der Belichtungsfläche über wenige Schichten hinweg vermieden werden. Lässt sich die Belichtungsfläche durch Materialeinsparung nicht reduzieren, kann durch entsprechende Materialzugabe die Wärmeableitung verbessert werden. Das Einbringen von Wärmeleitstrukturen hin zur Bauplatte in die Bauteilgestalt reduziert dabei nicht nur Eigenspannungen, sondern erhöht ebenso das Widerstandsmoment (Bild 8.29).

Das Widerstandsmoment des Bauteils ist während des Bauprozesses abhängig von der Bauhöhe und ändert sich mit der Anzahl der erzeugten Schichten. Daher sollte das Widerstandsmoment möglichst früh in Bezug auf die Bauhöhe gesteigert werden, um einem Verzug entgegenzuwirken. Eine gängige Methode zur Erhöhung des Widerstandmoments bzw. der Versteifung ist das Einbringen von Rippen. Diese Vorgehensweise ist grundsätzlich auch bei AM

Bild 8.28 *SLM-gefertigtes Bracket des Airbus A350 XWB (Design von Airbus; Fertigung durch Concept Laser)* [Quelle: Concept Laser GmbH]

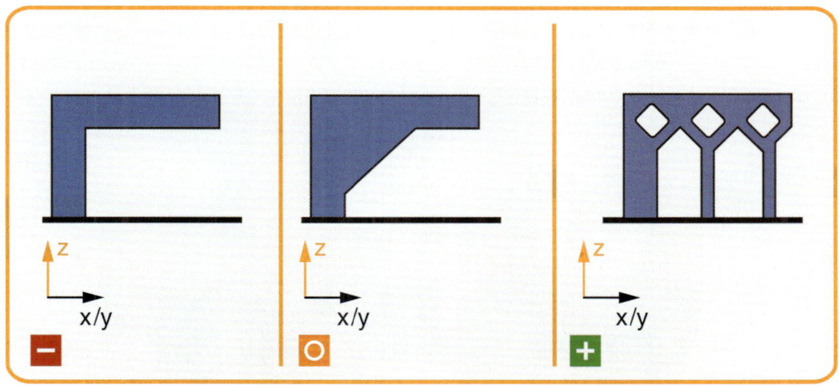

Bild 8.29 *Vermeidung von Verzug durch bessere Wärmeableitung und Erhöhung des Widerstandsmoments* [Quelle: Leutenecker-Twelsiek 2019]

sinnvoll. Dabei ist darauf zu achten, dass die Rippen in der Bauprozessabfolge vor bzw. parallel zu den verzugsanfälligen Geometrien erzeugt werden.

Filigrane Strukturen weisen gewöhnlich geringere Widerstandsmomente auf und sind bei schlechter Wärmeableitung besonders gefährdet für Verzug. Bild 8.30 veranschaulicht dies am Beispiel einer einfachen Lageröse. Die Lageröse ist zur Verdeutlichung aus einem komplexen Bauteil extrahiert, in dem sie in stehender Position gefertigt werden muss. Die Öse ist nur gering belastet, weshalb die Wandstärke 1,5 mm beträgt. Die Gestalt der Öse ist – trotz Aufmaß von 0,5 mm für die Nachbearbeitung – verzugsgefährdet. Der Verzug ist derart groß, dass auch mit Nacharbeit das Sollmaß nicht erreicht werden kann (vgl. Bild 8.30 links). Da jedoch ohnehin eine Nachbearbeitung für den Lagersitz notwendig ist, kann die Öse massiver gestaltet werden, um so das Widerstandsmoment zu erhöhen (vgl. Bild 8.30 Mitte). Die abgeschrägte Verjüngung zur Mitte hin löst nun auf konstruktivem Wege mehrere Probleme: Sie verstärkt die Struktur, erlaubt die Vermeidung von Stützstrukturen und dient zudem bei der Nachbearbeitung zur Führung des Bohrers. Zusätzlich wurden für eine bessere Wärmeableitung und Versteifung Außenrippen integriert. Die fertig nachbearbeitete Lageröse ist in Bild 8.30 rechts gezeigt.

Bild 8.30 *Beispiel einer Lageröse mit erwartetem Verzug bei direkter Fertigung (links), optimierter AM-Gestalt vor der Nachbearbeitung (Mitte) und nach der spanenden Nachbearbeitung (rechts)* [Quelle: Leutenecker-Twelsiek 2019]

Der Hydraulikblock in Bild 8.31 zeigt eine weitere Möglichkeit, Eigenspannungen gestalterisch zu reduzieren. Die benötigte Grundplatte war stark verzugsgefährdet und wurde deshalb, wo möglich, durch Wabenstrukturen ersetzt, um so die Belichtungsfläche zu reduzieren.

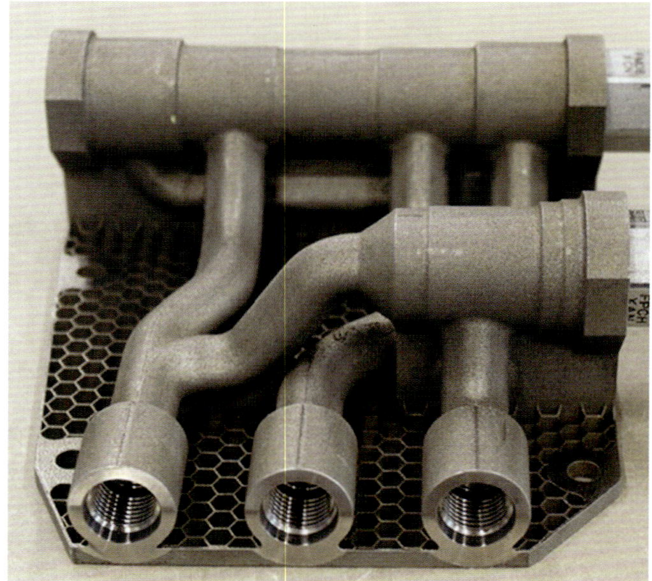

Bild 8.31 *Hydraulikblock mit Wabenstrukturen zur Verzugsvermeidung* [Quelle: Schmelzle et al. 2015]

8.3.7 Integrierte Halbzeuge und Komponenten

Die Herstellung von komplexen Geometrien ist eine der Stärken der Additiven Fertigung. Die Herstellung von einfachen Geometrien kann dagegen meist schneller und kostengünstiger mit konventionellen Verfahren erfolgen. Durch Einbringen von konventionell gefertigten Halbzeugen und Komponenten in den additiven Bauprozess können Vorteile beider Verfahren miteinander kombiniert werden. Das Prinzip des Aufbaus auf ein Halbzeug ist in Bild 8.32 skizziert und wurde in Kapitel 2 ausführlich beschrieben.

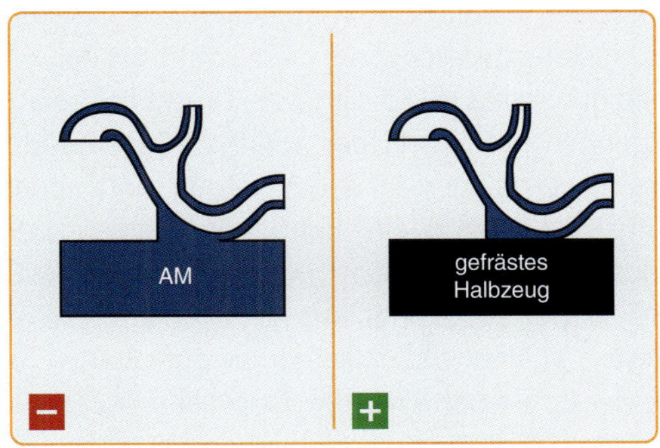

Bild 8.32 *Prinzipdarstellung Aufbau auf Halbzeug. Links: komplett additiv gefertigtes Bauteil; rechts: additiver Aufbau auf gefräster Struktur* [Quelle: Leutenecker-Twelsiek 2019]

Das Prinzip ist jedoch beschränkt auf Prozesse, bei denen ein Aufbau auf Halbzeugen bzw. das Anhalten und Fortsetzen des Baujobs möglich ist, wie etwa FDM und SLM. Für das Einbringen von Komponenten während des Prozesses muss dieser gestoppt werden können, um die Komponente in die vorgesehenen Bereiche einzulegen. Bei pulverbettbasierten Verfahren muss entsprechend zuerst das Pulver an der gewünschten Stelle entfernt werden.

Das Prinzip kann mit unterschiedlichen Zielsetzungen angewendet werden:

- Anwendung zur Materialeinsparung: Nur jene Bauteilbereiche, in denen Komplexität benötigt wird, werden additiv auf konventionell gefertigte Halbzeuge aufgebaut bzw. entsprechende Halbzeuge werden eingelegt.
- Anwendung zur vereinfachten Nachbereitung: Bei komplexer Nachbearbeitung mit schwierigen Spannverhältnissen können Spannhilfsmittel in die Bauplattform eingelegt werden, um das Bauteil direkt auf dem Spannhilfsmittel aufzubauen. So kann nach der Fertigung das Werkstück einfach gespannt, nachbearbeitet und ggf. in einem finalen Schritt wieder vom Spannhilfsmittel getrennt werden.
- Anwendung zur Kombination von Materialeigenschaften: Werden in definierten Bereichen Materialeigenschaften benötigt, die das im AM-Prozess verarbeitete Material nicht erfüllt, können dort Halbzeuge mit entsprechenden Materialeigenschaften eingefügt bzw. auf diese aufgebaut werden. Im FDM-Prozess können dies z. B. metallische Komponenten wie Gewindeinserts oder auch Magnete sein. Im SLM-Prozess kann direkt auf Halbzeuge aufgebaut werden, wenn diese mit dem Prozessmaterial verschweißbar sind und so beispielsweise auf Federstahl oder geschmiedete Halbzeuge aufgebaut werden.
- Anwendung zur Funktionsintegration: Komponenten, die mittels Additiver Fertigung nicht oder nicht direkt herstellbar sind, können eingebracht werden. Dies gilt insbesondere für

Elektronik, wie Sensoren oder Aktuatoren, solange diese dem nachfolgenden Fertigungsprozess standhalten. Es können aber auch Funktionsteile (z. B. günstig in großer Stückzahl konventionell produzierbare Zahnräder) eingebracht bzw. auf diesen aufgebaut werden. Damit kann die Funktion der Zahnradflanken durch ein konventionelles Standardbauteil eingebracht und eine kostenintensive Nachbearbeitung vermieden werden.

Die Integration von Halbzeugen und Komponenten hat einen erheblichen Einfluss auf die Gestalt des Bauteils. Daher sollte möglichst früh – ggf. schon in der Konzeptphase – geprüft werden, ob ein solches Vorgehen in Frage kommt. Kommt es zu einer Integration, muss dies insbesondere bei der Bauteilorientierung berücksichtigt werden, da das Aufbauen bzw. Einlegen möglich sein muss. Beim Aufbau auf ein Halbzeug ist sicherzustellen, dass dieses nicht bei der weiteren Fertigung mit den beweglichen Teilen der Fertigungsanlage kollidiert (z. B. Druckkopf oder Beschichter).

Der Einsatz von Halbzeugen hat sich in der additiven Serienproduktion etabliert. So wird beispielsweise bei Spritzgusswerkzeugen in der Regel nur dort additiv auf ein konventionell gefertigtes Werkzeug aufgebaut, wo z. B. eine konturnahe Kühlung benötigt wird.

Ein Beispiel aus der Industrie kommt von dem Unternehmen MAPAL. Dieses setzt konventionell gefertigte Bohrschäfte in eine spezielle Grundplatte ein, um darauf die komplexe Geometrie eines Spiralbohrers mit integrierten Kühlmittelkanälen additiv aufzubauen (vgl. Bild 8.33). Durch die konventionelle Fertigung der Bohrschäfte werden Material und Fertigungszeit in der Additiven Fertigung eingespart. Zusätzlich dienen sie als Spannmöglichkeit für die anschließende Nachbearbeitung des Spiralbohrers.

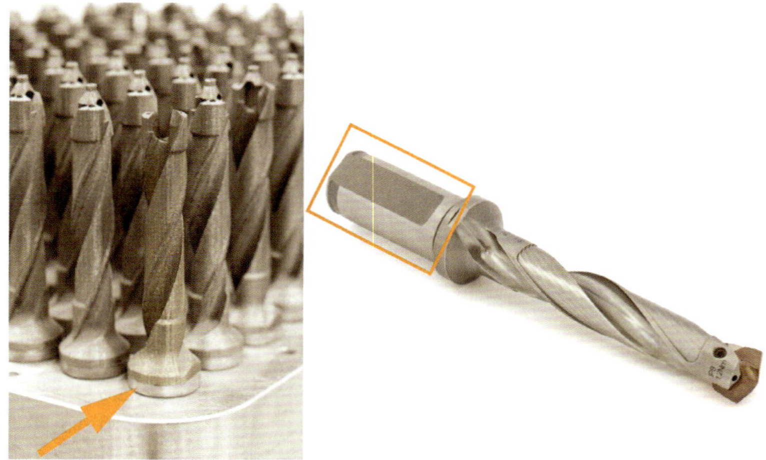

Bild 8.33 *Hybridaufbau eines Spiralbohrers mit integrierten Kühlmittelkanälen* [Quelle: MAPAL Dr. Kress KG]

8.3.8 Konstruktiver Toleranzausgleich

Die Fertigungstoleranzen von Additiver Fertigung sind derzeit verfahrensbedingt noch begrenzt. Insbesondere bei Passungen kann die notwendige Genauigkeit meist nur durch eine entsprechende Nachbearbeitung erreicht werden. Die Fertigungstoleranzen können in bestimmten Fällen jedoch durch die Geometriefreiheit in der Additiven Fertigung gelöst werden. Die benötigten Maße können durch flexible oder nach dem Fertigungsprozess veränderbare Geometrien eingehalten bzw. angepasst werden. Dazu können entsprechende Federelemente, nachgiebige Strukturen oder Keilelemente in das Bauteil integriert werden, was dem Prinzip des konstruktiven Toleranzausgleichs entspricht und in Bild 8.34 skizziert ist.

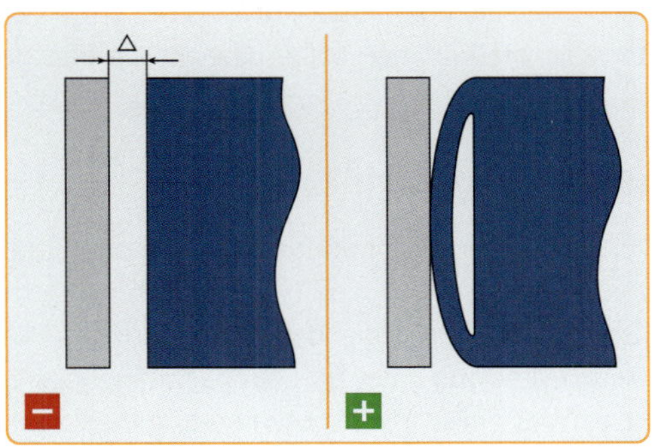

Bild 8.34 *Prinzipdarstellung des konstruktiven Toleranzausgleichs mittels Biegebalken* [Quelle: Leutenecker-Twelsiek 2019]

Durch diese konstruktiven Maßnahmen können z. B. Presspassungen mit definiertem Anpressdruck realisiert werden. Eine solche konstruktive Anpassung wurde auch bei dem in Bild 8.35 gezeigten Nutstein vorgenommen.

Die Nutsteine dienen zur Befestigung von Elektronikkomponenten. Sie müssen für die Positionierung beweglich sein, dürfen jedoch bei der Montage nicht verrutschen. Daraus ergibt sich die Anforderung einer leichten Übermaßpassung, die aufgrund der Toleranzen im SLS-Prozess jedoch nicht realisiert werden konnte. Deshalb wurden Federelemente in den Nutstein integriert, um so eine Mindestklemmkraft bei gleichzeitiger Verschiebbarkeit sicherzustellen.

Bild 8.35 *Nutstein mit integrierten Biegebalken zum Toleranzausgleich* [Quelle: Leutenecker-Twelsiek 2019]

8.3.9 Pulverentfernung ermöglichen

Um die Funktion des Bauteils sicherzustellen, muss bei pulverbettbasierten Fertigungsprozessen das nicht prozessierte Pulver entfernt werden. Prinzipiell kann Pulver in geschlossenen Hohlräumen verbleiben, wenn die Anwendung des Bauteils es zulässt. Allerdings erhöht dies die Kosten für den Materialverbrauch und das Gewicht. Um die Pulverentfernung auch aus engen Kanälen oder Hohlräumen zu ermöglichen, muss dies bei der Gestaltung entsprechend berücksichtigt werden.

Insbesondere Kunststoffpulver weist nach dem SLS-Prozess eine deutlich schlechtere Fließfähigkeit auf als etwa Metallpulver nach dem SLM-Prozess. Die Entfernung ist dadurch erheblich erschwert. Durch gestalterische Maßnahmen sollte deshalb die Pulverentfernung sichergestellt werden.

Mögliche Gestaltungsmaßnahmen (vgl. Bild 8.36) sind:

- Vermeiden von scharfen Kanten durch Einbringen von Rundungen bei Spalten und innenliegenden Geometrien,
- höhere Anzahl von Öffnungen, durch die das Ausblasen des Pulvers erleichtert wird. In Abhängigkeit der Bauteilanwendung muss ggf. ein nachfolgender Verschluss der Öffnungen ermöglicht werden. Ist ein Verschluss nicht notwendig, gilt es zu prüfen, ob der Hohlraum grundsätzlich überhaupt als Hohlraum gestaltet werden muss;
- Spaltgeometrie zur Öffnung hin erweitern;
- bei Gitterstrukturen Zugänglichkeit zur Pulverentfernung sicherstellen oder Gitterstrukturen anpassen, um die Pulverentfernung zu ermöglichen.

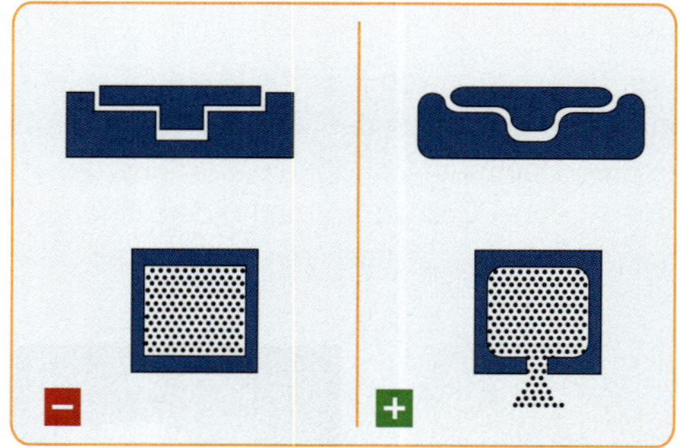

Bild 8.36 *Prinzipdarstellung zur Pulverentfernung* [Quelle: Leutenecker-Twelsiek 2019]

Neben den Gestaltanpassungen besteht die Möglichkeit, Entfernungshilfen mit in das Bauteil zu integrieren, die eine Pulverentfernung erleichtern und nach dem Reinigungsprozess entfernt werden. Insbesondere beim Lasersintern kann die Pulverentfernung einen erheblichen Anteil des Nachbearbeitungsaufwands ausmachen. Dieser kann durch den Einsatz entsprechender Entfernungshilfen deutlich reduziert werden. So können beispielsweise in langen, schwer zu reinigenden Kanälen Reinigungsketten integriert werden, wie in Bild 8.37 gezeigt.

In das abgebildete Demonstratorbauteil wurde eine entsprechende Reinigungskette integriert (im CAD-Modell in Bild 8.36 grün dargestellt). Die Kette wurde bei der Konstruktion direkt in den Kanal eingefügt und so im SLS-Prozess mit gefertigt. Nach dem Bauprozess erleichtert die Kette das Entfernen des Restpulvers und wird nach der Reinigung aus dem Bauteil gezogen. Für die erleichterte Entfernung des Restpulvers unter dem Drehrad (im CAD-Modell in Bild 8.37 blau dargestellt) wurden die Ecken abgerundet und zudem weitere Entfernungsöffnungen im unteren Bereich eingebracht (in Bild 8.37 mit orangen Kreisen gekennzeichnet).

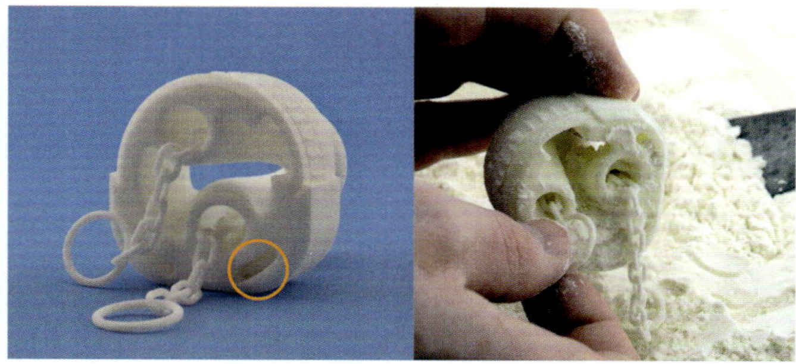

Bild 8.37 *Entfernungshilfe und konstruktive Optimierungen zur verbesserten Pulverentfernung* [Quelle: Leutenecker-Twelsiek 2019]

8.3.10 Nachbearbeitung sicherstellen

Durch den großen Gestaltungsspielraum sind Bauteile für die Additive Fertigung in der Regel deutlich komplexer als jene für konventionelle Herstellungsverfahren. Diese hohe Komplexität der additiv gefertigten Bauteile erschwert jedoch eine konventionelle Nachbearbeitung, die insbesondere dann notwendig ist, wenn Oberflächenqualität, Form und Lagetoleranz von Funktionsflächen der additiv gefertigten Bauteile nicht den Anforderungen für den Einsatz der Bauteile entsprechen, z. B. für Gewinde oder Lagersitze. Um den Aufwand und die Kosten für die Nachbearbeitung so gering wie möglich zu halten, sollten die notwendigen Nachbearbeitungsschritte bereits bei der Gestaltung des Bauteils berücksichtigt werden.

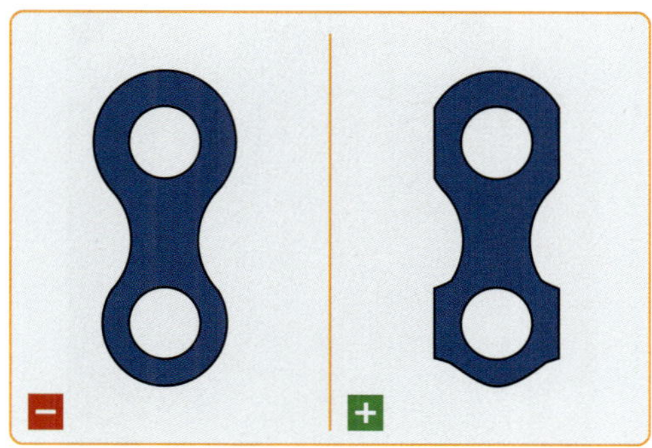

Bild 8.38 *Die Nachbearbeitung sollte bereits bei der Bauteilgestaltung sichergestellt werden.* [Quelle: Leutenecker-Twelsiek 2019]

Es gilt die notwendige Werkzeugzugänglichkeit zu berücksichtigen und Spann- und Referenzflächen in Bauteilgestalt vorzusehen (vgl. Bild 8.38). Ist dies aus Anforderungsgründen des Bauteils nicht möglich, steigt der Aufwand für die Nachbearbeitung erheblich, wie beispielhaft in Bild 8.39 für die Nachbearbeitung der Lagersitze der bereits in Bild 8.24 vorgestellten Kapp- und Gehrungssäge zu sehen.

Wie sehr sich diese Vorkehrungen für die Nachbearbeitung auf die Bauteilform auswirken, ist stark von der geplanten Nachbearbeitungsprozesskette abhängig. Je aufwendiger die Maßnahmen sind, desto früher müssen sie in der Konstruktion berücksichtigt werden. Spannflächen oder

Bild 8.39 *Aufwendig gespanntes Bauteil zur Nachbearbeitung in der CNC-Fräsmaschine* [Quelle: Leutenecker-Twelsiek 2019]

Werkzeugzentrierhilfen, wie in Bild 8.40 gezeigt, können auch in einem sehr fortgeschrittenen Stadium vergleichsweise einfach im Gestaltungsprozess eingefügt werden.

Bild 8.40 *Werkzeug- und Zentrierhilfen für Nachbearbeitung und Montage* [Quelle: Schmelzle et al. 2015]

Ist der Aufwand jedoch höher, beispielswiese wenn die gesamte Nachbearbeitung mit einer Aufspannung in einer 3-Achs-Fräse erfolgen soll, kann dies erheblichen Einfluss auf die Gestaltung haben. Hier ist durch den Konstrukteur wiederum die Abwägung zwischen Funktionserfüllung und Nachbearbeitungsaufwand erforderlich. Die Relevanz einer frühzeitigen Überprüfung des Nachbearbeitungsaufwands ist hier umso deutlicher.

Durch die zeitige Berücksichtigung der Nachbearbeitung konnte diese bei dem Prototyp eines Laserschneidkopfes (in Bild 8.41 dargestellt) mit nur einer Aufspannung erfolgen.

Bild 8.41 *Beachtung der Referenzier- und Spannmöglichkeit für die Nachbearbeitung am Beispiel eines Laserschneidkopfes* [Quelle: Leutenecker-Twelsiek 2019]

8.4 Gestaltungsrichtwerte

Die folgenden Gestaltungsrichtwerte dienen als Orientierungswerte für die Dimensionierungen und konkrete Ausgestaltung von Bauteilen für die Additive Fertigung. Es sind geometriespezifische Kenngrößen, die von den jeweilig eingesetzten additiven Verfahren, Anlagen, Prozessparametern und Materialien abhängig sind.

Bei den hier aufgeführten Werten handelt es sich um eine Zusammenstellung derzeit verfügbarer und allgemeingültiger Zahlenwerte, die mit einfachen Standardgeometrien ermittelt wurden. Sie basieren auf unterschiedlichen Quellen, um die Varianz bzw. Spannweite aufzuzeigen und dem Anwender eine Orientierung zu ermöglichen.

Viele der Kennwerte sind richtungsabhängig und daher mit entsprechenden Indizes versehen. Sind Kennwerte richtungsunabhängig oder wurde in der Quelle keine Richtung angegeben, entfallen die Indizes:

d_{xy} Kennwert gültig in x-y-Richtung

d_z Kennwert gültig in z-Richtung

d Keine Raumrichtung angegeben

Die aufgeführten Werte dienen zur Orientierung, d. h., Abweichungen sind möglich. Dies bedarf gegebenenfalls der Absprache mit dem Fertiger oder einer gesonderten Ermittlung spezifischer Richtwerte durch entsprechende Untersuchungen.

8.4.1 Wanddicke

Die Richtwerte der Wanddicken d (vgl. Tabelle 8.2) beziehen sich auf gerade, rechteckförmige Wände mit unterschiedlicher Orientierung im Bauraum, wie in Bild 8.42 erläutert. Die Wanddicke ist vorwiegend von der Möglichkeit der physikalischen Auflösung abhängig (vgl. Abschnitt 8.2.8). Zur Verdeutlichung der Wanddicken dient der Wanddickendemonstrator aus Bild 8.43.

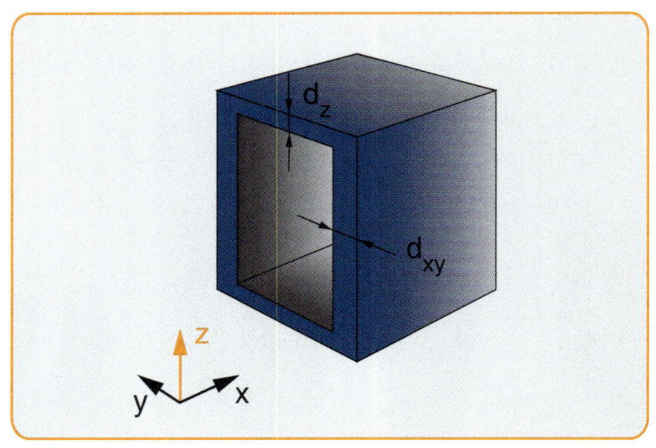

Bild 8.42 *Wanddicken* [Quelle: Leutenecker-Twelsiek 2019]

Tabelle 8.2 *Richtwerte für minimale Wanddicken*

	Richtwert	Verfahren	Material	Quelle
d	$\geq$ 1 mm	FDM	ABS	i.materialise.com
d_{xy}	$\geq$ 1,6 mm	FDM	ABS Plus	Adam 2015
d_{xy}	$\geq$ 1,5 mm	FDM	ABS	Schäfer 2008
d_z	$\geq$ 1 mm	FDM	ABS	Schäfer 2008
d	$\geq$ 0,8…1 mm	SLS	PA12	i.materialise.com
d_{xy}	$\geq$ 0,7 mm	SLS	PA12	Wegner und Witt 2012
d_{xy}	$\geq$ 1 mm	SLS	PA12	Adam 2015
d_z	$\geq$ 0,5 mm	SLS	PA12	Wegner und Witt 2012
d	$\geq$ 0,5…1 mm	SLM	Titan	i.materialise.com
d_{xy}	$\geq$ 0,4 mm	SLM	316L	Thomas 2009
d_{xy}	$\geq$ 0,6 mm	SLM	1.4404 (316L)	Adam 2015
d_z	$\geq$ 0,3…0,4 mm	SLM	TiAl6V4	Kranz et al. 2015

Bild 8.43 *Wanddickendemonstrator* [Quelle: Leutenecker-Twelsiek 2019]

8.4.2 Freiwinkel

Der Freiwinkel α beschreibt jenen Winkel zwischen der *x*-*y*-Ebene des Bauraumkoordinatensystems und der Bauteilfläche, ab dem ein Bauteil ohne Stützstrukturen aufgebaut werden kann (vgl. Bild 8.44 und Tabelle 8.3). Zur Verdeutlichung des Freiwinkels dient der Freiwinkeldemonstrator aus Bild 8.45

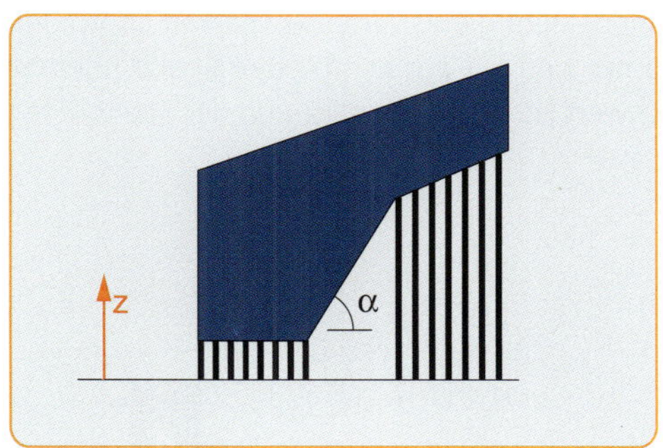

Bild 8.44 *Freiwinkel bei Stützstrukturen* [Quelle: Leutenecker-Twelsiek 2019]

Tabelle 8.3 *Richtwerte für den Freiwinkel*

	Richtwert	Verfahren	Material	Quelle
α	$\geq$ 35°	FDM	ABS Plus	Adam 2015
α	$\geq$ 45°	FDM	ABS	i.materialise.com
α	$\geq$ 40°	SLM	Titan	i.materialise.com
α	$\geq$ 20° $\geq$ 40° empfohlen	SLM	TiAl6V4	Kranz et al. 2015
α	$\geq$ 45°	SLM	1.4404 (316L)	Adam 2015
α	$\geq$ 45°	SLM	316L	Thomas 2009

Bild 8.45 *Freiwinkeldemonstrator* [Quelle: Leutenecker-Twelsiek 2019]

8.4.3 Spaltbreite

Die in der Literatur verfügbaren Werte zur minimalen Spaltbreite (vgl. Bild 8.46 und Tabelle 8.4) beziehen sich primär auf konstante, meist gerade Spaltgeometrien. Bei pulverbettbasierten Verfahren hat zusätzlich die umgebende Wandstärke Einfluss auf die mögliche Spaltbreite. Bei höherer Wandstärke wird mehr Energie eingebracht, weshalb es dann vermehrt zur Verschmelzung des losen Pulvers im Spalt kommt. Aus diesem Grund sind beim SLS-Verfahren häufig Richtbereiche vorgegeben. Die Maßhaltigkeit der Spalte wird bei der Bestimmung der Minimalbreite vernachlässigt, vielmehr steht die Pulverentfernbarkeit im Vordergrund. Die im Folgenden angegebenen Werte sind nur bedingt auf komplexere Spalte übertragbar, da dort die Pulverentfernung erheblich erschwert ist. Zur Verdeutlichung der Spaltbreite dient der Spaltendemonstrator aus Bild 8.47.

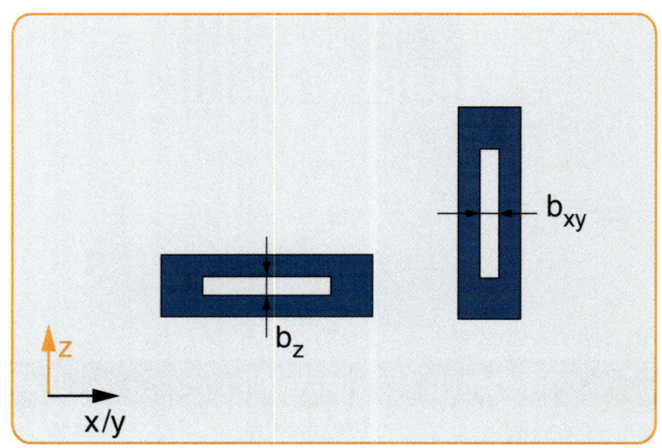

Bild 8.46 *Spaltbreite* [Quelle: Leutenecker-Twelsiek 2019]

Tabelle 8.4 *Minimale Spaltbreite*

	Richtwert	Verfahren	Material	Quelle
b	$\geq$ 0,4 mm	FDM	ABS	i.materialise.com
b	$\geq$ 0,3 mm	FDM	ABS	Schäfer 2008
b_{xy}	$\geq$ 0,2 mm	FDM	ABS Plus	Adam 2015
b	$\geq$ 0,4 mm	SLS	PA12	i.materialise.com
b_{xy}	$\geq$ 0,7…0,9 mm	SLS	PA12	Wegner und Witt 2012
b_{xy}	$\geq$ 0,6 mm	SLS	PA12	Adam 2015
b_z	$\geq$ 0,4…0,7 mm	SLS	PA12	Wegner und Witt 2012
b_z	$\geq$ 0,7…0,9 mm	SLS	PA12	Adam 2015
b	$\geq$ 0,05…0,15 mm	SLM	TiAl6V4	Kranz et al. 2015
b_{xy}	$\geq$ 0,1 mm	SLM	1.4404 (316L)	Adam 2015
b_{xy}	$\geq$ 0,3 mm	SLM	316L	Thomas 2009

Bild 8.47 *Demonstrator für minimale Spaltbreite* [Quelle: Leutenecker-Twelsiek 2019]

8.4.4 Kanaldurchmesser

Für Kanaldurchmesser sind zwei Richtwerte von Bedeutung: zum einen der minimale Kanaldurchmesser (vgl. Bild 8.48 links und Tabelle 8.5) und zum anderen der maximale Kanaldurchmesser, der ohne Stützstrukturen aufgebaut werden kann (vgl. Bild 8.48 rechts und Tabelle 8.6). Ausgangsgeometrie ist dabei immer ein extrudierter Kreis. Die minimalen Kanaldurchmesser sind bei Pulverbettverfahren ebenso wie die minimalen Spaltbreiten von dem sie umgebenden Bauteilvolumen abhängig, weshalb hier ebenfalls Wertebereiche angegeben werden. Zur Verdeutlichung des Kanaldurchmessers dient der Kanaldemonstrator aus Bild 8.49.

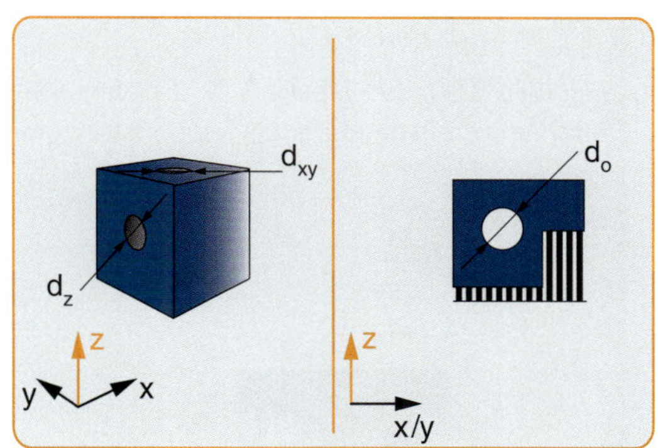

Bild 8.48 *Kanaldurchmesser* [Quelle: Leutenecker-Twelsiek 2019]

Tabelle 8.5 *Minimale Kanaldurchmesser*

	Richtwert	Verfahren	Material	Quelle
d_z	$\geq$ 2 mm	FDM	ABS	Schäfer 2008
d_{xy}	$\geq$ 1,2…1,4 mm	SLS	PA12	Wegner und Witt 2012
d_z	$\geq$ 1,2…1,4 mm	SLS	PA12	Wegner und Witt 2012
d	$\geq$ 2 mm	SLM	TiAl6V4	Kranz et al. 2015
d_{xy}	$\geq$ 1 mm	SLM	316L	Thomas 2009
d_z	$\geq$ 0,7 mm	SLM	316L	Thomas 2009

Tabelle 8.6 Maximale Kanaldurchmesser ohne Stützstrukturen

	Richtwert	Verfahren	Material	Quelle
d_o	$\leq$ 9 mm	FDM	ABS Plus	ADAM 2015
d_o	$\leq$ 12 mm	SLM	TiAl6V4	KRANZ et al. 2015
d_o	$\leq$ 5 mm	SLM	1.4404 (316L)	ADAM 2015
d_o	$\leq$ 7 mm	SLM	316L	THOMAS 2009

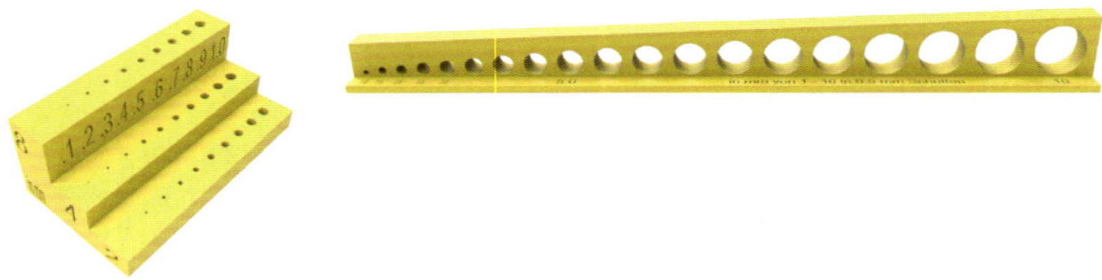

Bild 8.49 *Demonstratoren minimaler (links) und maximaler (rechts) Kanaldurchmesser* [Quelle: LEUTENECKER-TWELSIEK 2019]

8.4.5 Überhang

Die maximale Überhanglänge (Bild 8.50 und Tabelle 8.7), die ohne Stützstrukturen aufgebaut werden kann, ist nur bei Verfahren von Bedeutung, die Supportstrukturen benötigen.

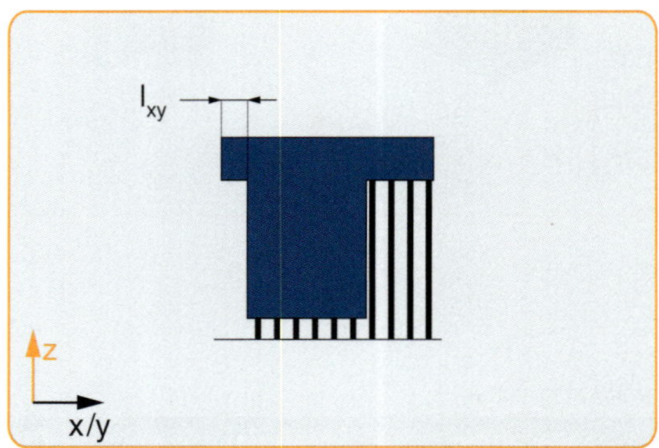

Bild 8.50 *Überhanglänge* [Quelle: LEUTENECKER-TWELSIEK 2019]

Tabelle 8.7 Maximale Überhanglänge

	Richtwert	Verfahren	Material	Quelle
l_{xy}	$\leq$ 2,0 mm	FDM	ABS Plus	ADAM 2015
l_{xy}	$\leq$ 1,6 mm	SLM	1.4404 (316L)	ADAM 2015
l_{xy}	$\leq$ 0,3 mm	SLM	TiAl6V4	KRANZ et al. 2015

8.4.6 Materialkennwerte

Die für Auslegung und Dimensionierung benötigten Materialkennwerte, wie beispielsweise Zugfestigkeit oder Streckgrenze, werden von Anlagenherstellern oder Dienstleistern teilweise zur Verfügung gestellt. Auffallend ist jedoch, dass der Zugang zu entsprechenden Kennwerten über die Verfahren erfolgt. D.h., erst wenn das Verfahren gewählt ist, können beim entsprechenden Anlagenhersteller oder Dienstleister die Materialkennwerte gefunden werden.

Dies setzt wiederum das Wissen über die Verfahren und die damit bearbeitbaren Materialien voraus. Um den Zugang zu den Materialkennwerten und die Materialauswahl zu erleichtern, kommen «Material Finder» zum Einsatz. Ziel hierbei ist es, die von den Herstellern verfügbaren Materialkennwerte direkt zugänglich zu machen und auch die Materialauswahl über Kennwertanforderungen zu ermöglichen. Entsprechende Datenbanken sind online nach Anmeldung oder auch frei zugänglich. Bild 8.51 zeigt als Beispiel die Auswahlmöglichkeiten und Materialliste des ehemaligen Material Finders von additively.com. Ein ähnlicher Aufbau ist z.B. auch bei senvol.com/material-search zu finden.

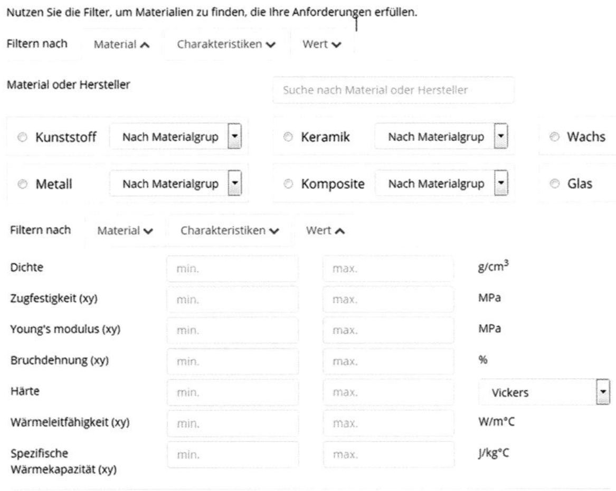

Nutzen Sie die Filter, um Materialien zu finden, die Ihre Anforderungen erfüllen.
Filtern nach Material Charakteristiken Wert
Material oder Hersteller — Suche nach Material oder Hersteller
Kunststoff (Nach Materialgrup) — Keramik (Nach Materialgrup) — Wachs
Metall (Nach Materialgrup) — Komposite (Nach Materialgrup) — Glas
Filtern nach Material Charakteristiken Wert
Dichte min. max. g/cm³
Zugfestigkeit (xy) min. max. MPa
Young's modulus (xy) min. max. MPa
Bruchdehnung (xy) min. max. %
Härte min. max. Vickers
Wärmeleitfähigkeit (xy) min. max. W/m°C
Spezifische Wärmekapazität (xy) min. max. J/kg°C

241 passende Materialien	Dichte [g/cm³]	Zugfestigkeit [MPa]	Young's modulus [MPa]	Bruchdehnung [%]	Härte
PA 2200 (EOS) Plastic / PA 12	0.93	52	1,800	20	75 Scale D
PA 3200 GF (EOS) Plastic / PA glass filled	1.22	51	3,200	9	80 Scale D
AlSi10Mg (EOS) Metal / Aluminium	2.67	345 +/-10	70,000 +/-10,000	12 +/-2	119 +/-5 HBW
ABS plus (Stratasys) Plastic / ABS	1.04	33	2,200	6	
Alumide (EOS) Plastic / PA aluminium filled	1.36	48	3,800	4	
Ti64 (EOS) Metal / Titan / titanium	4.41	1,050 +/-20	116,000 +/-10,000	14 +/-1	320 +/-12 HV5
Accura Xtreme (3D Systems) Plastic /	1.19	38 - 44	1,790 - 1,980	14 - 22	

Bild 8.51 *Ehemaliger Material-Finder von additively.com*

Die verfügbaren Kennwerte für Werkstoffe stehen oft nur lückenhaft zur Verfügung. Auffallend ist, dass trotz bekannter Anisotropie häufig die Werte nicht richtungsabhängig angegeben werden. Dynamische Materialkennwerte sind derzeit nur sehr sporadisch verfügbar.

Bei den Materialkennwerten ist die Abhängigkeit von Fertigungsanlagen und Parametern besonders hoch, was z. B. die großen Kennwertbereiche der VDI-Ringversuche zeigen (vgl. VDI 3405 Blatt 2). Daher gilt auch bei den öffentlich verfügbaren Kennwerten, dass diese als vorläufige Orientierungspunkte zu sehen sind und im konkreten Anwendungsfall mit dem Fertiger abgestimmt werden müssen.

8.5 Erweiterung des Gestaltungsleitfadens durch Unternehmen

Der flexible und offene Aufbau des AM-Gestaltungsleitfadens ermöglicht dessen Erweiterung und Konkretisierung durch das Unternehmen. So kann unternehmensspezifisch aufgebautes AM-Wissen in den Gestaltungsleitfaden integriert und als betriebseigenes Sonderwissen für Wettbewerbsvorteile im AM-Bereich genutzt werden.

Die Erweiterungsmöglichkeiten des Gestaltungsleitfadens unterscheiden sich in den einzelnen Kategorien:

Die Verfahrensmerkmale sind allgemein allgemein gültig, müssen jedoch bei Erweiterung durch neue AM-Verfahren auf Gültigkeit überprüft und ergänzt werden.

Die AM-Gestaltungsprinzipien sind generalisierte Strategien. Sie können durch unternehmensspezifische Strategien erweitert bzw. konkretisiert werden. Für die Bauteile aus einer bestimmten Anwendung können weitere Prinzipien notwendig sein, die beispielsweise konkrete Herausforderungen bei der Gestaltung von wiederkehrenden Strukturen adressieren, z. B. Düsen, Hydraulik, Extruder usw. Das Gleiche gilt für material- und prozessspezifische Aufgaben wie die Integration von Sensoren oder die Gestaltung von hybriden Bauteilen.

Den größten Erweiterungs- und Konkretisierungsbedarf stellen jedoch die Gestaltungsrichtwerte dar. Bei den im Gestaltungsleitfaden angegebenen Richtwerten handelt es sich um eine Zusammenstellung von Werten aus Herstellerangaben und Richtlinien, die möglichst universell gültig sein sollen. Bei einer eigenen Produktionsanlage oder wenn die Anwendung es erforderlich macht, in die Grenzbereiche der Richtwerte zu gehen, lohnt sich eine Ermittlung dieser Richtwerte für die jeweilige Kombination aus Maschine, Werkstoff, Prozess und Nachbehandlung.

So konnte die Wärmeübertragung des Wärmetauschers in Bild 8.52 verbessert werden, indem durch eine Anpassung des Fertigungsprozesses eine Wandstärke nur noch 0,2 mm in den relevanten Bereichen ermöglicht wurde. Dies liegt deutlich unter den allgemeinen Richtwerten aus der Literatur. Die Reduzierung der minimalen Wandstärke wurde durch eine entsprechend fokussierte Zusammenarbeit mit dem Fertiger erreicht, wobei die Fertigungsparameter im SLM-Prozess auf das Material (CL 20ES) und die Geometrie des Bauteils abgestimmt wurden.

Bild 8.52 *Mittels SLM gefertigter Wärmetauscher aus CL 20ES* [Quelle: 3D-Metalprint]

Ein weiteres Beispiel sind die bereits in Abschnitt 8.3.2 vorgestellten luftdurchlässigen Strukturen. In der Literatur werden für Mindestspaltbreite 0,1 bzw. 0,3 mm vorgegeben. Für die Entwicklung der luftdurchlässigen Strukturen konnten jedoch bereits durchgängige Spalte mit eine minimalen Spaltbreite von 29,2 µm erzeugt werden. Ermöglicht wurde dies durch eine definierte, parameterabhängige Belichtungsstrategie für den Werkzeugstahl 1.2709.

Die beiden Beispiele zeigen, wie groß die Abweichungen zwischen den in der Literatur angegebenen Richtwerten und den für konkrete Anwendungsfälle und Geometrien optimierten Richtwerte u.U. sind. Die Gründe für diese Differenzen liegen in den Zielsetzungen der Wertangaben. Die in der Literatur angegebenen und in Abschnitt 8.4 aufgeführten Richtwerte dienen zur Orientierung und zur allgemeinen Nutzung. Im Gegensatz hierzu sind bei spezifischen Anwendungsfällen die Prozessparameter und Geometrien auf den konkreten Anwendungsfall hin derart optimiert, dass dabei auch außergewöhnliche Grenzwerte erreicht werden können.

Die Erarbeitung solcher spezifischen unternehmensinternen Grenzwerte ermöglicht es Unternehmen, einen Wettbewerbsvorteil zu erzeugen. Unternehmen können dazu mit Fokus auf ihr Produktportfolio und den dortigen Einsatz von Additiver Fertigung die spezifischen Grenzwerte für ihre Produkte bzw. wiederkehrende Gestaltmerkmale exklusiv ermitteln. Alternativ steht ihnen offen, Fertigungsprozesse und Prozessparameter der Anlagen auf die Produkte abzustimmen, um die Produkteigenschaften zu optimieren. Dies gilt insbesondere, wenn im Unternehmen Fertigungsanlagen vorhanden sind, kann jedoch auch in Kooperation mit Fertigungsdienstleistern erfolgen.

Die Erweiterung des Gestaltungsleitfadens für die Anforderungen und Randbedingungen einzelner Anwendungen und Unternehmen betrifft nicht nur die jeweiligen AM-Prozesse, sondern die ganze verfügbare Prozesskette. Dies soll im Folgenden anhand von Bauteilen mit innenliegenden Fluidkanälen exemplarisch erläutert werden. Die Bauteile sollen aus Metall mit SLM gefertigt werden. Es bestehen strömungsbedingt besondere Anforderungen an die Oberflächenqualitäten der Kanalinnenwände und die Kanäle werden dynamisch mit Druck belastet.

Das SLM-Verfahren ist bereits im Gestaltungsleitfaden enthalten, daher ist keine Ergänzung zu den Verfahrensmerkmalen erforderlich. Die Prinzipien sollen um die Anforderungen der AM-Fertigung und Nachbearbeitung erweitert werden. Hierzu werden unterschiedliche Probekörper und Prüfgeometrien gefertigt. Ziel ist es, mit Hilfe der Prüfgeometrien spezifische Strategien zur Gestaltung von Kanälen für definierte Anforderungen – wie Volumenstrom, minimalem Strömungsverlust, Oberflächenqualitäten, Druckbelastung usw. – abzuleiten. Dabei können neben konkreten Kanalgeometrien für unterschiedliche Volumenströme auch Wanddickenkennwerte für die definierten dynamischen Druckbereiche ermittelt werden. Bild 8.53 zeigt eine Auswahl möglicher Prüfgeometrien für die Grenzen der Nachbearbeitung von innen- und außenliegenden Oberflächen. Die Proben wurden aus Aluminium, Edelstahl und Titan gefertigt. Gerade die Entwicklung von Strategien für die anforderungsgerechte Nachbearbeitung von komplexen Außen- und Innengeometrien kann einen Wettbewerbsvorteil für das Unternehmen darstellen.

Die Ergebnisse aus den Prüfgeometrien und deren Nachbearbeitung beziehen sich dabei immer auf definierte Fertigungsdienstleister mit deren spezifischen Fertigungsparametern und den entsprechend festgelegten Nachbearbeitungsschritten und besitzen insofern keine Allgemeingültigkeit. Das Wissen über eine definierte Prozesskette kann für das Unternehmen aber ebenfalls einen Wettbewerbsvorteil darstellen, wenn z. B. nur durch den spezifizierten Herstellungsprozess die benötigten Anforderungen erreicht werden können. In Bild 8.54 sind beispielhaft die Aufnahmen von unbearbeiteten und strömungsgeschliffenen Innenkanälen zu sehen.

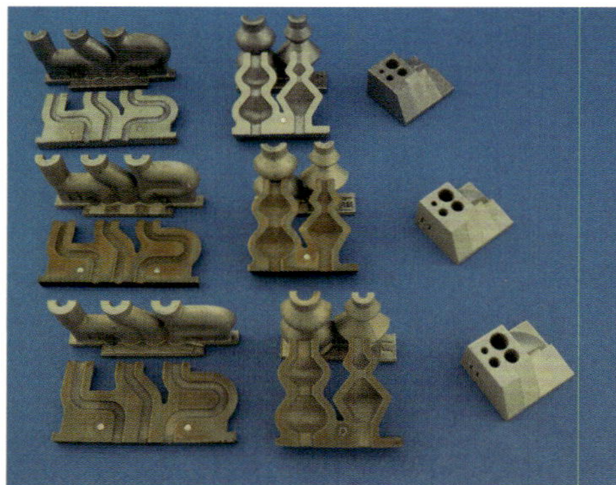
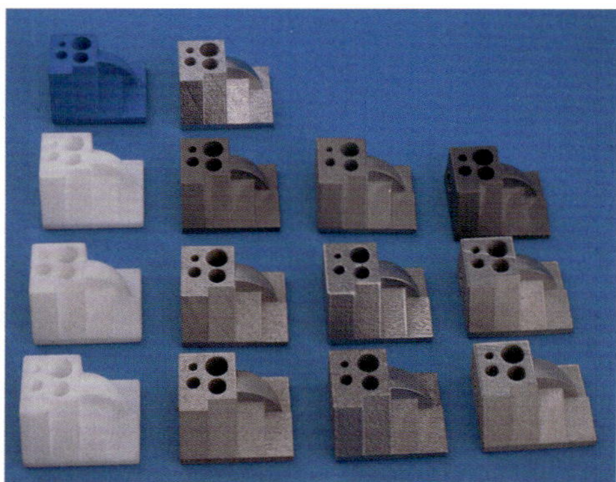

Bild 8.53 *Probegeometrien für die Untersuchung unterschiedlicher Nachbearbeitungsstrategien für innen- und außenliegende Oberflächen* [Quelle: Leutenecker-Twelsiek 2019]

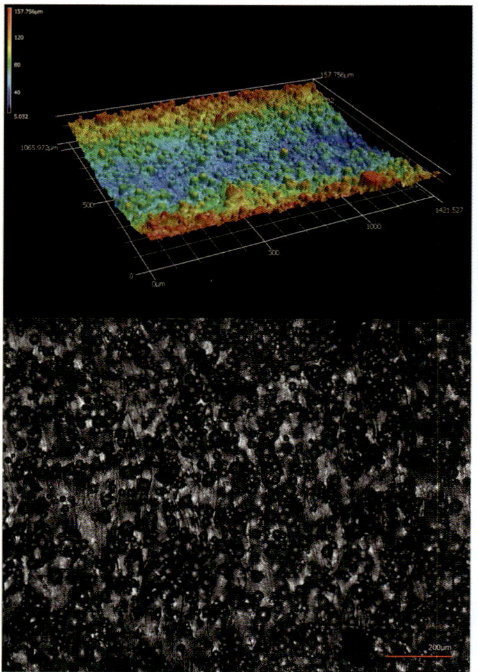
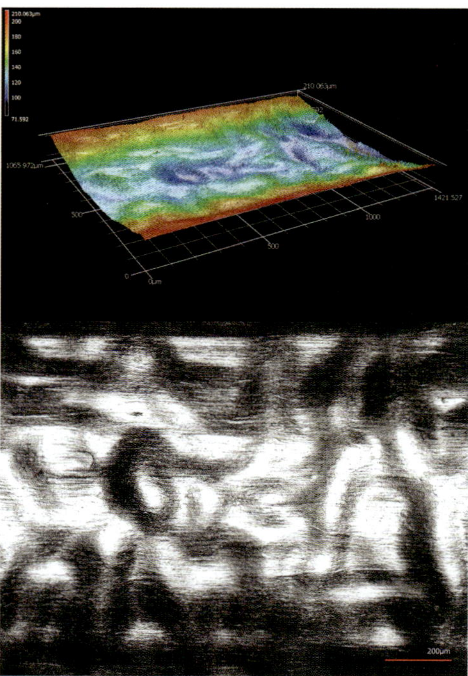

Bild 8.54 *Lasermikroskopische Aufnahmen von unbearbeitetem (links) und strömungsgeschliffenem (rechts) Kanal* [Quelle: Leutenecker-Twelsiek 2019]

Durch die Nachbearbeitung mittels Strömungsgleitschleifen von Fluidkanälen in Titan-Probekörpern konnte ein R_a-Wert von 2,4 µm parallel zur *z*-Achse erreicht werden. In den Aufnahmen ist die deutliche Reduzierung von angeschmolzenen Pulverpartikeln nach dem Strömungsgleitschleifen gut zu erkennen. Damit kann auch sichergestellt werden, dass sich während des Betriebs keine angeschmolzenen Partikel ablösen. Bei Anwendungen mit hohen Anforderungen an die Fluidreinheit können Partikel mit Größenordnungen bis zu 40 µm (Bild 8.55) zum Ausfall des Bauteils führen.

Die hier aufgeführten Beispiele zeigen, wie sich der Gestaltungsleitfaden im Bereich der Prinzipien und Richtwerte unternehmensspezifisch erweitern lässt und somit Unternehmen Wettbewerbsvorteile generieren können.

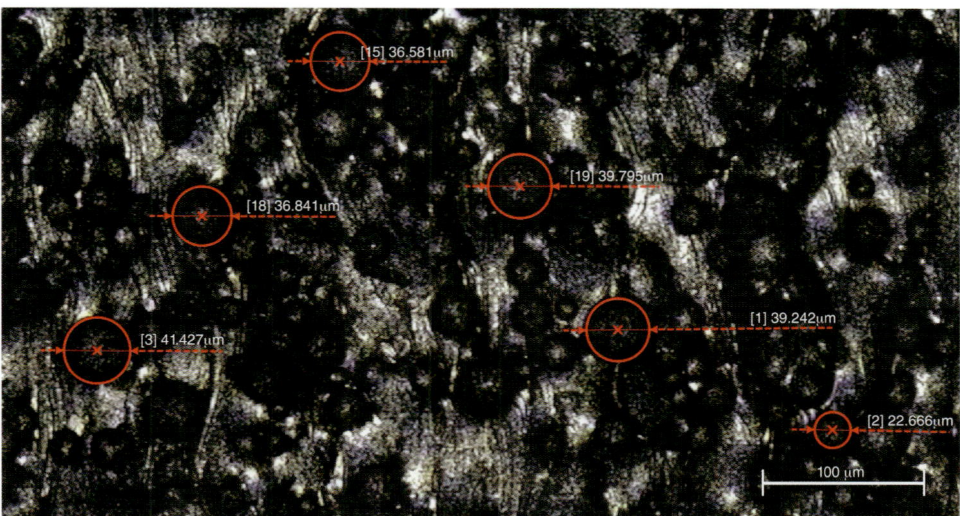

Bild 8.55 *Durchmesser der angeschmolzenen Partikel* [Quelle: Leutenecker-Twelsiek 2019]

9 Anwendungsbeispiele Additiver Fertigung aus der Industrie

Dieses Kapitel soll einen Eindruck davon vermitteln, auf welch unterschiedliche Weise die Additive Fertigung heutzutage im industriellen Kontext eingesetzt werden kann. Die hier präsentierten 13 Beispielbauteile sind so ausgewählt, dass sie einen möglichst breit gefächerten Überblick über die diversen Anwendungsbereiche von AM bieten. Jedem Anwendungsbeispiel ist eine kurze Übersicht vorangestellt. Der Text stellt jedes Bauteil eingehend vor und erläutert, warum ein bestimmtes additives Verfahren ausgewählt wurde. Zudem werden die besonderen Vorteile und Verbesserungen aufgezeigt, die sich nach der Implementierung von AM im Vergleich mit konventioneller Fertigung eröffnet haben. Sinn dieser Sammlung von Anwendungsbeispielen ist es, die in diesem Buch hauptsächlich theoretisch vorgestellte Thematik anhand von Praxisbeispielen zu verdeutlichen und bis zu einem gewissen Grad auch als Inspirationsquelle zu dienen.

9.1 Fördertöpfe für Automationstechnik

OEM	Rüfenacht
Kunde	B2B (Automatisierungstechnik)
Produktion	Inhouse
Prozesskette	Direkte AM-Fertigung
AM-Technologie & Werkstoff	Lasersintern mit Duraform PA
Bounding Box	Ø 300 mm × 200 mm
Wertschöpfungscluster	Rückwärtsintegration
Markteintritt dieser AM-Anwendung	2015

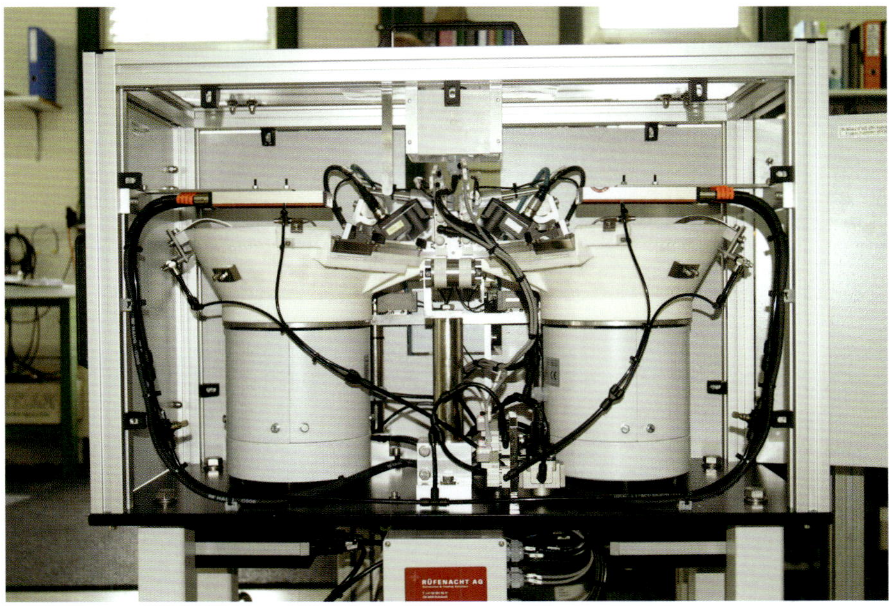

Bild 9.1 *Fördertöpfe in der Produktion* [Quelle: Rüfenacht AG]

Fördertöpfe kommen häufig in der Automationstechnik zum Einsatz. Sie werden in Produktionslinien eingesetzt, wenn Schüttgut-Komponenten automatisiert, vereinzelt und lagerichtig zugeführt werden müssen, damit beispielsweise ein Roboter diese zur anschließenden Montage präzise greifen kann. Dazu werden diese Komponenten auf einer spiralförmig ansteigenden Bahn aus dem Topf, der von einem Antrieb in Schwingung versetzt wird, hochgefördert. Auf ihrem Weg an definierten Konturen entlang – so genannten Ordnungseinrichtungen – werden sie ausgerichtet und nacheinander aufgereiht zur Entnahme bereitgestellt. Jeder Topf ist in allen seinen Dimensionen und Elementen genau auf die Geometrie und Masse des zu fördernden Teils ausgelegt. Die meisten dieser Fördertöpfe sind deshalb Einzelanfertigungen und regelrechte physikalische Kunstwerke, deren Schwingungsverhalten genau auf die Masse und die Abmessungen der geförderten Teile abgestimmt sein muss, damit sie funktionieren.

Fördertöpfe werden konventionell mehrheitlich aus Stahlblech, rostfreiem Stahl oder Aluminium durch Zuschneiden, Biegen und Schweißen aufgebaut, gegossen oder aus Vollmaterial gefräst. Ausgeprägte handwerkliche Fähigkeiten sind dabei entscheidend, denn die Töpfe sind sehr komplex aufgebaut. Ihre Herstellung erfordert erfahrene Techniker, benötigt lange Fertigungsprozesse und durchläuft diverse Phasen des Testens und der Feinabstimmung, bevor ein zuverlässiges Produkt entstehen kann. «Jeder neue Fördertopf ist ein einzigartiges Projekt», erklärt dazu Stefan Freiburghaus, Leiter Entwicklung der Rüfenacht AG. «Es gibt keine Eins-für-alles-Lösung und die Fördertöpfe mit den besten Leistungen erhält man, wenn man für jede neue Komponente wieder bei null anfängt und eine neue, einzigartige Gestalt entwickelt.»

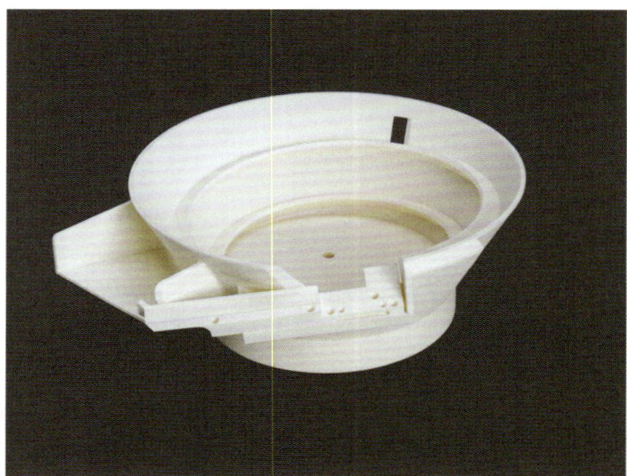

Bild 9.2 *SLS-gefertigter Fördertopf* [Quelle: Rüfenacht AG]

Vor einigen Jahren erkannte die Rüfenacht AG das große Potenzial, das AM-Technologien bieten, indem sie die konventionellen Vorgänge ergänzen oder gar vollständig ersetzen und dabei auch einige ihrer Nachteile eliminieren können. Zwei Faktoren waren ausschlaggebend für die Erweiterung der Produktion auf Additive Fertigung. Zum einen ermöglicht es der Einsatz von AM, einen größeren Teil der Produktion in die eigene Firma zu verlegen. Zuvor war z. B. der Fräsprozess von einer externen Partnerfirma durchgeführt worden. Die Umstellung auf Additive Fertigung bot somit die Gelegenheit, einen größeren Teil der Wertschöpfung auf das eigene Unternehmen zu verlagern, dadurch die eigenen Gewinnspannen zu erhöhen und gleichzeitig den Koordinationsaufwand für die einzelnen Fertigungsschritte zu reduzieren. Der zweite Faktor war die

Reproduzierbarkeit des additiven Prozesses. Ein verbreitetes Problem der konventionellen Herstellung von Fördertöpfen ist die hohe Anfälligkeit für Abweichungen, die durch die handwerklich geprägte Fertigung bedingt ist. So können sich zwei konventionell gefertigte Kopien des gleichen Fördertopfes in ihrer Performance deutlich unterscheiden, selbst wenn sie von demselben Facharbeiter gefertigt wurden. Die Umstellung auf AM führte nicht nur zu einheitlicheren Produkten, sie reduzierte zudem die Kosten für die Herstellung mehrerer Kopien eines Fördertopfes drastisch. Nun können leicht Ersatzteile oder bei Bedarf auch zusätzliche Kopien der Töpfe geliefert werden, wenn Kunden die Kapazität ihrer Produktionslinien erweitern wollen.

Die Rüfenacht AG war das erste Unternehmen in der Schweiz, das Fördertöpfe mit der additiven Fertigungsmethode Lasersintern herstellt. Da die Firma im Vorfeld kaum Erfahrung im Bereich der Additiven Fertigung hatte, verwandte man einen Zeitraum von sechs Monaten auf die Evaluation der beiden in Frage kommenden AM-Technologien FDM und SLS. Die elementaren Anforderungen an das hergestellte Produkt sind eine korrekte Übertragung der Vibrationen innerhalb des Fördertopfes und eine gleichmäßige Oberflächenbeschaffenheit, um die Bewegung der geförderten Teile zu erleichtern. Hinzu kommt die Notwendigkeit eines großen Bauraumes für die Fertigung der Töpfe. Erste Versuche für die Produktion mit FDM zeigten, dass die benötigten Standards mit dieser Fertigungsmethode nicht erreicht werden konnten. Dies äußerte sich hauptsächlich in schlechten Vibrationseigenschaften. Zusätzlich gab es durch den herstellungsbedingten Treppenstufeneffekt Probleme bei der Förderung von sehr kleinen Teilen. Die Produktion von Fördertöpfen mittels SLS aus Duraform-PA-Pulver in einer ProX-500-Maschine der Firma 3D Systems lieferte dagegen zufriedenstellende Ergebnisse, die die gewünschten Standards erfüllten. Die Qualität der Endergebnisse ist auf einem vergleichbaren Niveau mit konventionell gefertigten Töpfen.

Die Entwicklung und Fertigung eines neuen Fördertopfes mittels Additiver Fertigung dauert etwa zwei Wochen, wobei die Feingestaltung der Modelle im CAD einen Großteil der Zeit ausmacht. Um eine passende Gestalt zu erhalten, greifen die Konstrukteure vor allem auf ihren eigenen Erfahrungsschatz im herkömmlichen Topfbau zurück und können so die meisten Probleme direkt am Computer lösen. Dennoch müssen einige Konzepte oder spezielle Funktionen zunächst mittels Versuchen in konventionellen Fördertöpfen mit Originalteilen des Kunden getestet werden, oder es müssen zunächst bestimmte Teilbereiche des finalen Produkts additiv gefertigt werden. Durch ausreichende Erfahrung und fundiertes Wissen über den Ausrichtungsprozess können die Gestaltungsphase aber beschleunigt und Testphasen häufig vermieden werden.

Die Gestaltungsfreiheit bei der Additiven Fertigung ist hier ein besonderer Vorteil. Die Konstrukteure sind in der Lage, schnell zusätzliche Funktionen in die Fördertöpfe zu integrieren, wie etwa pneumatische Kanäle, Sensoren, Rückführungen, Schlitze und Laschen. So können auch solche Elemente, die bei konventioneller Fertigung zunächst abgestimmt oder in einem zusätzlichen Arbeitsschritt hinzugefügt werden mussten, bereits in die Gestalt des Fördertopfes integriert und alles in einem einzigen Produktionsschritt gefertigt werden.

Auch Rüstzeiten sind ein wichtiger Faktor. Produktionslinien müssen regelmäßig auf ein anderes Format umgerüstet werden, wozu häufig ein Austausch von Wechselteilen im Fördertopf notwendig ist. Die Befestigung dieser Wechselteile erfordert aufgrund der notwendigen Kalibrierung normalerweise erfahrene Arbeiter. AM bietet hier die Möglichkeit, kostengünstig den ganzen Fördertopf als Wechselteil zu konzipieren. So kann die Umrüstung auch ohne spezielle Kenntnisse und noch dazu mit weniger Zeitaufwand erfolgen.

Der selektive Fertigungsprozess liefert direkt aus der Maschine Bauteile von ausreichender Qualität. Dies bedeutet, dass nach Abschluss der Additiven Fertigung lediglich das Entfernen des Pulvers und die Reinigung des Bauteils als zusätzliche Arbeitsschritte nötig sind. Nach einer kurzen Sandbestrahlung zur Reinigung der Oberfläche sind die Fördertöpfe sofort einsatzbereit.

Die Umstellung auf Additive Fertigung ermöglichte der Rüfenacht AG die vertikale Integration der Herstellung. Durch den Einsatz von AM konnte der gesamte Wertschöpfungsprozess auf das Unternehmen selbst verlagert und die Abhängigkeit von externen Dienstleistern reduziert werden. Dabei wurde auch der Arbeitsaufwand des gesamten Produktionsprozesses verringert und gleichzeitig die Reproduzierbarkeit des finalen Produkts verbessert. Die Wertschöpfung läuft nun vollständig über die Gestaltung im CAD. Wo der Fertigungsprozess zuvor spezialisiertes Fachwissen und profunde handwerkliche Erfahrung verlangte, können nun, basierend auf dem 3D-Modell, zahlreiche Kopien in kurzer Zeit produziert werden.

Dies wirkt sich auch auf den Servicebereich der Firma aus, da defekte und abgenutzte Bauteile nicht mehr von Spezialkräften repariert werden müssen. Stattdessen wird einfach eine neue Kopie des entsprechenden Bauteils gefertigt oder der gesamte Fördertopf ersetzt. Gerade diese Möglichkeiten erlauben es den Kunden der Rüfenacht AG, ihre Produktionskosten erheblich zu senken, da Stillstandszeiten der Zuführungen in der Produktion auf ein Minimum reduziert werden können. All diese Vorteile konnten die internationale Wettbewerbsfähigkeit und die Innovationskraft der mittelständischen Rüfenacht AG in hohem Maße steigern.

9.2 Transparente herausnehmbare Zahnspangen

OEM	nivellmedical AG
Kunde	B2C über Kieferorthopädiepraxen
Produktion	Externer Dienstleister
Prozesskette	Indirekt, Form für Vakuumtiefziehen
AM-Technologie & Werkstoff	Stereolithografie mit 3D Systems ProX 80
Bounding Box	80 × 50 × 50 mm
Wertschöpfungscluster	Fertigungsmittel
Markteintritt dieser AM-Anwendung	2015

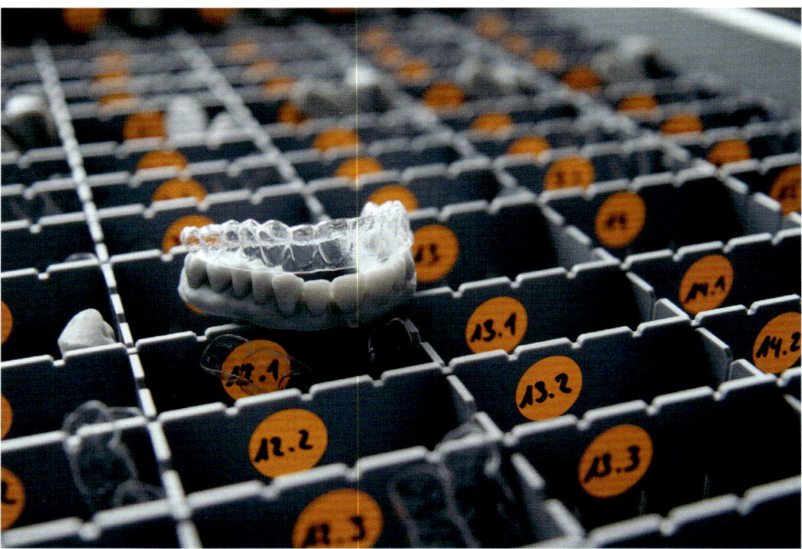

Bild 9.3 *Für jeden Patienten werden zahlreiche, dem Behandlungsfortschritt angepasste Zahnspangen angefertigt.* [Quelle: ETHZ pd|z]

Schöne und ebenmäßige Zähne sind ein zunehmend wichtiger ästhetischer Standard in vielen Industrie- und Schwellenländern. Das konventionelle Vorgehen zur Korrektur von Fehlstellungen durch feste Metallzahnspangen empfinden viele Patienten jedoch als unangenehm, was vor allem in der invasiven Natur dieser Spangen begründet ist. Zudem empfinden die Patienten die deutliche Sichtbarkeit der Spangen als Einschränkung in ihrem alltäglichen Leben. Eine neu beinahe unsichtbare Methode zur Korrektur von Zahnfehlstellungen basiert auf dem Einsatz von Additiver Fertigung. Sie wird seit 2015 vom Schweizer Start-up-Unternehmen nivellmedical AG angeboten.

Die kieferorthopädische Korrektur von Zähnen mit transparenten Zahnspangen basiert auf der Fertigung einer ganzen Serie von Zahnspangen für Ober- und Unterkiefer. Im Abstand von zwei bis vier Wochen werden neue Spangen angefertigt, die sich von den vorhergehenden Modellen nur gering unterscheiden. Sie sind jeweils der bereits erfolgten Korrektur der Zähne angepasst und können so den notwendigen Druck ausüben, um die Zähne weiterhin gezielt zu ihrer gewünschten Position zu verschieben. Abhängig vom Schwierigkeitsgrad der Zahnkorrektur sowie auch von der Motivation des Patienten im Laufe der Behandlung, kann diese Form der Zahnstellungskorrektur einen Zeitraum von wenigen Monaten bis hin zu zwei Jahren umfassen. Die Anzahl der benötigten Zahnspangen variiert dabei von Patient zu Patient. In manchen Fällen können weniger als fünf Modelle ausreichen, während in anderen mehr als zwanzig benötigt werden.

Die notwendigen Unterlagen für die Erstellung der Zahnspangenmodelle können kieferorthopädische Röntgenaufnahmen, Abdrücke von Ober- und Unterkiefer sowie Fotografien von Gesicht und Mundinnenraum umfassen. Es ist möglich, digitale Scans anstelle von Abdrücken zu nutzen, sofern die Arztpraxis entsprechend ausgerüstet ist. Über den Zugang zu einer speziellen Internet-Plattform kann die kieferorthopädische Praxis die erforderlichen Daten zusammen mit der Patientenakte und dem vom Kieferorthopäden erstellten Behandlungsplan an die nivellmedical AG übermitteln. Im Labor der Firma wird daraufhin ein Konzept für den Behandlungsablauf erstellt, das sowohl 3D-Modelle der aktuellen und gewünschten Zahnstellungen des Patienten enthält als auch die voraussichtlich benötigte Anzahl an Zahnspangen aufführt. Sobald der behandelnde Kieferorthopäde diesem digitalisierten Behandlungsplan zugestimmt hat, kann die Fertigung der Modelle beginnen.

Die Fertigung der transparenten Zahnspangen erfolgt in zwei Phasen. Zunächst werden entsprechend dem digitalisierten Behandlungsplan die Positivmodelle der Patientenzähne für jeden Abschnitt der Behandlung additiv gefertigt. In einem zweiten Schritt werden die transparenten Spangen mittels Vakuumtiefziehen direkt auf diesen Zahnmodellen hergestellt. Hierfür werden drei verschieden dicke thermoplastische Schienen produziert. Diese Schienen zusammen mit dem 3D-Modell bilden eine Behandlungssequenz, auch STEP genannt.

Die Auswahl der am besten geeigneten additiven Fertigungstechnologie und das Ausarbeiten der notwendigen Fertigungsabläufe erfolgten in einer frühen Phase des Projekts mit Unterstützung der Steiner Werkzeugmaschinen AG. Da die Zahnmodelle sehr genau gefertigt sein müssen und zugleich für den Tiefziehprozess ein hoher Anspruch an ihre Oberflächenbeschaffenheit besteht, kamen zwei photopolymerbasierte additive Fertigungsverfahren in Betracht: Photopolymer Jetting und Stereolithografie. Diese beiden Fertigungsmethoden liefern die besten Ergebnisse bei den Oberflächen- und Toleranzeigenschaften, da sie mit geringen Schichtstärken (Stereolithografie: 0,025 mm; Photopolymer Jetting: 0,016 mm) arbeiten. Die Hauptunterscheide zwischen den beiden Verfahren bestehen in der Notwendigkeit von Stützstrukturen und im Prozess der Bauteilaushärtung. Die Fertigung mittels Stereolithografie kommt ohne Stützstrukturen aus und verbraucht dementsprechend weniger Baumaterial als Photopolymer Jetting. Letzteres erfordert Stützstrukturen und verursacht damit im Vergleich höhere Materialkosten.

Photopolymere sind ein flüssiger Werkstoff, der unter ultraviolettem Licht polymerisiert und dadurch aushärtet. Beim Photopolymer Jetting werden die herzustellenden Bauteile bereits während der Fertigung mit Hilfe einer auf dem Druckerkopf angebrachten UV-Lichtquelle ausgehärtet. Sie sind danach aber noch anfällig für Kratzer und kleinere Deformationen an der Oberfläche. Im Gegensatz dazu werden Bauteile bei der Stereolithografie während des Schichtaufbaus nur teilweise polymerisiert und später in einem UV-Ofen komplett ausgehärtet. Dieser zweigeteilte Arbeitsablauf führt zu Bauteilen, die eine größere Resistenz gegen Kratzer aufweisen und dadurch für den anschließenden Vakuumtiefziehprozess besser geeignet sind.

Zusätzlich spielte auch die Durchsatzstärke der einzusetzenden AM-Maschine eine wichtige Rolle. Die Wahl fiel damals auf ein Modell der Stereolithografie-Maschine ProX 800 mit einem Bauraumvolumen von 650 × 750 × 50 mm. Eine Plattform dieser Größe bietet eine Produktionskapazität, die Polymer-Jetting-Maschinen nicht erreichen können. Durch diese Prozesswahl können knapp 100 Modelle in 11 Stunden gefertigt werden, was die Serienproduktion kosteneffektiver macht. Das Produktionsvolumen ist damit um das Sieben- bis Zehnfache höher als bei einer vergleichbaren Fertigung mittels Photopolymer Jetting. Da der Prozess der Additiven Fertigung neben der Planung der teuerste Teil der gesamten Produktion ist, wirken sich die höhere Produktionskapazität wie auch die geringeren Materialkosten der Stereolithografie positiv auf die Kosten pro gefertigtem Bauteil aus.

Die Zahnspangen werden üblicherweise 14 bis 20 Tage nach Abschluss der Bilddatenakquise an die Patienten ausgeliefert. Die größte Herausforderung der Prozesskette war es, die Modelle in den Produktionslinien nachzuverfolgen und sicherzustellen, dass sie dem richtigen Endkunden zugeordnet werden. Derartige «Mass Customization Applications» sind nur durch den Einsatz spezieller Informationssysteme möglich, die die Nachverfolgung der Produkte automatisieren und den Datenaustausch in jeder Phase der Produktionskette vereinfachen.

Der Trend zur Digitalisierung im Bereich der Zahnmedizin zeichnet sich bereits seit den frühen 2000er-Jahren deutlich ab. Viele Arztpraxen nutzen heutzutage rechnerbasierte 3D-Modelle. Computerprogramme unterstützen den alltäglichen Praxisbetrieb von Röntgen- und Fotoaufnahmen bis hin zur Verwaltung der Patientendaten. Im Fall der kieferorthopädischen Zahnverschiebung eröffnet die Anwendung derartiger 3D-Technologien in Verbindung mit dem Einsatz von transparenten Zahnspangen nun Möglichkeiten, die den gesamten Behandlungsprozess von Patienten wegweisend verändern können.

Für Kieferorthopäden sind die Auswirkungen der digitalisierten Prozesskette bei der Behandlung mit transparenten Zahnspangen gravierend. Ein Arzt kann in der gleichen Zeit, die bei einer konventionellen Behandlung mit festsitzender Metallzahnspange für einen Patienten aufgebracht wird, nun bis zu drei Patienten untersuchen und ihre Behandlungspläne erstellen. Die Wertschöpfung wird auf diese Weise vom Zahnarztstuhl zur Analyse und Planung der Behandlung hin verschoben. Zudem kann auch weniger spezialisiertes Personal die Datenakquise und Erstellung des Bildmaterials durchführen, die für den Start der Behandlung notwendig sind. Der Kieferorthopäde kann sich somit auf die Planung der Behandlung konzentrieren und muss weniger Zeit mit Untersuchungen verbringen.

Der Erfolg einer kieferorthopädischen Behandlung ist nicht zuletzt stark abhängig von der Motivation des Patienten. Transparente Zahnspangen sind beim Tragen kaum sichtbar und können bei Bedarf einfach herausgenommen werden, etwa für Mahlzeiten, zum Zähneputzen und zur Reinigung. Dies führt dazu, dass Patienten sich mit dem Einsatz transparenter Spangen im Allgemeinen wohler fühlen als mit konventionellen Metallspangen. Auch die Folgeuntersuchungen sind einfacher und weniger invasiv als beim Einsatz konventioneller Spangen, was eine zusätzliche Verbesserung für die Patienten darstellt. Ein weiterer Vorteil der AM-basierten Methode ist die Möglichkeit, den Behandlungsplan bei Bedarf jederzeit einfach und schnell anzupassen.

9.3 Ionisierer zur Reinigung von Chip-Bonding-Substraten

OEM	Besi Switzerland AG
Kunde	B2B (Halbleiterindustrie)
Produktion	Externer Dienstleister
Prozesskette	Direkte AM-Fertigung
AM-Technologie & Werkstoff	Laserschmelzen mit Edelstahl 1.4404
Bounding Box	150 mm × 90 mm × 40 mm
Wertschöpfungscluster	Verbesserte Produkte
Markteintritt dieser AM-Anwendung	2014

Bild 9.4 *Ionisierer der Besi AG* [Quelle: Irpd AG]

Die BE Semiconductor Industries AG, kurz Besi, ist ein Hersteller von Halbleiterfertigungstechnologien und beliefert weltweit Kunden aus der Halbleiter- und Elektronikindustrie. In Cham (Luzern, Schweiz) befindet sich eine Niederlassung des Unternehmens, die auf die Entwicklung und Fertigung von Die Bondern spezialisiert ist. Die Bonder sind Bestückungsmaschinen für das Einsetzen von Chips auf Platinen. Für die Qualität und Wirtschaftlichkeit sind Geschwindigkeit, Präzision und Sauberkeit von großer Bedeutung.

Im Dezember 2013 erweiterte ein Konkurrent von Besi sein Angebot im Bereich der Bonding-Anlagen und begann, seinen Kunden Luftionisierer als zusätzliche Module anzubieten. Ionisierer reduzieren die statische Oberflächenladung und vermindern so die Anziehung von Staubpartikeln, die die Chips kontaminieren. Eine derart gereinigte Oberfläche ermöglicht eine bessere Haftung des Chips am Substrat und dadurch eine längere Haltbarkeit des Bondings. Bald forderten die Kunden von Besi ebenfalls ein entsprechendes Modul zur Nachbesserung ihrer eigenen Anlagen.

Das Konstruktionsteam von Besi sah sich der Herausforderung gegenüber, so zeitnah wie möglich ein geeignetes Ionisierungssystem zu entwickeln. Das Unternehmen hatte bereits zuvor erfolgreiche Projekte mit dem Einsatz von Laserschmelzen durchgeführt und war sich bereits der

Möglichkeiten dieser additiven Fertigungstechnologie bewusst. Da die Position des Ionisierers in der Bonding-Maschine bereits vorgegeben war, bestand zunächst die Schwierigkeit, das Bauteil den Bauraumrestriktionen entsprechend passgenau zu gestalten. Auch die Lage der Druckluftanschlüsse war bereits festgelegt.

Während der Entwicklungsphase erstellten die Konstrukteure eine Vorabversion des Bauteils. Zunächst wurden die Funktionsflächen und die Schnittstellen zu anderen Systemen festgelegt. Basierend auf dem erwünschten Luftstrom entwickelten die Konstrukteure das Design der im Innern liegenden Kanäle und die Idealgestalt des Ionisierers: Im finalen Bauteil wird über den zentralen Kanal gereinigte ionisierte Luft auf das Chip-Bonding-Substrat geblasen, um dieses zu reinigen. Der Luftstrom wird dann zusammen mit den entfernten Staubpartikeln durch die größere äußere Öffnung wieder angesaugt.

Bereits Mitte Januar 2014 stand ein Prototyp des Ionisierers für den Testlauf in einer Kundenmaschine zur Verfügung. Für die Fertigung wurden weder bauteilspezifische Werkzeuge noch CNC-Programme benötigt. Die Konstrukteure konnten so auch weiterhin mit nur geringem Kostenaufwand Verbesserungen der Bauteilgestalt vornehmen, wie etwa die genauere Anpassung der Gestalt an die jeweilige Kundenmaschine.

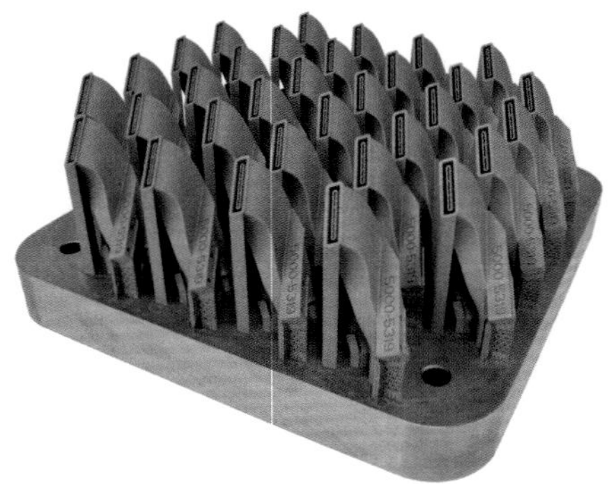

Bild 9.5 *In einem SLM-Baujob können zahlreiche Ionisierer gefertigt werden.* [Quelle: Irpd AG]

Wegen der Anforderungen an die Lebensdauer und die notwendige Luftdichtigkeit des Bauteils fiel die Wahl der Fertigungstechnologie auf Laserschmelzen. Diese additive Fertigungsmethode kann innerhalb weniger Tage Bauteile mit reproduzierbaren Materialeigenschaften liefern. Herausforderungen in der Anwendbarkeit für Serienbauteile entstehen hauptsächlich durch die relativ raue Oberflächenbeschaffenheit, die das Laserschmelzen mit sich bringt, wie auch in der Notwendigkeit von spezifisch gestalteten Stützstrukturen (in Bild 9.5 an den einzelnen Bauteilen zu erkennen). Die Fertigungskosten für die ersten beiden Prototypen lagen im Bereich von etwa 600 CHF pro Teil. Durch effizientere Produktionsbedingungen, wie zum Beispiel die vollständige Nutzung des Bauraums, konnten die Kosten reduziert werden.

Dank ihrer Erfahrung im Einsatz von SLM-Technologie und einem innovationsorientierten Konstruktionsteam konnte die Besi AG auf den Vorsprung ihrer Konkurrenz reagieren und innerhalb sehr kurzer Zeit ein neues, den Kundenwünschen entsprechendes Produkt auf den Markt bringen.

9.4 Zahnräder für Tram-Rolldisplays

OEM	Verkehrsbetriebe Zürich (VBZ)
Kunde	Intern
Produktion	Externer Dienstleister
Prozesskette	Direkte AM Fertigung
AM-Technologie & Werkstoff	Lasersintern mit Duraform PA
Bounding Box	100 mm × 100 mm × 10 mm
Wertschöpfungscluster	Höhere Flexibilität
Markteintritt dieser AM-Anwendung	2015

Bild 9.6 *SLS-gefertigte Zahnräder* [Quelle: EHZ pd|z]

Die Verkehrsbetriebe Zürich, kurz VBZ, nahmen die erste Straßenbahn des Modells Tram 2000 im Jahr 1978 in Betrieb. Bis zum Jahr 1992 wurden drei Baureihen dieses Fahrzeugtyps produziert. Heute sind noch 170 dieser Trams im Einsatz und befördern täglich Tausende Fahrgäste im Stadtgebiet von Zürich. Um die Fahrgäste über Liniennummer und Endhaltestelle der jeweiligen Tram zu informieren, verfügen die meisten dieser Fahrzeuge über analoge Rolldisplays, von denen sich zwei jeweils oberhalb der Front- und Heckscheiben befinden und zwei weitere an Fenstern zu jeder Seite des Tramwagens angebracht sind.

Die Rolldisplays bestehen aus einem flexiblen Folienmaterial mit aufgedruckten Liniennummern und Endhaltestellen, das bei Bedarf von einem elektromechanischen Antrieb weiterbewegt wird. Die Bewegung wird durch zwei Metallwalzen im oberen und unteren Teil des Displays ermöglicht, deren Enden jeweils über Zahnräder an einen elektrischen Motor gekoppelt sind. Die Positionierung der gewünschten Anzeige erfolgt anhand von Barcodes auf der Rückseite der Folie, die von optischen Sensoren abgelesen werden.

Während des routinemäßigen Fahrbetriebs gelangen fortwährend Schmutz, Staub und andere Kleinteile ins Innere der Rolldisplays, wodurch der Mechanismus frühzeitig verschleißt. Vor allem die Zahnräder sind davon betroffen. Aus diesem Grund müssen sie regelmäßig von Technikern inspiziert und soweit nötig ausgetauscht werden. Dies wurde beizeiten zu einem Problem, da der bisherige Zulieferer seinen Betrieb inzwischen eingestellt hat und auch die technischen Daten der benötigten Zahnräder nicht mehr zur Verfügung standen. Im Jahr 2015 gingen bei den VBZ die Bestände an Ersatzzahnrädern zur Neige, so dass eine alternative Bezugsquelle für die benötigten Teile gefunden werden musste.

Die VBZ wandte sich mit ihrem Anliegen an einen AM-Dienstleister und stellte dem dortigen Konstruktionsteam einige Originalbauteile zum Reverse Engineering zur Verfügung. Nachdem der Dienstleister sowohl die Stirnradparameter als auch die Sperrklinkengeometrie der Zahnräder vermessen hatte, erstellte es anhand der gewonnenen Daten ein parametrisches CAD-Modell. Bereits zwei Tage später stand der erste Prototyp des Ersatzteils zur Verfügung und konnte von der VBZ in ein Rolldisplay eingebaut und hinsichtlich seiner Funktion getestet werden. Dabei stellte sich heraus, dass die Höhe der Sperrklinkenverzahnung angepasst werden musste, um ein besseres Feststellmoment sicherzustellen. Nach einer kleinen Modifikation der Sperrklinkengeometrie konnte die Produktion der Bauteile beginnen. So reichten zwei Gestaltiterationen aus, um ein einsatzfähiges Bauteil zu erhalten.

Die Fertigung der Ersatzzahnräder erfolgte mittels Lasersintern, was unter anderem in der Wahl des verwendeten Werkstoffs Duraform PA begründet ist. Der Kunststoff besitzt gute Materialeigenschaften, wie etwa eine hohe Verschleißresistenz, und ist relativ kostengünstig in der Verarbeitung. So sind in diesem Fall die Beschaffungskosten der additiv gefertigten Bauteile aufgrund der geringen Stückzahl vergleichbar mit konventionell hergestellten Bauteilen. Nach Fertigung und standardmäßigem Trowalisieren der ersten Zahnräder konnten diese aufgrund der lokalen Nähe von Kunde und Hersteller in kürzester Zeit mit dem Fahrrad an die Werkstatt der VBZ ausgeliefert werden. Vor dem Einbau in die Rolldisplays muss für eine reibschlüssige Verbindung mit der Walze nur noch die zentrale Bohrung des Zahnrads angeschliffen werden.

Langzeitbeständigkeit und Zuverlässigkeit der additiv gefertigten Zahnräder werden erst nach mindestens einem Jahr im Betrieb ersichtlich sein. Besonders die Frage nach der Wirtschaftlichkeit dieser Lösung kann sich erst anhand der Lebensdauer der Bauteile klären lassen. Tatsächlich muss die Lebensdauer der additiv gefertigten Zahnräder mindestens jener von konventionell gefertigten Bauteilen entsprechen, damit sich die Umstellung von Material und Fertigungsmethode für das Unternehmen wirtschaftlich rechnet, da die Beschaffungskosten deutlich weniger ins Gewicht fallen als die Arbeitskosten für das Auswechseln der verschlissenen Teile. Die Erwartungen, die die VBZ als Kunde an die additiv gefertigten Bauteile hatten, haben sich mit den bisherigen Ergebnissen zufriedenstellend erfüllt. Da die Zahnräder nur geringen Lasten ausgesetzt sind, sollte die voraussichtliche Lebensdauer jener von konventionell gefertigten Bauteilen entsprechen.

Bild 9.7 *Tram 2000 der Verkehrsbetriebe Zürich* [Quelle: Nicolas Mannes]

9.5 Automatisiertes Zuführsystem für spritzgussgefertigte Steckverbinder

OEM	Satrotec AG
Kunde	Intern
Produktion	Externer Dienstleister
Prozesskette	Direkte AM-Fertigung
AM-Technologie & Werkstoff	Lasersintern mit PA2200
Bounding Box	180 mm × 180 mm × 30 mm
Wertschöpfungscluster	Fertigungsmittel
Markteintritt dieser AM-Anwendung	2015

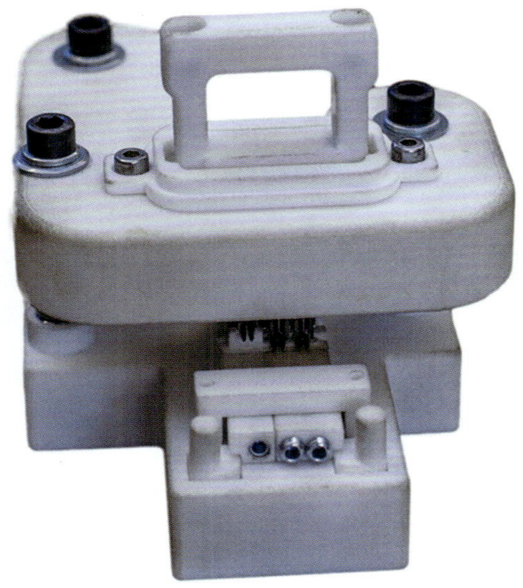

Bild 9.8 *Additiv gefertigtes Zuführsystem* [Quelle: ETHZ pd|z]

Die Satrotec AG ist ein Systemzulieferer für Gussteile mit Sitz in Eglisau (Kanton Zürich, Schweiz). Die Produktpalette des Unternehmens reicht von gestanzten und elektronischen Komponenten bis zu Diagnosekabeln und Steckverbindern für die Automobilindustrie. In ihrem Fertigungsbetrieb setzt die Satrotec AG in großem Umfang auf Lasersintern. Diese additive Fertigungsmethode ermöglicht dem Unternehmen die Reduktion von Kosten und die Beschleunigung der Entwicklung von Automatisierungssystemen für die Massenproduktion. Sie dient außerdem der schnellen Herstellung von Vorrichtungen, um die Fertigung zu beschleunigen und Fehlerquoten bei der Nullserienproduktion zu reduzieren.

Ein Kunde aus der Automobilindustrie gab bei Satrotec den Auftrag zur Entwicklung eines neuen elektrischen Steckverbinders aus Spritzguss zum Einbau in Zündkerzenbaugruppen. Für die Massenproduktion des Bauteils benötigt Satrotec eine Vorrichtung für ein automatisiertes Zuführsystem zur Bestückung der Spritzgussmaschine mit sieben Metallkontakten. Bei der Herstellung des finalen Produkts werden diese Kontakte mit Kunststoff umspritzt.

Automatisierte Zuführsysteme, die in der Produktion solcher Steckverbinder zum Einsatz kommen, können sehr teuer sein. Normalerweise bestehen sie aus gehärtetem Stahl und erfordern mehrere Fertigungsschritte des Fräsens und Drahterodierens. Jeder Fehler, der hierbei auftritt, treibt die Entwicklungskosten deutlich in die Höhe. Das Fertigen und Testen von Prototypen aus gehärtetem Stahl ist deshalb wirtschaftlich nicht sinnvoll. Aus diesem Grund werden SLS-Prototypen der Zuführsysteme gebaut, um ihre Funktionalität zu prüfen und die Nullserienproduktion des Steckverbinders voranzutreiben. Die Zuführsysteme werden ausgiebig in teilautomatisierten Zyklen getestet, wodurch mögliche Probleme früh identifiziert werden können. Diese additiv gefertigten Prototypen erlauben zudem die schnelle Fertigung der ersten Serienbauteile (einige tausend Stück), die der Kunde selbst testen und verifizieren kann.

Das von Satrotec entwickelte Zuführsystem besteht aus einer Kombination von SLS-gefertigten Strukturelementen sowie SLS-gefertigten Funktionselementen, bei denen keine engen Toleranzen eingehalten werden müssen (bis 0,1 mm), und drahterodierten Metalleinsätzen für Funktionselemente mit sehr engen Toleranzen.

Das Zuführsystem ist aus zwei Hauptkomponenten aufgebaut: einer Vorbereitungseinheit und einem Greifersystem. Die Vorbereitungseinheit dient der korrekten Ausrichtung von sieben gestanzten Metallkontakten für den Spritzgussprozess. Das Greifersystem übergibt die Kontakte an die Kavität, in der die Kontakte eingeklemmt werden, bevor der Spritzgussvorgang beginnt.

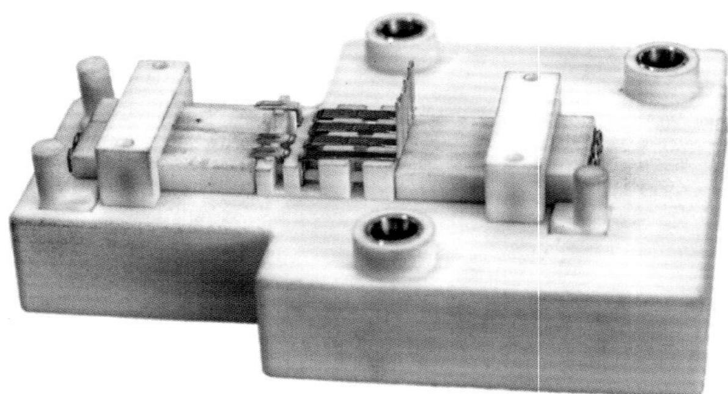

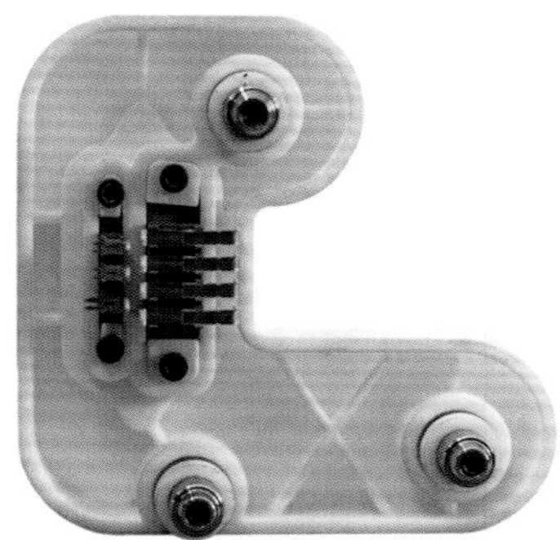

Bild 9.9 *Vorbereitungseinheit (links) und Greifersystem (rechts) des Zuführsystems* [Quelle: ETHZ pd|z]

Nachdem die Kontakte manuell in die Vorbereitungseinheit eingelegt wurden, gleiten sieben Haltestifte in Position, um die Kontakte einzuspannen und an der richtigen Stelle für den Greifvorgang zu fixieren. Die Spannkraft der Stifte kann über das Vorspannen von integrierten Federn mit kleinen Schrauben auf der Vorbereitungseinheit eingestellt werden. Ein Schnappmechanismus blockiert die Stifte.

Daraufhin kann der Greifvorgang beginnen. Für den halbautomatisierten Testzyklus des Zuführsystems positioniert ein Bediener das Greifersystem auf der Vorbereitungseinheit. Drei Zentrierbolzen aus Metall stellen die korrekte Ausrichtung zwischen Vorbereitungseinheit und Greifersystem sicher. Das Greifersystem verfügt über sieben Spannzangen aus Metall, um die Kontakte aufzunehmen. Sobald die Kontakte in den Spannzangen fixiert sind, betätigt der Bediener die drei kleinen Schalter an der Vorbereitungseinheit, löst damit die Haltestifte und gibt so die Kontakte frei, die nun vom Greifer aufgenommen werden können.

Die ausgerichteten Kontakte können dann vom Greifersystem in die Kavität überführt werden. Dieselben drei Zentrierbolzen sorgen auch hier für eine korrekte Ausrichtung. Sobald die Kontakte in der Kavität festgeklemmt sind, kann die Einspannung der Kontakte im Greifer aufgehoben werden. Der Bediener betätigt dafür einen Hebel auf der Rückseite des Greifersystems und entlässt die Kontakte in ihre endgültige Position in der Kavität.

Sowohl die Vorbereitungseinheit als auch das Greifersystem basieren auf einer intelligenten Kombination aus SLS-gefertigten Bauteilen, Normteilen und präzisen drahterodierten Metalleinsätzen. Besondere Herausforderungen beim Einsatz von SLS liegen in der Gestaltung der Zentrierung und in der Reduktion des Spiels zwischen den verschiedenen Elementen. Normteile befinden sich unter anderem im Zentriersystem, wo Bolzen genutzt werden. Drahterodieren wurde weiterhin als einzig möglicher Ansatz zur Herstellung der Spannzangen verwendet, da zum einen die Präzision des SLS-Prozesses, zum anderen die Steifigkeit des Werkstoffs PA für eine solche Komponente keine ausreichende Lebensdauer bieten können. Die Additive Fertigung der Vorrichtungen erfolgt durch Rapid Manufacturing aus Rümlang (Kanton Zürich, Schweiz). Die eingesetzte EOS-Formiga-Maschine rangiert unter den besten ihrer Klasse im Bereich Formtoleranzen und Oberflächenqualität und ist daher für solch funktionale Anwendungen sehr gut geeignet.

SLS-gefertigte Bauteile in der hier benötigten Größe sind deutlich preiswerter im Vergleich mit konventionellen Fräsbauteilen. Weitere Einsparungen können durch die Anwendung einiger einfacher SLS-spezifischer Gestaltungsregeln zur Reduktion der Bauteilmasse (vgl. Kapitel 8) erreicht werden. Diese umfassen zum Beispiel die Aushöhlung massiver Bereiche und das Einbringen von strukturellen Verstärkungen. So können die Kosten pro gefertigter Vorrichtung verglichen mit der konventionellen Fertigung um das Acht- bis Zehnfache gesenkt werden.

Hinzu kommt, dass zerspante Versionen solcher Vorrichtungen aus mehreren Einzelteilen bestehen, die zusammengesetzt werden müssen. Da Satrotec nur eine CNC-Fräsmaschine besitzt, werden solche Komponenten normalerweise an mehrere externe Werkstätten ausgelagert. Dies erhöht den Aufwand von Koordination und Auftragsverwaltung. Durch das Ausschöpfen der Vorteile von SLS können nicht nur viele Strukturelemente in ein Bauteil integriert werden, es können auch mehrere Bauteile in einem einzigen Fertigungsgang bei Rapid Manufacturing hergestellt werden. Die Zeitersparnis ist beeindruckend: Die Bauteile einer Gestaltiteration stehen innerhalb von Tagen zur Verfügung anstelle von Wochen, und die Zeit, bis getestet werden kann, verkürzt sich bis zu einem Faktor um das Dreifache.

Die Reduktionen von Kosten und Auftragsdurchlaufzeit haben weitreichende Auswirkung auch auf die Art und Weise, wie die Konstrukteure entwickeln und zusammenarbeiten. Aufgrund des geringeren finanziellen Drucks sind weniger Treffen zur Abstimmung der Umsetzbarkeit von Gestaltvarianten notwendig. Stattdessen kann ein Konstrukteur nun selbst Tests durchführen und die am besten geeigneten Gestaltlösungen ermitteln. Dies hat die Konsequenz, dass Entwicklungsaufgaben parallel ausgeführt werden können und die Gesamtentwicklungszeit reduziert wird.

Bild 9.10 *Kavität Spritzgusswerkzeug* [Quelle: ETHZ pd|z]

9.6 Additiv gefertigte Einsätze für CFK-Composite-Rahmen einer Flugdrohne

OEM	Trimble Navigation Limited
Kunde	B2B (Vermessungstechnik)
Produktion	Externer Dienstleister
Prozesskette	Direkte AM-Fertigung
AM-Technologie & Werkstoff	Lasersintern mit PA12
Bounding Box	180 mm × 180 mm × 30 mm
Wertschöpfungscluster	Inkrementelle Markteinführung
Markteintritt dieser AM-Anwendung	2014

Bild 9.11 *SLS-gefertigte Einsätze* [Quelle: Materialise HQ]

Die Trimble UX5 ist ein autonomes System zur Luftbildkartografie und darauf ausgelegt, Aufnahmen für Vermessungsaufgaben zu erstellen. Die Drohne verfügt über ein bordeigenes Navigationssystem sowie eine leistungsstarke Kamera mit einer großen Auswahl an Linsen zur Erhöhung ihrer Flexibilität. Im Inneren der Drohne sorgt ein Composite-Rahmen aus karbonfaserverstärkten Kunststoffröhren (CFK-Röhren) und SLS-gefertigten Verbindungseinsätzen für die erforderliche Steifigkeit bei stark reduziertem Gesamtgewicht. Leichtere Rahmen sind entscheidend, da sich jedes eingesparte Gramm positiv auf die pro Batterieladung erreichbare Flugdistanz auswirkt.

Vor einigen Jahren trafen sich die Konstruktionsteams von Trimble und Materialise zu einem gemeinsamen Workshop und beschäftigten sich mit der Frage, wie der Einsatz Additiver Fertigung die Baustruktur solcher unbemannter Flugsysteme (*Unmanned Aerial Vehicle,* UAV) verbessern kann. Die Erfahrung der Trimble-Konstrukteure im Bereich der Drohnengestaltung, kombiniert mit dem fundierten Wissen von Materialise über Additive Fertigung, ermöglichten dem Team nicht nur die Entwicklung neuer Ideen zur Verbesserung der UAV-Gestalt durch einen leichteren und steiferen Rahmen, sondern auch zur Vereinfachung des zugehörigen Fertigungsprozesses. In einer ersten Iteration entwickelte das Team neue SLS-gefertigte Einsätze, die das Verbinden mehrerer Standard-CFK-Röhren zu einem steifen und leichten Rahmen erlauben. Allerdings reichte dies noch nicht aus, um den gesamten Herstellungsprozess zu vereinfachen. Der Umstieg auf Additive Fertigung beseitigte nicht ein entscheidendes Problem bei der Montage: Da der Zusammenbau des Rahmens manuell erfolgt, war es sehr schwierig, die präzise Menge an Klebstoff für jedes Verbindungsstück zu kontrollieren. Dies konnte eine Beeinträchtigung von Festigkeit, Qualität und Gewichtsbalance der Drohne zur Folge haben. Um dieses Problem zu bewältigen, arbeiteten die Konstrukteure von Trimble und Materialise in einer zweiten Iteration an der Integration einer Reihe von Kanälen in den Verbindungsstücken, die eine optimale Klebstoffverteilung gewährleisten und so zu einer sicheren Verbindung und Haftung der CFK-Röhren führen.

Dank dieser Lösung ermöglicht der Einsatz von Additiver Fertigung Trimble heute einen vereinfachten und schnellen Produktionsprozess. Trimble nutzt die Vorteile des SLS-Prozesses nicht nur für die Herstellung der Verbindungseinsätze, sondern auch für andere Strukturelemente wie Kamerahalterungen oder kundenspezifische Sensorvorrichtungen. Das Lasersintern ermöglicht den Konstrukteuren umfangreiche Freiheiten in der Verbesserung des Drohnendesigns, ohne dabei für jede Iteration in neue Spritzgussformen investieren zu müssen.

Wenn Additive Fertigung den Herstellungsprozess eines Produkts ersetzt, das zuvor gegossen und gefräst wurde, führt dies zwar zu neuen Freiheiten in der Gestaltung, die etablierten Standards der Industrie müssen aber weiterhin erfüllt sein. Dies sind unter anderem genaue Toleranzen, Qualität und die Verfolgbarkeit jedes einzelnen produzierten Bauteils. Die Drohnen von Trimble benötigen einen zertifizierten Fertigungsprozess mit optimierter Hardware (in Form der SLS-Maschinen), geeigneter Software zur Überwachung des Fertigungsprozesses sowie umfassenden Qualitätsprüfungen. Materialise übernimmt einen wesentlichen Anteil der Fertigung und Montage der Rahmen, die so direkt nach Auslieferung in die Drohne verbaut werden können. Durch diesen Ansatz kann Trimble wertvolle Zeit in der Produktion einsparen und sich vor allem auf die Produktentwicklung konzentrieren.

«Materialise liefert uns die Drohnenrahmen vollständig zusammengebaut und sogar inklusive Teilen, die nicht additiv gefertigt sind, wie zum Beispiel Kabel», sagt Maarten Durie von Trimble. «Das spart uns wertvolle Zeit. Dadurch, dass wir beim Zusammenbau ganz auf Materialise setzen, haben wir mehr Zeit, um uns auf die Gestaltung und Produktentwicklung zu konzentrieren, ohne uns Sorgen über die Produktion machen zu müssen. Mit einem so glatten Arbeitsablauf konnten wir in diesem Jahr mehr als 500 Rahmen fertigstellen.»

Bild 9.12 *Flugdrohne UX5* [Quelle: Dawei et al.]

9.7 Strukturkomponenten für das «Chairless Chair»-Exoskelett

OEM	noonee AG
Kunde	B2B (allg. Industrie)
Produktion	Externer Dienstleister
Prozesskette	Direkte AM-Fertigung
AM-Technologie & Werkstoff	Laserschmelzen mit Titan Ti6Al4V
Bounding Box	180 mm × 180 mm × 30 mm
Wertschöpfungscluster	Prototyping
Markteintritt dieser AM-Anwendung	2015

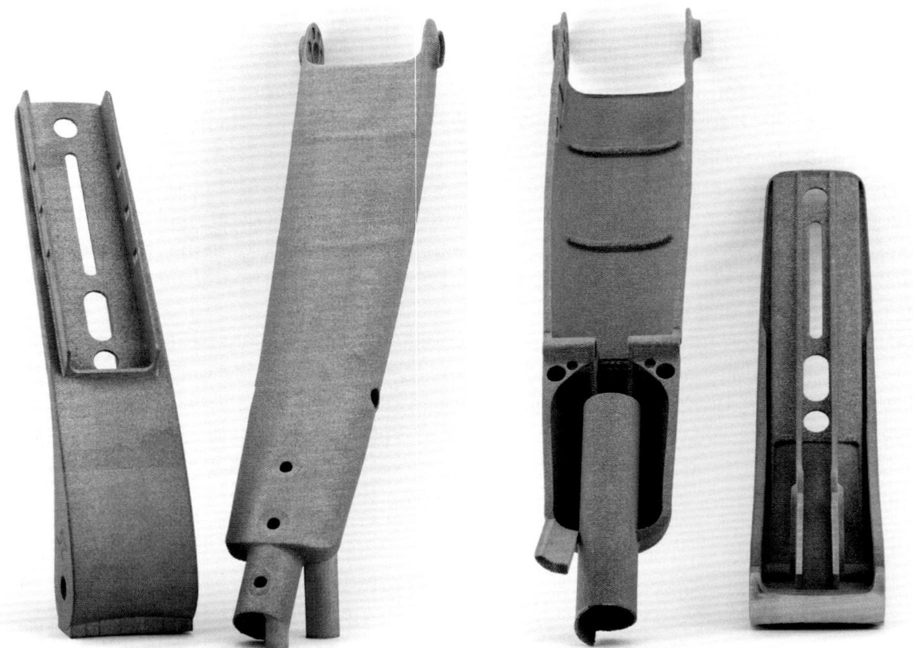

Bild 9.13 *Additiv gefertigte Strukturkomponenten des «Chairless Chair»* [Quelle: ETHZ pd|z]

Der «Chairless Chair» der noonee AG soll es Fabrikarbeitern vor allem im Bereich der Fließbandarbeit ermöglichen, ihre Muskeln zu entspannen und sich während der Arbeit hinzusetzen. Das Leichtbau-Exoskelett kann an den Beinen befestigt werden, was dem Nutzer den Vorteil bietet, sich nicht nur zu setzen, wann immer er wünscht, sondern auch damit herumzulaufen. Ein mechatronisches Unterstützungssystem, das einen aktiven Dämpfungsmechanismus verwendet, ermöglicht die Anpassung der Sitzhöhe.

Der erste Prototyp des «Chairless Chair» bestand aus karbonfaserverstärktem Kunststoff (CFK). Die Herstellung war aufgrund der Notwendigkeit spezieller Werkzeuge und des hohen Arbeitsaufwands beim Laminierprozess relativ teuer. Um eine hohe Steifigkeit bei geringem Gewicht zu erreichen, ist bei diesem Fertigungsverfahren eine korrekte Ausrichtung der Fasern notwendig.

Das Team von noonee musste so schnell wie möglich einen funktionsfähigen Prototypen entwickeln, die CFK-Variante zeigte aber zu viele Probleme hinsichtlich Fertigungskomplexität und Steifigkeit. Insbesondere die Bauteilverbindungen zum Dämpfer ließen den Prototypen häufig versagen. Nach einem ersten Kontakt mit der Ecoparts AG entschied das Team, für die Produktion der grundlegenden Strukturelemente des Exoskeletts auf Additive Fertigung umzusteigen. Aufgrund der leichtbaulichen Anforderungen und der hohen Lasten, insbesondere an den Bauteilverbindungen, wurde die Titanlegierung Ti6Al4V als Werkstoff ausgewählt, die auch häufig in der Luftfahrt und der Medizintechnik verwendet wird.

Ausgehend von der Gestalt des CFK-Prototyps reduzierte das Konstruktionsteam das Bauteilvolumen deutlich und war weniger als 24 Stunden später in der Lage, einen neuen Prototypen additiv zu fertigen. Besonders der untere Teil des Exoskeletts stellte eine große Herausforderung dar. Er wurde von zwei Schalen auf ein einzelnes konkaves Bauteil reduziert. Um Knicken zu vermeiden, wurden zwei Verstärkungsrippen in den dünnwandigsten Bereichen eingesetzt. Die Erarbeitung der ersten für den Laserschmelzprozess geeigneten Gestalt erforderte eine enge Zusammenarbeit der Konstrukteure von noonee und der Ecoparts AG.

Idealerweise hätten die Bauteile aufrecht im Bauraum der SLM-Maschine positioniert werden müssen, um gänzlich auf Stützstrukturen verzichten zu können. Dies war wegen ihrer Länge aber nicht möglich. Um das längste Bauteil in der Maschine unterzubringen, musste es um 20° gedreht werden. Dies hatte wiederum zur Folge, dass mehrere Elemente des Bauteils nun als Überhänge positioniert waren, wodurch sie nahe an und teilweise sogar über dem kritischen Winkel von 45° ausgerichtet waren (vgl. Abschnitt 8.4.2). Sämtliche Elemente in den betroffenen Bereichen mussten angepasst werden, um die Notwendigkeit von Stützstrukturen so weit wie möglich zu begrenzen. Ecoparts unterstützte die Konstrukteure von noonee während des gesamten Anpassungsprozesses und auch bei der Fertigung.

Im Anschluss an die Additive Fertigung waren noch einige zusätzliche Bearbeitungsschritte erforderlich. Neben der Entfernung der wenigen benötigten Stützstrukturen mussten alle Bohrungen wie auch die Schnittstellen zum Sitz spanend nachbearbeitet werden. Die Bearbeitung von Titanlegierungen ist recht schwierig und erfordert spezielle Werkzeuge und Maschinen.

Die Titanteile zeigten sich als sehr widerstandsfähig. Beim ersten Feldversuch in der russischen Produktionsanlage eines Automobilherstellers setzten die potenziellen Kunden das Produkt hohen Lasten aus und ließen sich aus dem Sprung mit ihrem ganzen Gewicht in das Exoskelett fallen, um dieses gezielt zu beschädigen. Trotz dieser teils schwergewichtigen Prüfungen zeigte das Bauteil keine Anzeichen von struktureller Verformungen oder Instabilität.

Insbesondere beim Aufbau eines Unternehmens ist es wichtig, auf flexible Fertigungsprozesse zu setzen, die dennoch in der Lage sind, Bauteile mit ausgezeichneten mechanischen Eigenschaften zu produzieren. Durch den Einsatz des Laserschmelz-Verfahrens konnte noonee schnell funktionsfähige Exoskelette fertigen und potenziellen Kunden vorstellen, während gleichzeitig und praktisch ohne zusätzlichen Kostenaufwand die Konstrukteure weiterhin Änderungen vornehmen und das Produkt so stetig weiterentwickeln konnten.

Mit dem Übergang zur Serienproduktion des «Chairless Chair» verlegte sich noonee inzwischen wieder auf die Fertigung mittels Spritzguss. Die verschiedenen Varianten von additiv gefertigten Prototypen waren ausgesprochen hilfreich bei der Optimierung des Produkts und ermöglichten es noonee zudem, ihr Geschäftsmodell zu konkretisieren. Alles in allem schließt Keith Gunura, der CEO von noonee, die Option nicht aus, besonders anspruchsvollen Kunden auch in Zukunft eine SLM-gefertigte Version des «Chairless Chair» anzubieten.

Bild 9.14 *Das «Chairless Chair»-Exoskelett unterstützt Fließbandarbeiter.* [Quelle: noonee AG]

9.8 Schleifring mit integrierten elektrischen Leitungen

OEM	RUAG Space Switzerland Nyon und CSEM SA
Kunde	Intern und B2B
Produktion	Externer Dienstleister
Prozesskette	Direkte AM-Fertigung
AM-Technologie & Werkstoff	Laserschmelzen mit Aluminium oder Kupfer
Bounding Box	Ca. 40 mm × 40 mm × 45 mm
Wertschöpfungscluster	Verbesserte Produkte
Markteintritt dieser AM-Anwendung	2018

Das folgende Beispiel aus dem Jahr 2018 stellt die Ergebnisse von AMAR vor. Dieses Projekt zur Neugestaltung eines Slip Ring Assembly Rotors (SRA-Rotor) auf Basis der Additiven Fertigung wurde von RUAG Space Switzerland Nyon (RSSN) gemeinsam mit CSEM durchgeführt, wobei jeder Partner seine eigene Expertise bzw. das Design von SRAs und das Redesign eines bestehenden Produkts auf

Basis fortschrittlicher Fertigungstechnologien einbrachte. AMAR wurde vom Swiss Space Office (SSO) finanziert.

SRAs sind elektrische Schleifringvorrichtungen, die dazu bestimmt sind, elektrische Signale von einem stationären Element zu einem rotierenden Element zu übertragen. SRAs werden auf der Erde für eine Vielzahl von Anwendungen wie Videoüberwachung, Werkzeugmaschinen und Bewegungssimulatoren eingesetzt. Im Weltraum sind SRAs wiederkehrende Elemente in Satelliten, wo sie in ***S****olar* ***A****rrays* ***D****rive* ***M****echanisms* (SADMs), Antenna Pointing Mechanisms, Momentum Gyroscopes und anderen Instrumenten zu finden sind. In seinem derzeit modernsten Aufbau besteht der Rotor eines SRA aus einem Stapel von hochpräzisen isolierenden und leitenden Ringen, wobei jeder leitende Ring manuell mit einem elektrischen Draht verlötet ist, der seinerseits bis zum Ende des Rotors geführt wird. Der Stapel ist mit einer Zentralwelle verbunden, und die gesamte Baugruppe wird durch eine gegossene Harzmatrix mechanisch stabilisiert.

Bild 9.15 *Aufgeschnittener Slip-Ring-Assembly-Rotor* [Quelle: CSEM]

Bis dato ist die Herstellung von SRA-Rotoren ein langer und aufwendiger Prozess, der eine große Anzahl von Komponenten und Produktionsschritten umfasst. Als Faustregel gilt, dass die Anzahl der Komponenten mit einem Faktor drei mit der Anzahl der elektrischen Kanäle zunimmt. Mit anderen Worten, jeder zu erreichende Kanal besteht aus drei Komponenten: einem Isolierring, einem leitenden Ring und einem Kabel. Es überrascht nicht, dass der Fertigungs- und Montageaufwand entsprechend steigt und die Robustheit sinkt. In diesem Zusammenhang waren die Beweggründe für ein Entwicklungsprojekt wie AMAR offensichtlich. Da die SRAs zu den Hauptprodukten von RSSN gehören, wurde das strategische Ziel definiert, die Herstellungs- und Montagekosten um mehr als 40% zu senken und gleichzeitig die allgemeine Zuverlässigkeit und Wiederholbarkeit des Endprodukts zu verbessern. Das Redesign sollte auch eine Massenreduzierung des Rotors ermöglichen und den Einsatz von Kabeln vermeiden, die Teil der aktuellen Systemarchitektur sind.

Um diese Ziele zu erreichen, entwickelte CSEM ein neues Konstruktions- und Fertigungskonzept, das es ermöglicht, die beiden wesentlichen Merkmale des SRA-Rotors zusammenzuführen: den mechanischen Aufbau und die elektrischen Leiter einschließlich ihrer elektrischen Verbindungsschnittstellen. Die zu fertigenden Teile können verschiedene 3D-Formen annehmen und somit einer breiten Palette von Produktspezifikationen entsprechen. Monolithische Designs der elektromechanischen Komponenten mit eingebauten leitenden Drähten erlauben eine deutliche Vereinfachung der Montage.

Das Bauteilkonzept basiert auf der AM-Produktion einer monolithischen Struktur, die einen strukturellen Rumpf und eine Vielzahl von elektrischen Leitern umfasst, die mechanisch mit dem Rumpf über Opferbrücken verbunden sind. Je nach Anwendungsanforderung können verschiedene AM-Technologien eingesetzt werden. In einem zweiten Schritt wird die Struktur mit Isoliermaterial gefüllt. Das Isoliermaterial härtet aus und schließlich werden die Opferbrücken durch einen konventionellen Subtraktionsprozess entfernt. Das resultierende Bauteil ist ein mechanisches Teil mit einem eingebauten elektrischen Leiter. Der Anschluss der Drähte kann verschiedene Formen annehmen, um die Funktion der elektrischen Verbindungsschnittstellen wie Stift-, Crimp-, Feder- oder Schleifringkontakt zu erfüllen. Die Anschlüsse der Ein- und Ausgänge können direkt während des AM-Fertigungsschrittes erzeugt oder bei der Nachbearbeitung eingebracht werden, wenn hohe Präzision gefordert ist. Der strukturelle Grundkörper kann zusätzliche Merkmale wie mechanische Schnittstellen, Referenzflächen, Biegeelemente, Gitterstruktur und viele andere umfassen, die alle bereits in der AM-Fertigung oder während der Nachbearbeitung erreicht werden.

Bild 9.15 zeigt die neue Architektur des SRA-Rotorteils. Zur besseren Übersichtlichkeit sind die eingebauten Drähte alle in einer 2D-Schnittebene zusammengefasst. Das Design enthält 12 ringförmige Schleifringschnittstellen und 12 Lötschnittstellen. Wie dargestellt, sind die Schleifringe in die monolithische Struktur integriert, wie sie während des AM-Prozesses aufgebaut wurde. Nach dem Gießen und Aushärten wird die Außenhülle des Körpers nachbearbeitet und die nun getrennten Ringe sind im Harz eingebettet. Die strukturelle Steifigkeit des Rotors wird fortan durch die verbleibende metallische Struktur oder durch das Harzvolumen bei vollständiger Entfernung des Strukturrumpfes erreicht.

Das Detailkonzept wurde gemeinsam von RSSN und CSEM erarbeitet. In dieser Phase wurden die Geometrien so definiert, dass der Einsatz von Stützstrukturen vollständig vermieden werden konnte. Je nach Prototyp-Version wurde der Durchmesser der eingebauten Drähte im Bereich von 0,5 bis 1 mm eingestellt und zwei Alternativen für den Anschluss von Kabeln realisiert: axial orientierte nachbearbeitete Lötstiftlöcher und radial orientierte AM-Löthalter. Der Außendurchmesser des Rotors nach der Endbearbeitung ist ein Zylinder mit 33 mm Durchmesser und 44 mm Höhe.

Das endgültige Design wurde mittels Laserschmelzen aus der Standard-Aluminiumlegierung AlSi10Mg hergestellt. Nach der additiven Herstellung wurden die üblichen Nachbearbeitungsschritte Spannungsarmglühen, Bauteiltrennung und Reinigung durchgeführt. Das Teil wurde dann mit Epoxidharz gefüllt, ausgehärtet und nachbearbeitet, um die Außenhülle des Körpers und die Opferbrücken zu entfernen. Nach der Nachbearbeitung wurde selektiv eine Goldschicht auf die Oberfläche der Schleifringe aufgebracht, um die tribologischen und elektrischen Leistungen des SRA-Rotors während des Betriebs zu verbessern. Am Ende der Sequenz wurden die Kabel mit dem fertigen Teil verlötet, das dann auf einem Leistungsprüfstand montiert wurde.

Die elektrischen Eigenschaften des Rotorprototyps wurden in Bezug auf elektrische Durchgängigkeit, Isolationswiderstand und Spannungsfestigkeit vollständig validiert. Auch das dynamische elektrische Rauschen und die Lebensdauer wurden überprüft und zeigten zufriedenstellende Ergebnisse für SADM-Anwendungen, die für Missionen mit niedrigem Erdorbit (***L**ow **E**arth **O**rbit*, LEO) und **ge**ostationärem **O**rbit (GEO) vorgesehen sind. Eine Reihe von Verbesserungen wurde in der nächsten Generation von Prototypen vorgenommen, um einige Schlüsselmerkmale wie dynamisches elektrisches Rauschen und Rotorkompaktheit weiter zu verbessern und so ein breiteres Anwendungsspektrum zu erschließen. Bei einer Anzahl von 24 zu realisierenden elektrischen Spuren ermöglicht das neue Konzept eine Reduzierung der Komponenten von mehr als 70 auf ein einziges Teil, was zu einer drastischen Reduzierung des Fertigungs- und Montageaufwands führt. Das neue Konzept ermöglicht auch eine deutliche Reduzierung der Gesamtmasse, da die Zentralwelle ausgebaut oder optimiert werden kann. Wie gewünscht, enthält die neue Architektur des Rotors keine Kabel mehr, was zur Verbesserung der Zuverlässigkeit des Systems beiträgt. Basierend auf einer am Ende des Projekts durchgeführten Analyse wird das Kostensenkungsziel von 40% als realistisch angesehen. Die Entwicklung wird fortgesetzt werden, um die Designgeometrien und die Prozessparameter vollständig zu definieren. Der endgültige Prototyp muss dann in Bezug auf die vorgesehenen Anwendungsanforderungen vollständig qualifiziert sein.

Während dieses 14-monatigen Projekts wurden eine Reihe von Prototypen und Design-Implementierungstests durchgeführt, da die Lieferzeit für die im Laserschmelzen hergestellten Teile sehr kurz war. Diese vielfältigen Iterationen ermöglichten es dem Team, die relevanten Parameter für eine erfolgreiche Umsetzung des Designkonzepts tief zu verstehen. Der erfolgreiche Abschluss von AMAR bestätigt nicht nur die Anwendbarkeit des Konzepts auf die SRA-Rotoranwendung, sondern auch auf andere Produkte, die von dem ebenfalls verbesserten Redesign profitieren könnten.

9.9 Besseres Hören durch kundenindividuelle Hörgeräte

OEM	Sonova AG
Kunde	B2C über Hörgeräteakustiker
Produktion	Inhouse
Prozesskette	Direkte AM-Fertigung
AM-Technologie & Werkstoff	Direct Light Processing mit Acrylharz oder Laserschmelzen mit Titan
Bounding Box	10 × 10 × 20 mm
Wertschöpfungscluster	Customization
Markteintritt dieser AM-Anwendung	Anfang der 2000er

In der Hörgeräteindustrie wird die Additive Fertigung für die Herstellung von individuellen Hörgeräten eingesetzt. Ein Hörgerät hilft einer hörgeschädigten Person, den Hörverlust durch gezielte Verstärkung des Klangs zu kompensieren. Die Additive Fertigung ermöglicht es, die Form dieser Geräte zu individualisieren und an die spezifische Geometrie des Gehörgangs eines Kunden anzupassen.

Im Laufe der Zeit ist dieser Anwendungsfall für die Additive Fertigung ausgereift und heute werden kundenspezifische Hörgeräte weltweit in sehr großen Mengen verkauft. Dabei gibt es eine Reihe von Faktoren, die einen wesentlichen Einfluss auf die Entwicklung und Herstellung von Hörgeräten haben. Erstens sollten Hörgeräte so klein wie möglich sein und einen guten Tragekomfort bieten sowie alle notwendigen elektronischen Komponenten enthalten. Zweitens verlangen Kunden aus verschiedenen Teilen der Welt eine kurze Lieferzeit. Drittens erwarten sowohl Kunden als auch Hörgeräteakustiker eine Auswahl an verschiedenen Funktionen, optischen Erscheinungsformen und anderen anpassbaren Optionen.

Die Sonova AG, ein auf Hörlösungen spezialisiertes Schweizer Unternehmen, begegnet diesen Marktanforderungen mit ihren Marken Phonak, Unitron und Hansaton durch ein dezentrales Netzwerk von Produktionsstätten und einen digitalen Herstellungsprozess. Seit der Einführung der Additiven Fertigung bei Sonova Anfang der 2000er wurden mehrere Millionen additiv gefertigte Hörgeräte verkauft. Der Gesamtprozess für In-Ohr-Hörgeräte beginnt damit, dass der Gehörgang eines Kunden durch einen Silikonabdruck erfasst wird. Neben diesem Abdruck definiert ein Hörgeräteakustiker die erforderlichen akustischen Funktionskomponenten wie z.B. die Lautsprechergröße. Darüber hinaus fügt der Kunde zusätzliche Spezifikationen hinzu, wie z.B. die Art der Ausstattung (Batterie, Induktionsschleife), Farbe und Lackierung. Zusammen mit der Anforderungsliste wird der Silikonabdruck an eine lokale Produktionsstätte der Sonova AG geschickt.

Beim Laserscannen des Silikonabdrucks wird die Geometrie des Gehörgangs digitalisiert. In diesem Zusammenhang ist zu beachten, dass die anatomischen Unterschiede zwischen Anwendern im Allgemeinen recht groß sein können. Somit ermöglicht die Anpassung der Form basierend auf dem 3D-Scan einen verbesserten Tragekomfort und eine bessere Passform. Die generierte Punktwolke dient als Grundlage für die Modellierung des individuellen Hörsystems. Die Aufgabe des Modellierers besteht darin, die Form des Hörgeräts zu entwerfen und die elektronischen Komponenten darin zu platzieren. Für diesen Prozessschritt hat die Sonova AG zusammen mit der Firma Materialise eine eigene **R**apid-**S**hell-**M**odeling(RSM)-Software entwickelt. Die Design-Automatisierungssoftware führt den Modellierer Schritt für Schritt durch den Design-Prozess der Hörgerätschalen. Es bietet Funktionen zur Erkennung von Ohranatomien, beschleunigt so den Designprozess und ermöglicht die automatische Erstbestückung von elektronischen Bauteilen. Darüber hinaus ermöglicht die Software dem Unternehmen, seinen Kunden Vorteile zu bieten, die mit anderen Fertigungsverfahren nicht möglich sind, wie z.B. auf die individuellen akustischen Anforderungen optimierte Lüftungsschlitze.

Nach dem Design der Schale des Hörgerätes wird es unter Verwendung der ***D**irect **L**ight **P**rocessing* (DLP) aus Photopolymer hergestellt. Die Technologie nutzt eine Lichtquelle, um Acrylharz auszuhärten. Im Vergleich zur Stereolithografie (SL) wird das Harz nicht linienweise mit einem einzelnen Strahl ausgehärtet, sondern die komplette Bauteilschicht wird durch die Projektion eines ganzen Bildes ausgehärtet. DLP-Drucker haben den Vorteil, dass sie Teile in kurzer Bauzeit und zu reduzierten Kosten mit hoher Präzision, Prozesssicherheit und guten Materialeigenschaften produzieren können. Typische Wanddicken der Schale reichen von 0,5 bis 0,7 mm. Darüber hinaus ermöglicht DLP eine breite Palette von Farben. Aus diesem Grund bietet die Sonova AG über zehn verschiedene Materialien für Hörgeräte an. Für ein bestimmtes Material können mehrere Schalen in wenigen Stunden gedruckt werden. Nach dem Druckvorgang werden die Schalen von der Bauplatte getrennt und Stützstrukturen entfernt. Ein Nachbehandlungsschritt bewirkt die endgültige Aushärtung des Harzes. Eine Qualitätskontrolle stellt die Integrität der gedruckten Schalen sicher.

Bild 9.16 *Kundenindividuelle Hörgeräte* [Quelle: Sonova AG]

Für die Endmontage des Hörgeräts legt ein Bediener die elektronischen Komponenten in die Schale ein. Vorgefertigte elektronische Bausätze und Layoutanweisungen beschleunigen die manuelle Positionierung. Nachdem alle Komponenten in das Gehäuse integriert sind, wird es geschlossen und versiegelt. Die Anwendung einer transparenten Lackierung verbessert das optische Erscheinungsbild und ermöglicht eine Feinabstimmung der Retention des Hörgerätes. Die Kennzeichnung mit einer Seriennummer ermöglicht die Rückverfolgbarkeit des Medizinprodukts. Eine abschließende Qualitätskontrolle prüft die akustischen und optischen Eigenschaften des Gerätes. In diesem Zusammenhang ist zu erwähnen, dass es nicht nur die geometrische Personalisierung eines Hörgerätes ist, sondern auch die akustischen Einstellungen, die auf den Grad des Hörverlustes eines Kunden und die Beurteilung durch einen Hörgeräteakustiker zugeschnitten sind. Das Endprodukt wird innerhalb von ein bis fünf Tagen an den Kunden geliefert.

Um eine so schnelle Lieferung zu erreichen, nutzt die Sonova AG ein verteiltes Produktionsnetzwerk, das aus mehreren Produktionsstätten in verschiedenen Teilen der Welt besteht. Jede lokale Einrichtung verfügt über mehrere DLP-Drucker, um Hörgeräte mit der beschriebenen Prozesskette an regionale Kunden zu liefern. Um einen kontinuierlicheren Produktionsfluss zu erreichen und die Produktionsflexibilität zu erhöhen, werden Aufträge in kleinen Serien auf mehreren kleinen DLP-Druckern gedruckt. Im Allgemeinen müssen die Größe und Anzahl des Druckers der erforderlichen lokalen Kapazität entsprechen. Insgesamt bietet ein weltweites, dezentrales Netzwerk von lokalen Produktionsstätten ein hohes Maß an Flexibilität, vereinfacht die Logistik und ermöglicht eine kurze Durchlaufzeit für kundenspezifische Hörgeräte.

Vor Kurzem hat die Sonova AG die Einführung neuer Lösungen für Hörgeräte mit Metallschale bekannt gegeben. Diese Schalen werden aus Titan durch Laserschmelzen hergestellt. Die ausgezeichnete Biokompatibilität des Materials ermöglicht den Einsatz für Kunden, die gegen typische otoplastische Acrylmaterialien allergisch sind. Die Herstellung der Schale aus Metall erlaubt eine geringere Wandstärke von nur 0,2 mm und ermöglicht so die Integration größerer Komponenten wie Lautsprecher oder Batterien bei konstanter Größe oder macht Hörgeräte noch kleiner und diskreter. In Zukunft wird es interessant sein zu sehen, wie sich die Fortschritte in der Additiven Fertigung auf die Anwendung von Hörgeräten auswirken und diese weiter verbessern werden.

9.10 Additiv gefertigte Strömungsmesssonden

OEM	Vectoflow GmbH
Kunde	B2B
Produktion	Inhouse / externer Dienstleister
Prozesskette	Direkte AM-Fertigung
AM-Technologie & Werkstoff	Laserschmelzen mit Edelstahl, Titan, Inconel oder Lasersintern mit Keramik, Kunststoff
Bounding Box	Bis 250 mm Länge
Wertschöpfungscluster	Customization
Markteintritt dieser AM-Anwendung	2015

Ob Flugzeuge, Drohnen, Rennwagen, Gasturbinen oder U-Boote: In vielen Bereichen ist es wichtig, die Eigenschaften einer Fluidströmung zu messen. Zur Bestimmung von Druck, Geschwindigkeit und Winkel einer Anströmung werden sogenannte Strömungsmesssonden eingesetzt. Wie wichtig es ist, die Geschwindigkeit des Luftstroms richtig zu messen, verdeutlicht das Beispiel eines Flugzeugs: Ist die Fluggeschwindigkeit zu niedrig, kann die Strömung abreißen, während eine zu hohe Geschwindigkeit die Komponenten zu stark belastet. Strömungssysteme können Drohnen stabilisieren, indem sie beispielsweise merken, wenn eine Böe das Vehikel auslenken würde, und aktiv in die Steuerung eingreifen.

Je nach Anwendung und zu messendem Strömungsfeld müssen Strömungsmesssonden eine Vielzahl von Anforderungen erfüllen. So darf beispielsweise die Messsonde nicht zu groß sein, da dies das Strömungsfeld stören und die Messergebnisse verfälschen würde. Bei kleinerer Baugröße sind die Sonden jedoch besonders empfindlich und müssen dennoch im Betrieb Kräften standhalten. Je nach Anwendung werden die Sonden zudem hohen Temperaturen ausgesetzt. Im Schadensfall ist ein schneller Austausch oder eine schnelle Reparatur vorteilhaft. Daher müssen Messsonden robust gebaut sein und genaue Ergebnisse liefern.

Die Firma Vectoflow GmbH ist im Bereich der fluidtechnischen Messtechnik tätig und entwickelt auf die Kunden zugeschnittene Strömungsmesssysteme. Um die oben genannten Anforderungen zu erfüllen, setzt das Unternehmen auf das Potenzial der Additiven Fertigung. Je nach Anwendungsbereich können die Sonden hinsichtlich des Sondentyps, der Form der Sonde und des Sondenkopfes, der Anzahl der Messbohrungen, des ausgewählten Materials und des untersuchten Systems angepasst werden.

Für diese spezifische Anwendung bietet der Einsatz von additiven Fertigungsverfahren wie Laserschmelzen und Lasersintern eine Vielzahl von Vorteilen. Die Designfreiheit kann genutzt werden, um verschiedene Konfigurationen von Strömungssonden herzustellen und die Messqualität um bis zu 45% zu erhöhen oder eine Messung sogar erst zu ermöglichen. Die Sonden werden als eigenständige Komponenten hergestellt oder können direkt in ein anderes Teil integriert werden. Die Additive Fertigung ermöglicht neben der geometrischen Freiheit auch ein hohes Maß an Flexibilität bei der Materialauswahl. Je nach Anwendungsbereich wird eine hochfeste Legierung wie beispielsweise Keramik, CoCr, Tantal oder Inconel für eine Gasturbine oder Turbomaschine ausgewählt, die bei erhöhten Temperaturen von bis zu 2000 °C betrieben wird, oder ein Material wie Titan oder spezielles Aluminium für Leichtbauanwendungen.

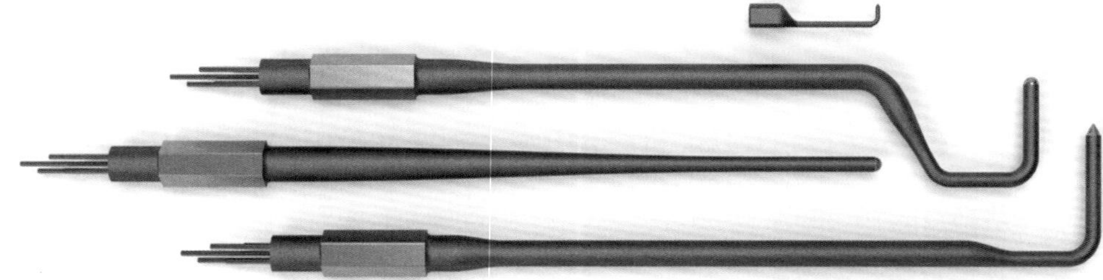

Bild 9.17 *Strömungsmesssonden* [Quelle: Vectoflow]

Die Additive Fertigung hat zudem den Vorteil, dass sehr kleine Messsonden gebaut werden können. Eine der kleinsten Sonden (der Welt) der Vectoflow GmbH hat einen Außendurchmesser von 0,9 mm und integriert fünf Kanäle mit einem Durchmesser von ca. 0,1 mm. Die Pulverentfernung ist für so kleine Dimensionen eine Herausforderung, aber durchführbar. Für die Qualität und einwandfreie Funktion der Messsonden sind die Orientierung im Bauraum des Druckers und die Prozessparameter entscheidend.

Die Nachbearbeitung der additiv hergestellten Sonden hängt vom gewählten Prozess und der Anwendung ab. Bei den meisten Sonden wird die Spitze der Sonde nachbearbeitet. Für die integrierten Kanäle ist in der Regel keine Nachbearbeitung nötig. Da bei einem Großteil kein Fluid durch die Kanäle strömt und nur ein Druck aufgebaut wird, ist es ausreichend, dass die Kanäle offen und voneinander getrennt sind. Bei Hochfrequenzsonden muss die Oberfläche der Kanäle durch spezielle Verfahren nachbearbeitet werden. Abhängig von der Anwendung kann zudem die Oberfläche des Bauteils optional mit verschiedenen Nachbearbeitungstechniken verbessert werden.

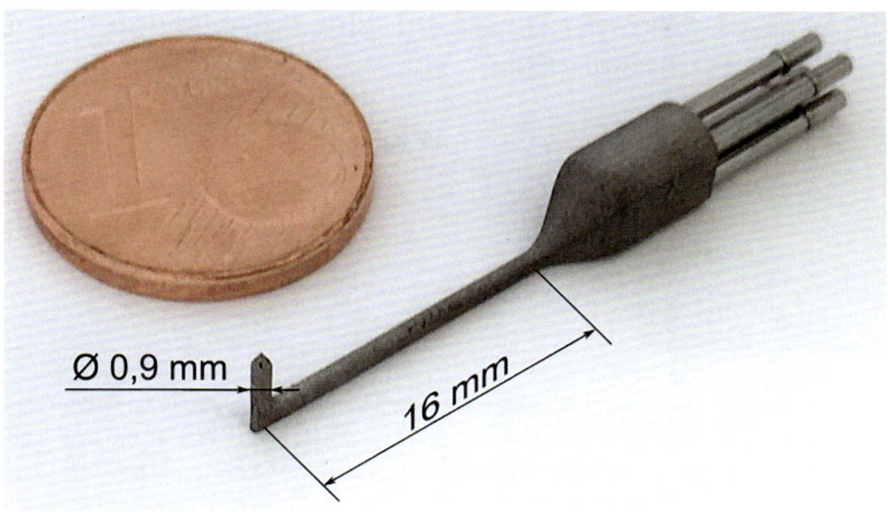

Bild 9.18 *Kleinste Strömungsmesssonde im Programm von Vectoflow* [Quelle: Vectoflow]

Nach der Herstellung einer Strömungsmesssonde wird deren Kalibrierung im hauseigenen Überschall-Windkanal durchgeführt. Messtechnik und Sonde sind entsprechend der vorgesehenen Anwendung ausgerichtet. Im ersten Schritt werden die während des Betriebs auftretenden Strömungsverhältnisse definiert und anschließend im Windkanal getestet. Dazu kann neben der Strömungsgeschwindigkeit auch der Anstellwinkel des Einströmens gehören. Die Sonde wird dann dem Strömungsfeld des Windkanals ausgesetzt. Die Sonde führt Messungen durch und ordnet sie entsprechend den simulierten Strömungsverhältnissen zu. Auf diese Weise «lernt» die Sonde, welche Signale in einem bestimmten Strömungsfeld auftreten. Später im Betrieb nutzt die Sonde dieses erworbene Wissen mittels Software, um die Strömungseigenschaften zu bestimmen. Abhängig von der vorgesehenen Anwendung und dem zu überwachenden Strömungsgebiet kann eine passende und kundenspezifische Messsonde hergestellt werden. Je nach Sondengeometrie können Frequenzen von mehreren kHz gemessen werden.

Um eine Messung für einen Strömungsbereich direkt an mehreren Stellen, z.B. bei einer komplexen Prüfung einer Gasturbine, durchzuführen, werden häufig sogenannte Rechen eingesetzt. Ein Rechen kombiniert mehrere Strömungssonden zu einer Komponente und führt zu einer höheren räumlichen Auflösung des Strömungsfeldes. Auch hier bietet die Additive Fertigung ein hohes Maß an geometrischer Freiheit, so dass ein Rechen exakt an die Anwendungsanforderungen angepasst und in andere Komponenten integriert werden kann. Das Beispiel eines Rechens zeigt auch, wie mit parametrischen CAD-Modellen verschiedene Konfigurationen erstellt werden können. So kann beispielsweise neben der Anzahl der Messstellen, der Art und Positionierung der Messtellen zueinander und weiteren Parametern auch die Geometrie des entsprechenden Rechens manchmal automatisch abgeleitet werden. Zur Individualisierung von Messsonden können die Ergebnisse einer CFD-Strömungssimulation genutzt werden, um eine geeignete Anordnung und Auswahl der Sonden zu definieren.

Zusammenfassend zeigt der Anwendungsfall der Vectoflow GmbH, wie maßgeschneiderte Messtechnik für viele verschiedene Bereiche hergestellt werden kann. Die Vorteile der Additiven Fertigung hinsichtlich Design, Größe und Material werden gezielt genutzt und mit messtechnischem Aerodynamik-Know-how kombiniert. Auf diese Weise ist es möglich, kundenspezifische Messsysteme anzubieten, die robust, flexibel, integriert und hochpräzise messen.

9.11 SLM-Ventilkörper für ein intelligentes Magnetventil für Wasserstofftankstellen

OEM	Nova Werke AG
Kunde	B2B-Hersteller von Wasserstofftankstellen
Produktion	Externer Dienstleister
Prozesskette	Direkte AM-Fertigung
AM-Technologie & Werkstoff	Laserschmelzen mit Edelstahl 1.4404
Bounding Box	70 mm × 60 mm × 150 mm
Wertschöpfungscluster	Verbesserte Produkte
Markteintritt dieser AM-Anwendung	2019

Um die Einführung umweltfreundlicher Energiequellen für die Mobilität zu fördern, spielen Brennstoffzellen eine wichtige Rolle. Diese wandeln Wasserstoffgas in Wasser um und erzeugen dabei elektrischen Strom, der zum Antrieb eines Fahrzeugs verwendet werden kann. Im Vergleich zu herkömmlichen Elektroautos mit Batterien haben Brennstoffzellenfahrzeuge in der Regel eine größere Reichweite und können wesentlich schneller betankt werden. Wenn das Wasserstoffgas mit grünen Energieressourcen (z.B. Wind oder Wasserkraft) erzeugt wird, ist die Umweltbilanz deutlich besser als bei Lithium-Batterien. Dennoch haben Brennstoffzellenautos – vor allem aufgrund eines spärlichen Wasserstofftankstellennetzes – bislang den Durchbruch noch nicht geschafft. Die Nova Werke AG hat in einem gemeinsamen Entwicklungsprojekt mit Inspire ein Magnetventil für Wasserstofftankstellen entwickelt. Der Ventilkörper ist speziell für den Selective-Laser-Melting-Prozess ausgelegt.

Das magnetisch betätigte Ventil steuert den Durchfluss von Wasserstoffgas in einer Tankstelle. Da Drücke bis zu 1000 bar erreicht werden, basiert die Konstruktion auf einem Pilotventil, um die erforderliche Betätigungskraft zu reduzieren. Besonderes Augenmerk lag auf der Minimierung der Ventilgröße. Dies war möglich, indem die vier eng beieinanderliegenden Auslässe durch komplex geformte, gasführende Hochdruckkanäle verbunden wurden.

Die Endbearbeitung umfasst die mechanische Bearbeitung aller Ventilsitze, um die Anforderungen an Genauigkeit oder Oberflächenqualität zu erfüllen. Das Gesamtdesign wurde optimiert, um den Aufwand für die Nachbearbeitung auf ein Minimum zu reduzieren. So wurden beispielsweise alle Ein- und Ausgänge vertikal und in gleicher Höhe angeordnet, um die mechanische Bearbeitung so einfach wie möglich zu gestalten. Des Weiteren wurden tropfenförmige Kanalquerschnitte eingesetzt, um Stützkonstruktionen zu vermeiden.

Eine weitere Innovationskraft des Teils liegt in der Integration von Sensoren in die SLM-Struktur. Ziel war es, intelligente Funktionen zu ermöglichen, wie z.B. die Meldung des Ventilstatus. Dazu sind zwei Temperatur- und ein Hall-Sensor in die Baugruppe eingebracht. Um die Sensoren zu integrieren, wird der Bauvorgang unterbrochen und die Sensoren werden in vorgefertigten Hohlräumen positioniert. Anschließend kann der Prozess fortgesetzt werden. Die vertikale Positionierung aller drei Sensoren wurde so angeordnet, dass nur eine Jobunterbrechung erforderlich ist. Die Kabelführung wurde ebenfalls in das SLM-Teil integriert.

Das gemeinsame Entwicklungsprojekt zwischen Nova und Inspire wurde iterativ durchgeführt. Ausgehend von einem designorientierten Workshop wurden Anwenderpersonas und erste Konzepte des Ventils erstellt. Anschließend wurden mehrere Iterationen des Teils entworfen. Selbst spät im Projekt wurden konzeptionelle Änderungen zugelassen, um die Gesamtleistung des Produkts zu verbessern. So wurde beispielsweise die Teileorientierung sehr spät auf den Kopf gestellt, um eine Hybridfertigung auf einer konventionell gefertigten Platte zu ermöglichen. Zwar

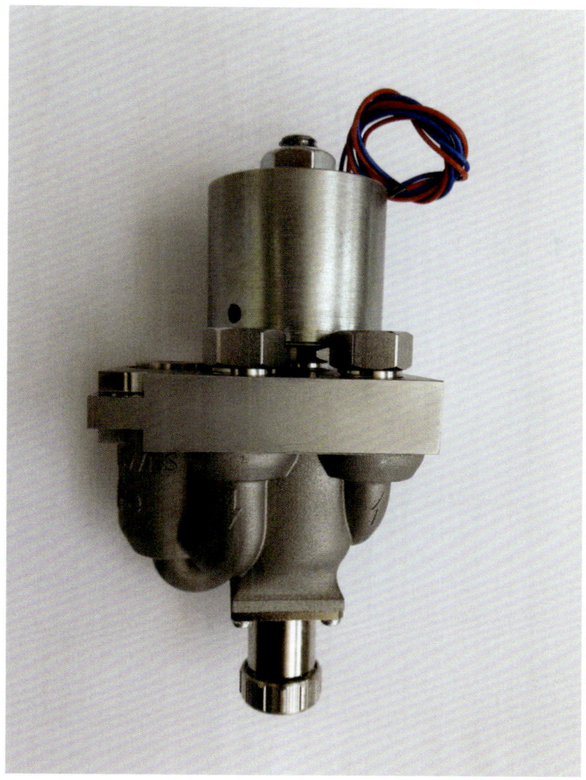

Bild 9.19 *Montiertes Wasserstoffventil mit Magnetspule und Sensoranschluss*

musste dafür das CAD-Modell grundlegend überarbeitet werden, das additiv zu fertigende Teilevolumen konnte so jedoch um 40% reduziert werden. Um den Druckauftrag auf der Bauplatte präzise zu positionieren, wurden auch Positionierhilfen eingeführt.

Während des gesamten Projekts wurde der physische Test der SLM-Prototypen priorisiert. SLM-Proben wurden immer wieder unter dem Aspekt der Dauerfestigkeit oder des Einflusses einer Unterbrechung des Druckauftrags auf die Materialfestigkeit getestet. Das Projektteam untersuchte ein Jahr lang an Proben statische und dynamische Eigenschaften einschließlich der Gasdichtigkeit. Die Erkenntnisse wurden in das Design des Magnetventils aufgenommen.

Zusammenfassend zeigt das SLM-Magnetventil von Nova eindrucksvoll, wie Teiledesign, Funktionalität und Prozesse konsequent aufeinander abgestimmt sein müssen. Wie am Beispiel der Sensorintegration oder der Form der gasführenden Rohre zu sehen ist, hat die Wahl eines bestimmten Herstellungs- und Nachbearbeitungsverfahrens einen unmittelbaren Einfluss auf das Design und die Funktionalität des Ventils. Nur durch eine korrekte Ausrichtung kann das volle Potenzial des Additive Manufacturing genutzt werden. Nova optimiert nun das Ventil hinsichtlich Kostenreduzierung und Qualitätssicherung für eine Serienproduktion.

Bild 9.20 *Hybrider Ventilkörper*

9.12 Automatisierter Konstruktionsprozess für additiv gefertigte Fertigungsmittel und Vorrichtungen

OEM	Ford-Werke GmbH
Kunde	Intern
Produktion	Inhouse
Prozesskette	Direkte AM-Fertigung
AM-Technologie & Werkstoff	Fused Deposition Modeling mit PLA oder ABS
Bounding Box	330 mm × 240 mm × 300 mm
Wertschöpfungscluster	Fertigungsmittel
Markteintritt dieser AM-Anwendung	2018

Die Nutzung der Additiven Fertigung für die Herstellung von Fertigungsmitteln und Vorrichtungen ist eine weit verbreitete wertschöpfende Anwendung von AM. Beispiele aus verschiedenen Branchen (z.B. Automotive) zeigen, dass Unternehmen durch additiv gefertigte Fertigungsmittel die Kosten im Betrieb senken können. Diese Teile erfordern nicht unbedingt ausgefeilte Materialien oder Herstellungsverfahren, die Herstellung mit Fused Deposition Modelling aus normalem PLA oder ABS ist oft ausreichend. Dennoch wird die Skalierbarkeit dieser Anwendung durch die zeitaufwendige manuelle Konstruktion von Vorrichtungen behindert. Die Firma trinckle hat in Zusammenarbeit mit dem Automobilhersteller Ford eine automatisierte Konstruktionslösung entwickelt.

Zu Beginn der Entwicklung hatte Ford bereits mehr als 50 additiv hergestellte Vorrichtungen eingesetzt. Mit diesen Vorrichtungen werden beispielsweise Fahrzeugtyp- und Modellplaketten positioniert, um sie präzise auf die Karosserie zu kleben. Die Vorteile von AM innerhalb dieser wertschöpfenden Anwendung sind folgende: geringere Teilekosten in kleinen Mengen im Vergleich zu herkömmlichen Prozessen, geringeres Gewicht als Alternativen aus Metall und schnellere Verfügbarkeit bei ungeplanter Nachfrage.

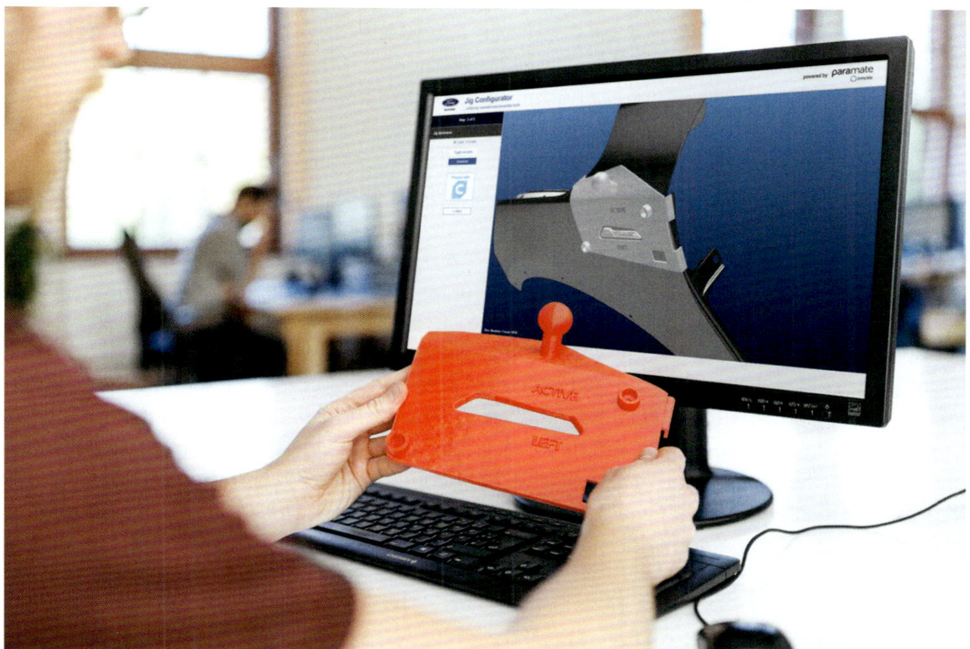

Bild 9.21 *Konfigurator und Vorrichtung* [Quelle: trinckle]

Dennoch blieb eine große Herausforderung hinsichtlich der Skalierbarkeit dieser Anwendung bestehen: Bis zu 50% der Gesamtkosten einer Vorrichtung sind mit dem manuellen Konstruktionsaufwand des Bauteils verbunden. Für jede neue Fahrzeugserie und jede Sonderedition müssen Vorrichtungen individuell konfiguriert werden, um die Plaketten exakt zu positionieren. Damit die Vorrichtungen passgenau auf den Oberflächen der Karosserie aufliegen, ist eine komplexe Formgebung einschließlich Freiformflächen erforderlich. Bei manueller Durchführung dauerte der Konstruktionsprozess leicht zwischen zwei und vier Stunden. Um den Designprozess zu verkürzen und damit Skalierbarkeit zu ermöglichen, entwickelte Ford zusammen mit trinckle eine interne Software-Anwendung zur effizienten Erstellung dieser Vorrichtungen.

Das Berliner Startup trinckle bietet spezialisierte Lösungen für die Designautomatisierung und Produktkonfiguration im Bereich der Additiven Fertigung. Das Hauptprodukt, die Cloud-Softwarelösung paramate, ermöglicht die automatisierte Erstellung von AM-Designs, die den jeweiligen Benutzer in den Designprozess einbeziehen können. Zu den von paramate ermöglichten Produktkonfiguratoren gehören hochindividuelle Industriekomponenten wie Kupferinduktoren und Vakuumgreifer oder Lifestyle- und Konsumgüter wie Schmuck- und Surfboard-Finnen.

Im Fall von Ford beginnt der Workflow bei der Konstruktion einer neuen Vorrichtung mit dem Hochladen der zu platzierenden Fahrzeugmodelldaten und Beschriftungen. Anschließend kann der Anwender vorkonfigurierte Standardelemente wie z.B. Griffe, Magnethalter zur Befestigung der Vorrichtung an der Karosserie, mechanische Anschläge und individuelle Beschriftungen hinzufügen. Alle diese Funktionen sind mit wenigen Mausklicks über eine intuitive Benutzeroberfläche zugänglich. Anschließend erstellt die Anwendung automatisch die Geometrie des Werkzeugs unter Verwendung der Algorithmen der Partnerplattform. Die daraus resultierende Vorrichtung passt sich exakt der Kontur des Fahrzeugs an und wird nach den Bedürfnissen des Benutzers individualisiert.

Der Konfigurator von trinckle nutzt die Fähigkeiten der Partnerplattform und reduziert die Dauer des Designprozesses von 2 bis 4 Stunden auf 10 Minuten. Darüber hinaus erfordert die Anwendung kein CAD- oder Konstruktions-Know-how für die Additive Fertigung, so dass Montagemitarbeiter den Konfigurator nutzen können. Da die späteren Anwender nun in der Lage sind, die Vorrichtungen selbst zu konstruieren, können zeitaufwendige Rückkopplungsschleifen zwischen Konstrukteur und Werkzeuganwender entfallen. Das strafft den Gesamtprozess, da die Designer von dieser Tätigkeit entlastet werden und die Mitarbeiter in der Produktion die Werkzeuge nach ihren jeweiligen Bedürfnissen gestalten.

Im Vergleich zum bisherigen Konstruktionsprozess bietet dieser Ansatz noch mehr Potenzial für die Zukunft: Durch die Analyse historischer Konstruktionen können die Vorrichtung und das Softwaretool selbst im Laufe der Zeit optimiert werden. Im Fall von Ford könnte das Softwaretool beispielsweise automatisch einen ersten Entwurf vorschlagen, der auf den gängigsten Konfigurationen basiert. Wie in diesem Beispiel zu sehen ist, bieten automatisierte Designkonfiguratoren einen direkten Weg, um Kunden-/Benutzerinformationen zu erhalten und in Konstruktionen umzusetzen.

Alles in allem zeigt dieses Beispiel von trinckle und Ford, dass wertschöpfende Anwendungen der Additiven Fertigung eine ganzheitliche Betrachtung aller Prozessschritte erfordern. Die Machbarkeit dieses Business Case konnte nur aufgrund der Verbesserung des Konstruktionsprozesses durch Designautomatisierung sichergestellt werden.

9.13 Digitale Prozesskette für Orthesen und Prothesen durch Additive Fertigung und eine Digital Solution

OEM	Mecuris
Kunde	B2C über Orthopädietechniker
Produktion	Inhouse
Prozesskette	Direkte AM-Fertigung
AM-Technologie & Werkstoff	Lasersintern mit PA12 oder TPU
Bounding Box	300 cm^3 bis 13 000 cm^3
Wertschöpfungscluster	Customization
Markteintritt dieser AM-Anwendung	2016

Prothesen und Orthesen werden heutzutage nicht mehr nur möglichst versteckt getragen. Stattdessen entscheiden sich viele Anwender solcher Hilfsmittel, diese auch offen zu zeigen. Allerdings stehen sie dabei grundsätzlich vor einem Dilemma: Sie können entweder Standardprodukte wählen, die sofort verfügbar sind, aber nur suboptimale Passform bieten, oder sich für individuelle Hilfsmittel entscheiden, die eine bessere Funktionalität bieten, aber lange Vorlaufzeiten erfordern. Beide Optionen bieten den Anwendern nicht die Möglichkeit, Ästhetik und Aussehen richtig anzupassen. Die Firma Mecuris will dieses Dilemma überwinden und Orthesen und Prothesen mit Hilfe Additiver Fertigung und mit ihrer Lösungsplattform in das digitale Zeitalter führen.

Das Unternehmen Mecuris ist ein Münchner Startup, das 2016 als Spin-off des Universitätsklinikums München (LMU) gegründet wurde. Das Team von Mecuris besteht derzeit aus 30 Mitarbeitern mit unterschiedlichem Hintergrund: Ärzte, Ingenieure, IT-Spezialisten, Betriebswirte und Designer. Das Kernprodukt des Unternehmens ist die digitale Mecuris Solution Platform, die es zertifizierten Orthopädietechnikern ermöglicht, einzigartige Orthesen- und Prothesenprodukte mit ihren Kunden zusammenzustellen. Mithilfe der digitalen Werkstatt werden den Anwendern hochindividuelle, additiv gefertigte Teile zur Verfügung gestellt, die sowohl hinsichtlich der funktionalen als auch der ästhetischen Bedürfnisse der Kunden optimiert sind. Dies eröffnet auch neue Behandlungsmöglichkeiten kleinerer Patientengruppen, wie z.B. Kinder, für die es oft gar keine vorgefertigten Produkte gibt.

Bild 9.22 *Additiv gefertigte Unterschenkelprothese* [Quelle: Mecuris]

Die digitale Toolbox der Mecuris Solution Platform deckt einen großen Teil der Prozesskette ab, die zu einem individuellen orthopädischen Hilfsmittel führt. Scans und Messungen von zertifizierten Orthopädietechnikern dienen als Input für die digitale Plattform. Diese Datenerfassung durch einen Orthopädietechniker ist gesetzlich vorgeschrieben, da Orthesen und Prothesen als Medizinprodukte gelten. Neben den funktionalen Parametern können Anwender gemeinsam mit ihrem Orthopädietechniker auf der webbasierten Plattform auch individuelle Präferenzen in Bezug auf das Aussehen definieren und zwischen verschiedenen Farben, Texturen und Designs wählen. Auf der Solution Platform wird das individuelle Design generiert, das im Anschluss durch Finite-Elemente-Simulationen zur Produktfreigabe digital geprüft wird. Nach einem erfolgreichen Test wird der digitale Entwurf in Form einer STL-Datei zur Fertigung an zertifizierte Lieferanten geschickt. Die meisten Teile werden durch selektives Lasersintern mit PA12 hergestellt. Die Nachbearbeitung umfasst die üblichen Fertigungsschritte wie Schleifen, Strahlen und Färben. Auf Kundenwunsch werden im Montageprozess (salz-)wasserdichte Komponenten verwendet, die das Endprodukt vollständig wasserdicht machen. Durch den Abschluss von Qualitätsvereinbarungen mit seinen Produktionspartnern erhielt Mecuris als erster Hersteller weltweit das CE-Zeichen für additiv hergestellte Prothesenfüße. Durch die schnelle Verfügbarkeit von additiv gefertigten Teilen können die Durchlaufzeiten in der Regel auf weniger als zehn Arbeitstage reduziert werden. Dies ist eine enorme Verbesserung gegenüber konkurrierenden Produkten, bei denen Lieferzeiten von bis zu 2 bis 3 Monaten üblich sind. Während des gesamten Prozesses werden die Orthopädietechniker mit Informationen und Funktionalitäten zur Auftragsabwicklung versorgt. Dazu gehört auch die Möglichkeit der Rechnungsbearbeitung.

Neben der Individualisierung und schnellen Verfügbarkeit wird auch die Möglichkeit des funktionalen Designs genutzt. Die additiv gefertigten Teile von Mecuris enthalten Standard-Metalladapter, um die Kompatibilität mit Industriestandards zu gewährleisten. Darüber hinaus werden kohlefaserverstärkte Kunststoffe integriert, wenn eine höhere Steifigkeit erforderlich ist. Einige Produkte enthalten zusätzliche Komponenten aus anderen Werkstoffen, z.B. lasergesinterten TPU-Teilen, um veränderte Dämpfungseigenschaften zu erreichen.

Zusammenfassend zeigt dieses Anwendungsbeispiel, wie die einzigartigen Eigenschaften von AM durch den Aufbau einer digitalen Prozesskette für Orthesen und Prothesen genutzt werden können. Mecuris will sein Produktportfolio in Zukunft noch erweitern. Darüber hinaus plant das Unternehmen seine digitale Plattform durch eine weitere Verfeinerung und Automatisierung der Prozesskette zu verbessern. Andere additive Fertigungsprozesse als das selektive Lasersintern werden ebenfalls berücksichtigt.

10 Strategische Implementierung Additiver Fertigung beim OEM

Die Implementierung von Additiver Fertigung kann einem OEM neue Möglichkeiten der Wertschöpfung bieten – sowohl für die Kunden als auch für das Unternehmen selbst. Eine kritische Phase ist dabei die Einführungsphase, in der sich der OEM mit der neuen Technologie vertraut macht. Dieses Kapitel stellt vor, wie die Einführungsphase additiver Verfahren in Unternehmen erfolgen kann, die wenig oder gar keine Erfahrung mit dieser Technologie haben.

10.1 Voraussetzungen für die Implementierung

In Kapitel 6 wurde ausführlich erläutert, wie Additive Fertigung wertsteigernd in einem OEM eingesetzt werden kann. Praktische Beispiele erfolgreicher Implementierung von AM sind in Kapitel 9 vorgestellt. Vor der Implementierung additiver Verfahren muss jedoch zunächst die Frage geklärt werden, ob und wie das eigene Unternehmen konkret von der neuen Technologie profitieren kann. Wird dieser Punkt vernachlässigt und nur unzureichend geklärt, so kann dies eine unnötig in die Länge gezogene Einführungsphase ohne nennenswerte konkrete Ergebnisse zur Folge haben. Es ist deshalb wichtig, explizit zu klären, welche Vorteile das Unternehmen aufgrund der Implementierung erwartet und welchen Aufwand es dafür zu erbringen bereit ist. Die Empfehlung für das höhere Management ist deshalb zuallererst die Durchführung einer reinen Situationsanalyse. Erst danach wird eine schrittweise Einführungsmethodologie erarbeitet. Bild 10.1 zeigt eine schematische Übersicht über Faktoren, die für eine Implementierung additiver Fertigungsmethoden relevant sind. Das in Abschnitt 10.3 vorgestellte Implementierungsmodell ETM basiert auf dem Einsatz von Pilotprojekten und kann die Einführungsphase im OEM beschleunigen.

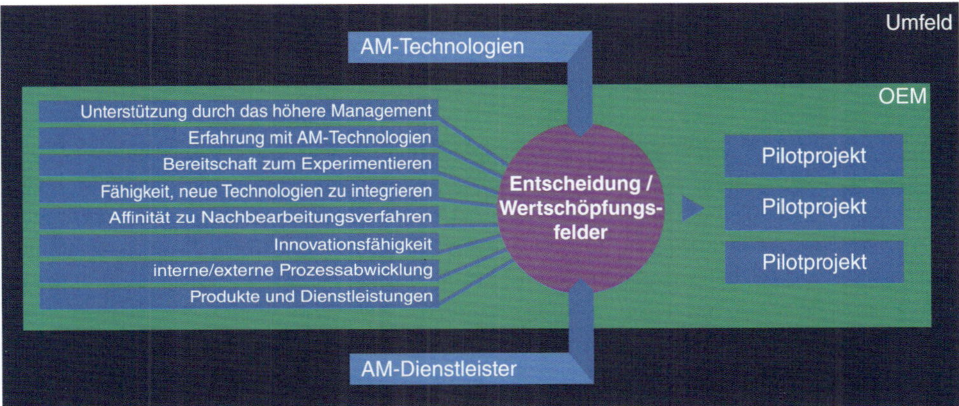

Bild 10.1 *Zahlreiche Faktoren müssen für die Implementierung von AM berücksichtigt werden.* [Quelle: ETHZ pd|z]

Situationsanalyse

Die Situationsanalyse verschafft ein Bild der aktuellen Situation des Unternehmens und kann mögliche zukünftige Entwicklungen und Trends identifizieren, die additive Fertigungsmethoden bedienen können. Bei der Situationsanalyse werden zwei verschiedene Systeme bewertet: das interventionsfähige System und das Umfeld des OEM.

Der Fokus dieses Kapitels liegt auf dem interventionsfähigen System, das der direkten Verantwortung und Kontrolle des OEM unterliegt. Hier kann und muss der OEM aktiv Maßnahmen für die Implementierung der Additiven Fertigung ergreifen und das fragliche Produkt wie auch die zugehörigen Prozesse anpassen. Bei der Analyse des aktuellen Status liegt das Hauptaugenmerk dementsprechend auf unternehmensinternen Prozessabläufen und auf den Produkten, die vom Unternehmen entwickelt und hergestellt werden.

Unternehmensinterne Faktoren sind entscheidend für die Fähigkeit eines OEM, neue Technologien zu integrieren. Ein kritischer Aspekt ist die Frage, wie gut der OEM in der Lage ist, neues Wissen umzusetzen, und wie innovationsfähig er ist. Die Größe des Unternehmens spielt dabei eine entscheidende Rolle, denn sie beeinflusst unmittelbar die Zeit, die notwendig ist, um neues Wissen ausreichend intern zu kommunizieren und zu verinnerlichen. Große Unternehmen, selbst wenn sie auf zahlreiche Ressourcen zugreifen können, sehen sich erfahrungsgemäß schwerwiegenden Herausforderungen gegenüber, wenn es darum geht, die eigenen Voraussetzungen zu analysieren und entsprechend zu agieren, sprich die notwendigen Bedingungen für die Implementierung additiver Verfahren zu schaffen. Gründe dafür sind komplexe Hierarchiestrukturen und feststehende Routinen, die für den erfolgreichen Einsatz der neuen Technologie überwunden werden müssen. Wie bereits in Kapitel 6 erläutert, erfordert Additive Fertigung eine Anpassung von Arbeitsweise und Aufgabenzuteilung. Kleinere Unternehmen können diese Schritte üblicherweise schneller umsetzen und sind infolgedessen auch schneller in der Einbindung.

Erfahrene und fähige Mitarbeiter sind einer der Schlüsselfaktoren für die Implementierung von Additiver Fertigung. Die Ernennung unternehmensinterner Gruppen von Experten ist deshalb hilfreich. Diese Mitarbeiter sollten in den Bereichen Konstruktion, Einkauf, Qualitätssicherung und Logistik auf die für AM in Frage kommenden Produkte spezialisiert sein. Sie müssen die volle Unterstützung des höheren Managements haben. Dieses wiederum muss sich der Vorteile Additiver Fertigung bewusst und zur Erschließung neuer Geschäftsmöglichkeiten bereit sein. Eine aufgeschlossene Denkweise des Managements ist wichtig, da nur so die für Pilotprojekte notwendige Dynamik erreicht werden kann.

Die Umstellung auf additive Fertigungsverfahren erfordert eine neue Planung von Produktion und Qualitätskontrollmechanismen, und zwar unabhängig davon, ob sie in Eigenproduktion oder Fremdbezug zum Einsatz kommen. Komplexere Produktdesigns und höhere Produktvielfalt stellen neue Herausforderungen für Qualitätsprüfung und Verfolgbarkeit in der Produktion dar.

Unternehmen, die die entsprechenden Voraussetzungen nicht erfüllen, müssen dies berücksichtigen und sich Zugang zu den notwendigen Qualitätskontrollsystemen oder verbesserten Informationssystemen verschaffen. Auch bei ausgelagerter Produktion wird sich das Unternehmen mit neuen Planungskonzepten auseinandersetzen müssen, wie etwa Bauteilausrichtung, Bauvolumen, Schichtdicken, Generierung der Minimalisierung von Supportstrukturen, Post-Processing (Entfernung der Supportstrukturen, Wärmebehandlung usw.). Ein Produktionssystem, das Additive Fertigung unterstützt, und bestehende Erfahrungen mit Technologien, die für Post-Processing geeignet sind, können die erfolgreiche Einbindung additiver Verfahren vereinfachen und beschleunigen.

Das Umfeld auf der anderen Seite bezeichnet Faktoren, die zwar Auswirkungen auf den OEM haben können, sich aber außerhalb seiner direkten Kontrolle befinden. Diese Faktoren können zum Beispiel technische Fortschritte in den additiven Fertigungstechnologien, Material oder die

Kooperation mit AM-Dienstleistern sein, aber auch im weiteren Sinne Zulieferer, Kunden, Wettbewerber oder aktuelle Markttrends.

Ein besonders interessanter Faktor ist die örtliche Verfügbarkeit von AM-Dienstleistern und eine gute Zusammenarbeit mit diesen. Wie bereits in Kapitel 5 erläutert, ist der Fremdbezug die einfachste Möglichkeit, Zugang zu AM-Technologien zu erhalten, da sie Investitionen in eigenes AM-Equipment überflüssig machen. Wichtig ist dabei ein hoher Grad an Informationsaustausch und gegenseitiger Unterstützung zwischen OEM und AM-Dienstleister. Offene gegenseitige Kommunikation, der Austausch von Beispielprodukten und probeweise gefertigten Bauteilen oder auch die Durchführung von Testläufen zur Identifikation der korrekten Maschinenparameter sind wertvoll. Auch die Bereitstellung von Werkzeugen zur Qualitätskontrolle direkt am Ort der Fertigung kann für die erfolgreiche Zusammenarbeit hilfreich sein. Als erster Schritt empfiehlt es sich hier, dass wenigstens ein Mitarbeiter im Einkauf das notwendige Basiswissen über Additive Fertigung erwirbt. Da der reibungslose Informationsaustausch zwischen OEM und AM-Dienstleister elementar ist, ist es die Aufgabe dieses Mitarbeiters, die Beziehungen mit dem oder den Dienstleistern aufzubauen und außerdem die Organisation für alle mit AM zusammenhängenden Angelegenheiten zu übernehmen.

Für die Situationsanalyse müssen zudem die technologischen Faktoren der Additiven Fertigung betrachtet werden. Diese AM-typischen Eigenschaften wurden in den vorhergehenden Kapiteln bereits eingehend vorgestellt. Sie umfassen Fertigungseigenschaften, wie *Complexity for Free* und die *Losgrößenunabhängigkeit* der Fertigung, aber auch die wichtigen Einschränkungen der diversen additiven Verfahren. So stellen die vergleichsweise geringe Auswahl an Materialien, hohe Kosten für Maschinen und Material wie auch relativ niedrige Prozessgeschwindigkeiten und Oberflächenqualitäten für AM-Neueinsteiger oft große Herausforderungen dar. Umso wichtiger ist die gründliche Abwägung im Vorfeld, ob und inwieweit das Unternehmen fähig ist, diese Einschränkungen zu verkraften, und auszutesten, was AM-Technologien tatsächlich im Bereich der eigenen Produktion leisten können.

Die Bereitschaft zu experimentieren ist ein entscheidender Faktor für die erfolgreiche Einbindung von additiven Verfahren. Angesichts der fehlenden Standardisierung dieser Prozesse muss der OEM bereit sein, eigene Tests durchzuführen, um produktionsfähige Lösungen zu erreichen. Der aktuelle Stand der Prozesse erlaubt keine «intuitive» Handhabung der Additiven Fertigung aufbauend auf dem Wissen aus der konventionellen Fertigung. Deshalb ist eine erfolgreiche Implementierung nicht ohne die entsprechenden Grundlagen möglich, selbst mit den erfahrensten Partnern. Hinzu kommt, dass AM-Wissen grundsätzlich verfahrensspezifisch ist. Das bedeutet, dass Tests und Erkenntnisse für eine bestimmte Kombination von Prozess und Material sich nicht für andere Prozess-Material-Kombinationen reproduzieren lassen. Abschließend sei hier erwähnt, dass moderne CAD-Systeme, die eine AM-fähige Bauteilgestaltung unterstützen, elementar für die Implementierung sind.

Die Entscheidung, in additive Fertigungstechnologien zu investieren, muss abhängig von Kundennutzen, Produkteigenschaften und internen Prozessen des OEM erfolgen. Die in Kapitel 6 vorgestellten Wertschöpfungsfelder können dabei helfen, die entsprechenden Faktoren im eigenen Unternehmen zu identifizieren und zu bewerten. Die potenziell wertsteigernden Faktoren sollten einzeln geprüft werden in Hinblick auf reale Kundensegmente, die vom OEM bedient werden, Produktlinien, die vom OEM gefertigt werden, und interne Prozesse, die im OEM etabliert sind. Die Situationsanalyse sollte aufzeigen, welche Wertschöpfungsfelder für das Unternehmen das höchste Gewicht haben.

Pilotprojekte

Nach der Evaluation aller oben aufgelisteten Aspekte ist der nächste Schritt die Identifizierung (im Idealfall mehrerer) geeigneter Pilotprojekte. In Workshops mit Mitarbeitern, die eine hohe Expertise im Bereich des fraglichen Produkts aufweisen, werden die möglichen Projekte diskutiert und zugewiesen. Diese Pilotprojekte dienen dem OEM als Lernwerkzeuge. Während der Arbeit an den Pilotprojekten lernen die Mitarbeiter alle kritischen Aspekte kennen, die für die Implementierung von Additiver Fertigung im Kontext ihrer Anwendung nötig sind, wie etwa Designstrategien, Materialauswahl, Qualitätsprüfung, Auswahl von und Umgang mit Zulieferern bzw. Dienstleistern, und wenden diese aktiv an. Zugleich sammeln sie Erfahrungen, die es ihnen ermöglichen, ein Gefühl für die Akzeptanz der Änderungen bei firmeninternen und firmenexternen Kunden zu entwickeln.

Die Pilotprojekte sollten von beherrschbarer Komplexität sein und auf bereits kommerziell verfügbaren additiven Verfahren und Materialien basieren. Projekte mit einem geringen Grad an Komplexität haben eine größere Chance, zu einem vergleichsweise schnellen Ergebnis zu führen, und bieten daher den maximalen Lerneffekt, besonders beim Einstieg in die additiven Fertigungsmethoden. Es ist entscheidend, dass die Mitarbeiter die Projekte als Ganzes von Anfang bis Ende durchlaufen, angefangen bei der Produktentwicklung bis hin zum Endkunden, da nur so ausreichende Erfahrungen gesammelt werden können. Die Zeitspanne eines solchen Pilotprojekts beträgt idealerweise sechs bis acht Monate.

Für die Durchführung jedes Pilotprojekts muss das Management ein Budget zur Verfügung stellen, ein kleines Team von zwei bis fünf Mitarbeitern zuweisen und diesen freies Feld geben, was das Treffen von Entscheidungen angeht. Das Team berichtet in regelmäßigen Abständen über den Fortschritt des Projekts. Wenn das Projekt abgeschlossen ist, stellt das Team seine Ergebnisse vor und das Management entscheidet, ob zukünftig mit komplexeren Implementierungen das gleiche Gebiet betreffend fortgefahren wird oder ob neue Ideen gesucht werden sollen. Das abgeschlossene Projekt dient dann als Anwendungsbeispiel für die weitere Implementierung.

10.2 Einbindung der Mitarbeiter bei der Implementierung von AM

Der Einstieg in neue Technologien ist immer mit Hürden verbunden. Dabei ist der Faktor Mensch nicht zu unterschätzen. Für Innovationen, die auf der Additiven Fertigung beruhen, müssen bestehende Konstruktionen und Wertschöpfungsketten grundlegend infrage gestellt und neu gedacht werden. Entscheidend ist hierbei die Offenheit der Mitarbeiter, Chancen und Möglichkeiten der AM-Technologie im Kontext des eigenen Unternehmens zu erkennen, wie auch ihre Bereitschaft, sich auf die AM-Technologie einzulassen. AM-Pilotprojekte sind zuallererst auch Lernprozesse, deren Ziel es ist, die AM-Technologie als Wertschöpfungstreiber für das Unternehmen zu verstehen und zu beherrschen. Dieser Lernprozess ist immer auch mit Unsicherheit und Vorbehalten verbunden.

Erste Schritte der AM-Implementierung scheitern daher oft an der Bereitschaft des Unternehmens bzw. seiner Mitarbeiter, sich auf Neues einzulassen. Dies kann langfristige Konsequenzen für das Unternehmen haben. Denn scheitert ein AM-Pilotprojekt im Unternehmen, wird die Technologie oft langfristig negativ beurteilt. Dies beeinflusst dann auch Folgeprojekte, bei denen darauf verwiesen wird, dass die Technologie bereits getestet worden sei und es sich gezeigt habe, dass diese kein Potenzial hat – unabhängig der Gründe, aus denen das Pilotprojekt gescheitert ist.

Teil eines AM-Implementierungsprojekts sollten deshalb immer auch gezielte Maßnahmen sein, um Mitarbeiter im Unternehmen «mitzunehmen». Promotoren, die AM-Pilotprojekte aktiv und intensiv durch besonderes Engagement und mit persönlicher Überzeugung fördern, sind essenziell. Die Promotoren haben dabei die Aufgabe, gezielte Vorbehalte der Mitarbeiter abzubauen. Diese Vorbehalte lassen sich in eine technische und eine persönliche Dimension aufteilen.

Technisch beurteilen Mitarbeiter das Potenzial der Technologie im Kontext des eigenen Unternehmens. In der persönlichen Dimension beurteilen sie die Auswirkung der Veränderung auf ihre eigene Arbeitssituation. Die AM-Technologie erfordert neue Fähigkeiten und Wissen und sie verändert die bekannten und etablierten Arbeitsabläufe. Die Mitarbeiter schätzen ab, ob sie von dieser Veränderung persönlich profitieren, nicht betroffen sind oder gar Nachteile haben. Bei der Implementierung ist es wichtig, diesen technologischen und persönlichen Vorbehalten argumentativ überzeugend zu begegnen. In der technologischen Dimension kann dies durch Fakten und Fallbeispiele erfolgen, in der persönlichen Dimension müssen durch Schulungen und Kompetenzaufbau Vorbehalte schrittweise abgebaut werden. Um dieses Vorgehen in einem Projekt zu planen, lassen sich beteiligte Mitarbeiter entsprechend der in Bild 10.2 gezeigten Matrix einteilen.

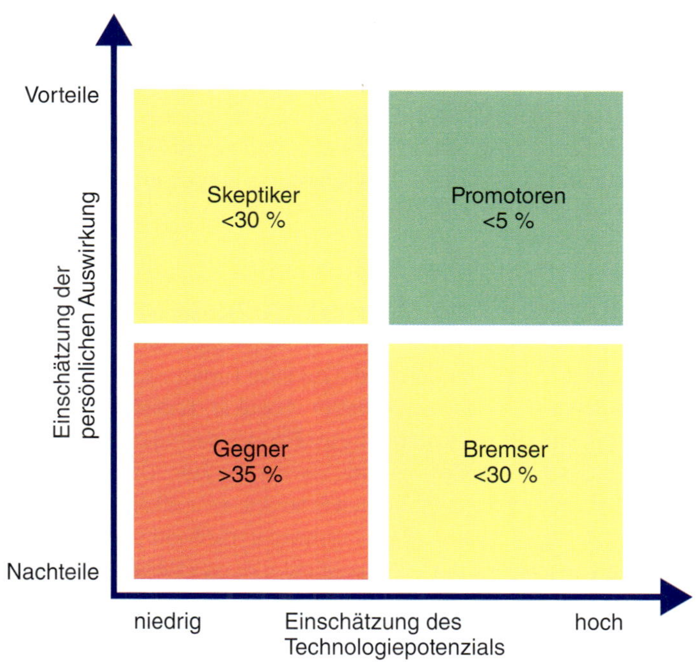

Bild 10.2 *Matrix der persönlichen und technologischen Beurteilung neuer Technologien durch Mitarbeiter* [Quelle: ETHZ pd|z]

- *Promotoren*: Mitarbeiter, die der AM-Technologie im Kontext des Unternehmens ein hohes Wertschöpfungspotenzial zuordnen und persönlich Vorteile sehen, wenn die Technologie sich breiter durchsetzt. Promotoren sollten das Kernteam eines Pilotprojekts bilden.
- *Skeptiker*: Mitarbeiter, die der persönlichen Veränderungen der Arbeitswelt gegenüber offen sind, jedoch technologische Vorbehalte haben und nicht von dem Wertschöpfungspotenzial der Technologie für das Unternehmen überzeugt sind. So kennen sie beispielsweise die AM-Technologie aus dem Prototypenbau, doch wird die Eignung in Bezug auf Serien- und Endkundenteile sehr kritisch gesehen. Skeptiker können durch Fakten und Fallbeispiele zu Promotoren werden.
- *Bremser*: Mitarbeiter, die das wirtschaftliche und technologische Potenzial positiv bewerten, jedoch persönliche Vorbehalte gegenüber der AM-Technologie haben, etwa weil ihre Stellung

als Experte sich verändert oder sie verunsichert sind, da sie nicht das notwendige Wissen über die Technologie besitzen. Bremser können durch gezielte Schulungen und Kompetenzaufbau zu Promotoren werden.

- *Gegner*: Personen, die additive Verfahren sowohl persönlich als auch technologisch negativ beurteilen. Diese Gruppe braucht Zeit, um sich mit der Technologie vertraut zu machen. Nach dem Abschluss der ersten erfolgreichen AM-Projekte nimmt diese Gruppe erfahrungsgemäß systematisch ab und Gegner werden zu Skeptikern oder Bremsern.

Diese Matrix gibt Anhaltspunkte, welche Personen in Pilotprojekte eingebunden werden sollen und wie Mitarbeiter argumentativ mitgenommen werden können.

In einer ersten Phase ist es empfehlenswert, ein Pilotprojekt nur mit einer kleinen Gruppe von Promotoren zu starten. Ziel dieses Pilotprojekts ist es, ein unternehmenseigenes AM-Beispiel zu realisieren, das sowohl in Bezug auf die technischen als auch auf die wirtschaftlichen Kriterien belastbar ist. Das Ergebnis liefert dann die Argumente und die Grundlagen, Skeptiker und Bremser mit gezielten Argumenten und Maßnahmen zu Promotoren zu entwickeln. Skeptiker werden mit technologischen Argumenten in die Additive Fertigung eingebunden und Bremser werden persönlich eingebunden, indem man ihnen Ängste nimmt und gezielt Expertise aufbaut. Hat man im Unternehmen eine entsprechende Anzahl von Promotoren aufgebaut, wird die Technologie zum Selbstläufer und ist erfolgreich implementiert.

10.3 Beschleunigte Entwicklungsprozesse mit AM

Wie viele Beispiele gezeigt haben, ermöglicht die Additive Fertigung aufgrund ihrer besonderen technologischen Eigenschaften eine Vielzahl neuer Produkte. Kapitel 9 hat mit vielen Anwendungsbeispielen gezeigt, wie sowohl Complexity for Free als auch die Losgrößenunabhängigkeit für neue Produkte und Geschäftsmodelle genutzt werden können. Darüber hinaus hat AM auch einen großen Einfluss darauf, wie wir tatsächlich Produkte entwickeln, da die Technologie den Einsatz neuer Entwicklungsansätze ermöglicht, allen voran die Methode Agile.

Agile ist bereits seit Längerem in der Software-Entwicklung etabliert und zeichnet sich durch zeitlich definierte Entwicklungssprints aus. Ein sprintbasiertes, iteratives Vorgehen aus Programmieren, Kompilieren und Testen hilft den Software-Entwicklern, flexibel mit Änderungen und Unsicherheiten in Entwicklungsprojekten umzugehen. Ein derartiges Vorgehen kann auch in der Entwicklung von mechanischen Systemen eingesetzt werden. Die Additive Fertigung ist hierfür besonders geeignet durch die Möglichkeit, kleine Stückzahlen und viele unterschiedliche Varianten in kurzer Zeit zu fertigen. Dies war auch die Motivation hinter der Erfindung der ersten additiven Fertigungsverfahren für das Rapid Prototyping.

Was die Nutzung von Prototypen in klassischen Entwicklungsprozessen von agiler Entwicklung unterscheidet ist die Art und die Häufigkeit der Nutzung. In Entwicklungsprozessen mit einem traditionellen Ablauf aus Planen, Konzipieren, Entwerfen und Ausarbeiten, z.B. nach VDI 2221, werden Prototypen vor allem zur Validierung eingesetzt, um den Nachweis zu erbringen, dass die vorangegangenen Überlegungen zu den richtigen Schlussfolgerungen geführt haben. In einem agilen Vorgehen werden Prototypen kontinuierlicher eingesetzt, häufig bereits mit dem Ziel, ein Problemverständnis aufzubauen und den Lösungsraum zu erkunden. Hierfür werden mehr Prototypen benötigt, die teilweise nur eine Teilfunktion in verschiedenen Varianten abbilden.

Gegen Ende eines Entwicklungsprozesses vereinfacht die durchgängige Anwendung von AM sowohl für Prototypen als auch für Endverbraucherbauteile die Einführung neuer Produkte. Hierdurch verschwimmen die Grenzen zwischen Entwicklungsprototypen, Nullserie und einer inkrementellen Markteinführung. Eine Produktentwicklung ist nicht mit dem Design Freeze abgeschlossen. Auch nach der Erstellung der Fertigungsunterlagen für die Produktion sind noch Verbesserungen möglich.

Die Implikationen, die diese beiden fundamentalen Veränderungen im Entwicklungsprozess haben, sollen anhand der Entwicklung der ALPA-Platon-Videokamera veranschaulicht werden. ALPA Capaul and Weber Ltd. ist ein in Zürich ansässiges Unternehmen, das sich auf Mittelformatkameras für die professionelle Fotografie spezialisiert hat. Die Produkte von ALPA zeichnen sich durch geringe Stückzahlen, Fokussierung auf die konventionelle Fertigung (z.B. Fräsen) und hohe Abhängigkeit von Drittprodukten und Herstellern aus. ALPA hat die Konvergenz von Fotografie und Videografie als neuen Markt identifiziert. Die Nutzeranforderungen sind hier noch unbekannt und haben sich noch nicht konsolidiert. ALPA hatte bereits durch mehrere Entwicklungsprojekte umfangreiche Erfahrungen bei der Implementierung von AM aufgebaut. In der Entwicklung der Videokamera Platon in Bild 10.3 wandte ALPA nun agile Prinzipien wie die Einführung kurzer und iterativer Entwicklungszyklen an. Dies ermöglichte es dem Unternehmen, schnell einsatzfähige Produkterweiterungen für Lead-User bereitzustellen und die Kundenakzeptanz durch Feedbackschleifen zu erhöhen. Zusammenfassend lässt sich sagen, dass die Implementierung von Agile zu einer stark beschleunigten Validierung von Produkterweiterungen führte, die anfängliche Kosten und Risiken durch eine frühzeitige Monetarisierung reduzierte. Darüber hinaus wurde eine höhere Flexibilität bei späteren Konstruktionsänderungen erreicht.

Bild 10.3 *Videokamera ALPA Platon mit additiv gefertigten Komponenten* [Quelle: ALPA]

Neben den beschriebenen Vorteilen traten bei der Implementierung von Agile mehrere Herausforderungen auf. Um kurze iterative Zyklen aufrechtzuerhalten, ist es entscheidend, eine schnelle und kontinuierliche Lieferkette von AM-Prototypen zu haben. Dies war für ALPA ein Problem, da die vorhandenen Auftragssysteme und Prozesse weitgehend für konventionelle Bearbeitungstechnologien optimiert wurden. Dem bestehenden Prozess fehlten die erforderliche Geschwindigkeit, Transparenz, Portabilität und Benutzerfreundlichkeit, um das Geschwindigkeitspotenzial von AM voll ausschöpfen zu können.

Eine neuartige Lieferkette für AM-Prototypen wurde konzipiert und implementiert. Mit dem neuen System ist es möglich, Prototypen direkt aus der CAD-Umgebung zu bestellen (im Fall von ALPA Autodesk Fusion 360). Die Konstrukteure erhalten hier bereits grobe Schätzungen der Kosten und Durchlaufzeiten und können damit ihre Entwicklungsaktivitäten besser planen. Der grundlegende Unterschied des neuartigen Systems gegenüber seinem Vorgänger liegt im nachfolgenden Bestellprozess: An die Stelle der formellen Aufträge an Lieferanten tritt ein Backlog, der alle zu fertigenden Teile enthält, einschließlich 3D-Modelle und Spezifikationen. Dadurch kann der Lieferant selbstständig steuern, in welcher Reihenfolge er die Bauteile im Backlog produziert und damit seine Produktion für eine maximale Maschinenauslastung optimieren. Als Nebeneffekt werden Lieferverzögerungen vermieden und Fertigungsfehler minimiert. Darüber hinaus wurden auch die nachfolgenden Prozessschritte wie Auftragsbestätigung, Wareneingangsprüfung und Rechnungsbearbeitung integriert und nach Möglichkeit automatisiert. Dashboards für ALPA und den Lieferanten geben jederzeit einen Überblick über die wichtigsten Kennzahlen (z.B. offene Aufträge, Kosten).

Das Beispiel der Entwicklungsprozesse bei ALPA zeigt, wie die Additive Fertigung nicht nur neue Produkte, sondern auch neue Arbeitsmethoden ermöglicht. Die Implementierung von AM in Organisationen hat dadurch Auswirkungen auf die gesamte Prozesskette: ausgehend von der Entwicklung neuer Produkte, wo agile Entwicklungsansätze durch die schnelle Verfügbarkeit von additiv hergestellten Prototypen plötzlich anwendbar werden, im Betrieb, wo Lieferketten und Bestellprozesse an die Bedürfnisse von AM angepasst werden müssen, und auch im Marketing & Vertrieb, wo Kundenbeziehungen durch die Möglichkeit der frühzeitigen Validierung von Produkterweiterungen durch Anwenderfeedback verändert werden. Erst der Fortschritt in allen Funktionen ermöglicht eine ganzheitliche Nutzung von AM für Serienprodukte.

10.4 Beschleunigung des Wissenstransfers durch ETM

Eine Voraussetzung für das oben beschriebene Pilotprojekt-basierte Vorgehen ist die Fähigkeit des Unternehmens, selbstständig die notwendigen Kenntnisse über Additive Fertigung aufzubauen und anzuwenden. So kann etwa Konstrukteuren der Gebrauch von AM-Maschinen ermöglicht und die Mitarbeiter können ermutigt werden, an kurzzeitigen 3D-Druckprojekten teilzunehmen. Tut sich das Unternehmen schwer mit der Integration oder soll der Prozess deutlich beschleunigt werden, ist es sinnvoll, mit externen Partnern wie Universitäten, Forschungseinrichtungen oder Technologietransferinstitutionen zusammenzuarbeiten und deren Expertise zu nutzen. Dies kann etwa dann der Fall sein, wenn eine schnelle Implementierung notwendig ist, um gegenüber Wettbewerbern konkurrenzfähig zu bleiben. Die Hilfe externer Partner kann den notwendigen Lernprozess vereinfachen und beschleunigen. Ein Vorgehensmodell, das die schnelle Generierung und Integration von AM-spezifischem Wissen ermöglicht und so das Unternehmen bei der Bewertung seiner eigenen Projekte unterstützt, ist das *Erfahrungs-Transfermodell* (ETM). Das Vorgehen ist in Bild 10.4 schematisch dargestellt.

Das Erfahrungs-Transfermodell wird eingesetzt, um Unternehmen beim Übergang zu neuen Technologien zu unterstützen – insbesondere, wenn dies einen zusätzlichen technologischen und ökonomischen Wertgewinn erwarten lässt. Das ETM ist darauf ausgelegt, schnell Erfahrungswissen in den Bereichen Bauteilauswahl und -gestaltung zu generieren. Dies erfolgt in zwei Teilen, in denen jeweils drei Phasen der systematischen Wissens- und Erfahrungsgenerierung durchlaufen werden.

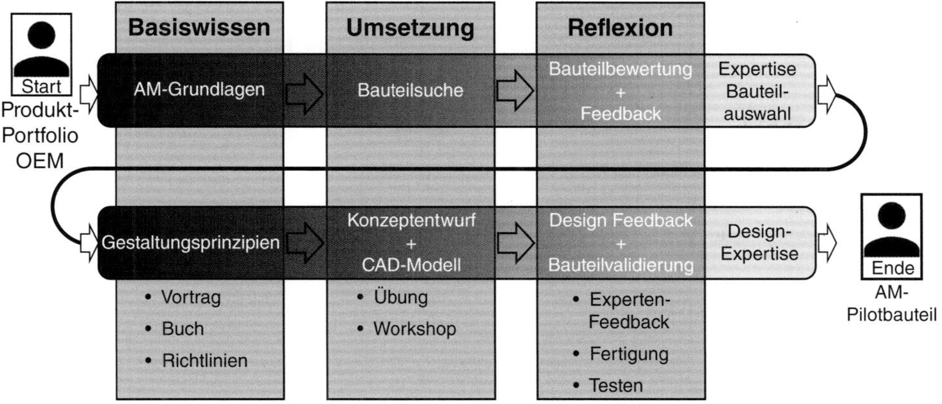

Bild 10.4 *Prinzipieller Ablauf des Erfahrungs-Transfermodells ETM* [Quelle: Leutenecker et al. 2017]

In einem Workshop vermitteln AM-Experten Teilnehmern aus dem Unternehmen explizites Wissen über Additive Fertigung. Explizites Wissen bezeichnet Wissen, das sich aufzeichnen und verbal formulieren und somit als theoretisches Wissen vermitteln lässt. Auf den Workshop folgen als zweite und dritte Phase die Anwendung dieses expliziten Wissens durch die Mitarbeiter in Form von «Hausaufgaben» vor Ort im eigenen Unternehmen und die Reflexion durch Feedback der Experten. Ein oder mehrere bestehende Bauteile werden für die Additive Fertigung angepasst. Existiert kein geeignetes Bauteil im eigenen Unternehmensportfolio, wird im Zuge des ETM eines entwickelt. Die «Hausaufgaben», die die Teilnehmer im Unternehmen zu erledigen haben, dienen somit der aktiven Anwendung des neuen Wissens direkt im firmeneigenen Umfeld und damit entsprechend ihren alltäglichen Bedingungen. Dies ist entscheidend, da die Teilnehmer so eigenes, implizites Wissen über Additive Fertigung sammeln können – Wissen also, das auf Erfahrungswerten beruht und sich nicht einfach in Regeln oder als Theorie weitergeben lässt. Die Teilnehmer können auf diese Weise ein «Gefühl» für die AM-relevanten Vorgänge entwickeln, basierend auf ihren eigenen Erfahrungen.

DEFINITION

Explizites Wissen: Wissen, das sich mündlich und schriftlich weitergeben lässt.
Implizites Wissen: Wissen, das sich nicht direkt weitergeben lässt, sondern nur von einer Person selber aufgebaut werden kann, z.B. praktisches Können, Erfahrungen, «Bauchgefühl».

10.4.1 Erster Teil des ETM: Expertise in der Bauteilauswahl

Bevor die Teilnehmer im unternehmensinternen Produktportfolio nach einem für additive Verfahren geeigneten Bauteil suchen können, müssen sie das notwendige technische Basiswissen über Additive Fertigung besitzen. Dies sind zum Beispiel Informationen darüber, welche Materialien für additive Technologien zur Verfügung stehen und welche Bauteilgrößen realisierbar sind. Der erste Schritt des ETM ist deshalb das Vermitteln dieses expliziten Wissens in Form eines Kick-off-Workshops. In diesem werden die Potenzialcluster eingeführt, aufgrund derer die Teilnehmer Bauteile identifizieren können, bei denen Additive Fertigung die größte Wertsteigerung für Kunden oder OEM generieren kann. Für die Bauteilauswahl relevant sind die technische Durchführbarkeit der

Fertigung, die Notwendigkeit von Post-Processing, eine grobe Abschätzung der Kosten für die Additive Fertigung sowie eine Bewertung der möglichen Vorteile für das Unternehmen oder den Kunden durch die Implementierung von AM. Diese Auswahlkriterien werden im Kick-off-Workshop anhand von Demonstratoren veranschaulicht und dienen als Grundlage für das folgende Vorgehen.

Auf den Workshop folgt die Implementierungsphase in der firmeneigenen industriellen Umgebung. Die Teilnehmer haben einige Wochen Zeit für die Suche nach geeigneten Bauteil-Kandidaten mit einem hohen Potenzial für Additive Fertigung. Die Teilnehmer führen diese Phase eigenständig durch und können so Erfahrungswissen aufbauen. Sie wenden in dieser Phase das im Workshop erhaltene explizite Wissen aktiv an und generieren so implizites Wissen durch ihre eigenen Erfahrungen. Speziell vorgefertigte Formulare wie in Bild 10.5 helfen dabei, die Eigenschaften der identifizierten Bauteile zu dokumentieren, was auch Zeichnungen und Bilder des Bauteils umfasst.

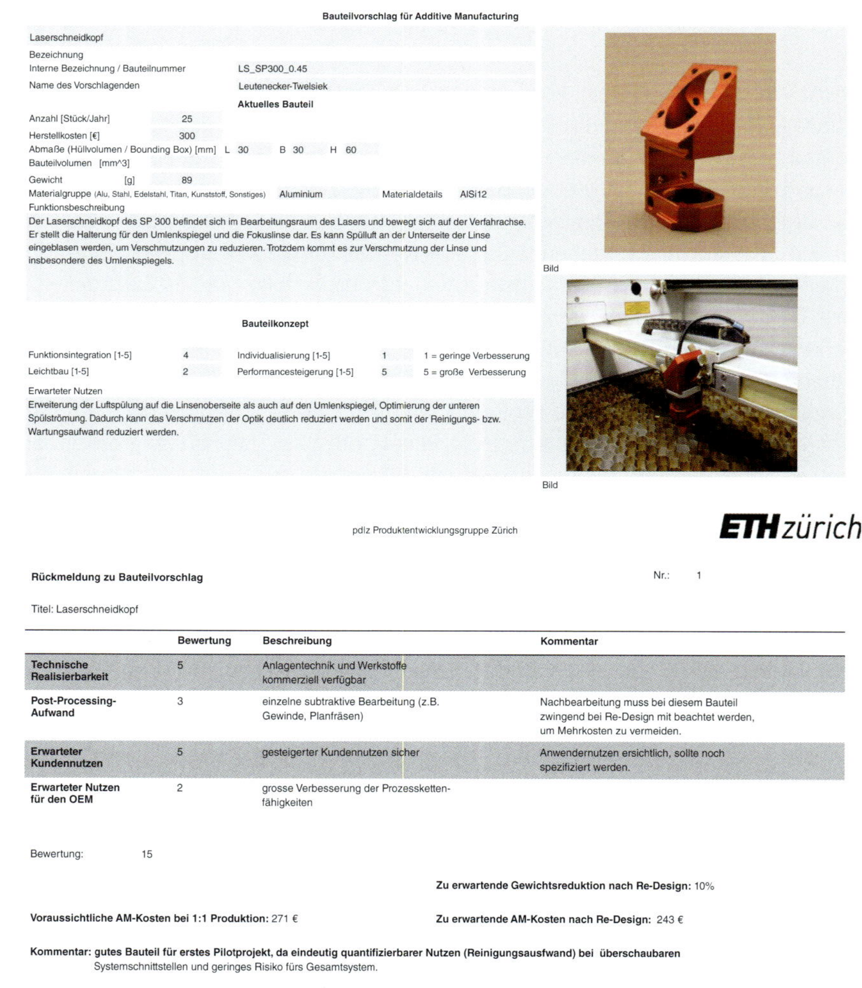

Bauteilvorschlag für Additive Manufacturing

Laserschneidkopf
Bezeichnung
Interne Bezeichnung / Bauteilnummer: LS_SP300_0.45
Name des Vorschlagenden: Leutenecker-Twelsiek

Aktuelles Bauteil

Anzahl [Stück/Jahr]: 25
Herstellkosten [€]: 300
Abmaße (Hüllvolumen / Bounding Box) [mm]: L 30 B 30 H 60
Bauteilvolumen [mm^3]:
Gewicht [g]: 89
Materialgruppe (Alu, Stahl, Edelstahl, Titan, Kunststoff, Sonstiges): Aluminium Materialdetails: AlSi12

Funktionsbeschreibung
Der Laserschneidkopf des SP 300 befindet sich im Bearbeitungsraum des Lasers und bewegt sich auf der Verfahrachse. Er stellt die Halterung für den Umlenkspiegel und die Fokuslinse dar. Es kann Spülluft an der Unterseite der Linse eingeblasen werden, um Verschmutzungen zu reduzieren. Trotzdem kommt es zur Verschmutzung der Linse und insbesondere des Umlenkspiegels.

Bild

Bauteilkonzept

Funktionsintegration [1-5]	4	Individualisierung [1-5]	1	1 = geringe Verbesserung
Leichtbau [1-5]	2	Performancesteigerung [1-5]	5	5 = große Verbesserung

Erwarteter Nutzen
Erweiterung der Luftspülung auf die Linsenoberseite als auch auf den Umlenkspiegel, Optimierung der unteren Spülströmung. Dadurch kann das Verschmutzen der Optik deutlich reduziert werden und somit der Reinigungs- bzw. Wartungsaufwand reduziert werden.

Bild

pdlz Produktentwicklungsgruppe Zürich ETH zürich

Rückmeldung zu Bauteilvorschlag Nr.: 1

Titel: Laserschneidkopf

	Bewertung	Beschreibung	Kommentar
Technische Realisierbarkeit	5	Anlagentechnik und Werkstoffe kommerziell verfügbar	
Post-Processing-Aufwand	3	einzelne subtraktive Bearbeitung (z.B. Gewinde, Planfräsen)	Nachbearbeitung muss bei diesem Bauteil zwingend bei Re-Design mit beachtet werden, um Mehrkosten zu vermeiden.
Erwarteter Kundennutzen	5	gesteigerter Kundennutzen sicher	Anwendernutzen ersichtlich, sollte noch spezifiziert werden.
Erwarteter Nutzen für den OEM	2	grosse Verbesserung der Prozessketten-fähigkeiten	

Bewertung: 15

Zu erwartende Gewichtsreduktion nach Re-Design: 10%

Voraussichtliche AM-Kosten bei 1:1 Produktion: 271 €

Zu erwartende AM-Kosten nach Re-Design: 243 €

Kommentar: gutes Bauteil für erstes Pilotprojekt, da eindeutig quantifizierbarer Nutzen (Reinigungsausfwand) bei überschaubaren Systemschnittstellen und geringes Risiko fürs Gesamtsystem.

Bild 10.5 *Formular zur Bauteilauswahl im ETM und Feedback eines AM-Experten*
[Quelle: Leutenecker et al. 2017]

Einige Wochen nach dem Kick-off werten AM-Experten die vorgeschlagenen Bauteile aus und geben ein umfassendes Feedback. Ein Beispiel eines solchen Feedbacks ist in Bild 10.5 abgebildet. Es zeigt die Auswertungskriterien und die dazugehörige Gesamtauswertung durch den Experten. Die Teilnehmer haben so die Möglichkeit, ihr eigenes Vorgehen in der Implementierungsphase zu reflektieren. Mögliche Fehleinschätzungen werden mit Hilfe des Experten korrigiert. Diese Reflexion findet in Form einer informellen Diskussion, als Telefonkonferenz oder auch schriftlich statt.

Wenn das Feedback ein signifikantes Potenzial des Bauteils für einen Wechsel von konventioneller zu Additiver Fertigung bestätigt, wird es für einen Workshop zum Aufbau von Design-Expertise übernommen.

10.4.2 Zweiter Teil des ETM: Design-Expertise

Der zweite Teil des ETM ist die Vermittlung von Design-Expertise. Für einen Ingenieur ist dieses Erfahrungswissen essenziell, um das volle Potenzial Additiver Fertigung ausschöpfen und die Fertigungskosten reduzieren zu können. Um zunächst das explizite Grundlagenwissen zu vermitteln, wird wiederum ein Workshop durchgeführt. In diesem wird der AM-Gestaltungsleitfaden (vgl. Kapitel 8) im Detail vorgestellt. Er umfasst Verfahrensmerkmale, Gestaltungsprinzipien und Gestaltungsrichtwerte. Für ein besseres Verständnis werden die Richtlinien an Beispielbauteilen aus der Industrie erläutert.

Die Generierung von implizitem Wissen erfolgt im Design-Expertise-Teil des ETM zum einen durch eine gemeinsame Konzeptentwicklung und zum anderen durch das detaillierte Design des fraglichen AM-Bauteils. Die Konzeptentwicklung entsteht in einem Ideenfindungs-Workshop unter der Moderation von AM-Experten. Dieser Workshop findet nicht im Unternehmen selbst statt. Eine neue und unbekannte Umgebung soll die Kreativität der Teilnehmer bei der Produktentwicklung fördern und ihnen dabei helfen, das volle Potenzial Additiver Fertigung auszunutzen. Am Ende des Ideenfindungs-Workshops gestalten die Teilnehmer aktiv ein bis drei Pilot-Bauteile in Form von Skizzen oder simplen Prototypen aus Papier oder Knetmasse, wobei ihnen der AM-Experte moderierend zur Seite steht. Bild 10.6b zeigt den Entwurf eines Schneidkopfes für einen Lasercutter.

Nach dem Workshop erfolgt die eigentliche Implementierungsphase. Die Teilnehmer setzen die Ideen und Entwürfe der Workshops selbstständig in ein detailliertes CAD-Modell um. Diese Phase erfolgt vor Ort im Unternehmen selbst, da dort der Zugriff auf die firmeneigenen Systeme und digitalen Tools gegeben ist. Bild 10.6c zeigt das CAD-Modell eines Lasercutter-Kopfes, das in einer solchen Implementierungsphase erstellt wurde. Die Pilotbauteile sind entscheidend für das erfahrungsbasierte Lernen der Teilnehmer.

Die abschließende Phase der Design-Expertise ist wiederum die Reflexion. Hierfür analysiert der AM-Experte das vom Teilnehmer im CAD designte Bauteil und gibt ein ausführliches Feedback. Dem Feedback entsprechend wird das Bauteil gegebenenfalls noch einmal vom Teilnehmer überarbeitet und neu gestaltet. Der letzte Schritt der Reflexion sind die Validierung des AM-Pilotbauteils durch dessen Fertigung, wie in Bild 10.5d abgebildet, und ein Testlauf. Der iterative Prozess findet normalerweise im Unternehmen der Teilnehmer statt respektive beim AM-Dienstleister, wenn das Unternehmen keine eigene AM-Maschine besitzt.

a) Ursprungsbauteil b) Konzeptskizze

c) CAD-Modell d) AM Prototyp

Bild 10.6 *Im Zuge der Design-Expertise-Iteration des ETM wurde ein Laserschneidkopf für die Additive Fertigung neu gestaltet*. [Quelle: ETHZ pd|z]

Leichtbau – mit 3D-Druck auf die Spitze getrieben

Will man konsequent Leichtbau betreiben, wird man in vielen Fällen bei der Analyse der Gewichte eines Produkts feststellen, dass Wälzlager einen nicht zu vernachlässigenden Anteil am Gesamtgewicht ausmachen. Die Franke GmbH aus Aalen entwickelt und fertigt Drahtwälzlager, eine leichtere Alternative zu den üblichen «Vollmateriallagern». In einer Partnerschaft mit den Simulationsexperten von CADFEM und Rosswag als Lösungsanbieter für den 3D-Druck in Metall haben die Lagerspezialisten von Franke die Technologie bis an die Grenzen ausgereizt.

Seit den Sechzigerjahren ist Leichtbau einer der Treiber bei der Weiterentwicklung der Drahtwälzlager. Franke setzt dabei seit einigen Jahren auch auf 3D-gedruckte Aluminiumkörper, da es die additive Fertigung ermöglicht, ohne Festigkeitsverlust Material einzusparen. Arne Jankowski aus dem technischen Vertrieb bei Franke fügt an: «Innovative, kundenspezifische Lösungen sind unsere Kernkompetenz.»

Solche Lager kommen beispielsweise bei der Lagerung von Satellitenantennen für Telefon und Internet in Flugzeugen zum Einsatz. Diese Antennenschüsseln sind oft im Leitwerk untergebracht und müssen während des Flugs ständig auf den Satelliten ausgerichtet bleiben, um die Datenübertragung zu ermöglichen. Gleichzeitig sollen die Lager natürlich möglichst leicht sein.

Gewicht ist bei Flugzeugen ein kritischer Faktor. Zum einen kann jedes Kilo, das am Flugzeug selbst eingespart wird, für die Nutzfracht genutzt werden. Zum anderen erhöht jedes Kilo Gewicht den Kerosinverbrauch des Flugzeugs. Und der Gewichtseffekt potenziert sich, weil natürlich auch das zusätzliche Kerosin wiederum mitgeführt werden muss und das Gewicht weiter erhöht. So spart ein Kilogramm eingespartes Gewicht bei einem Verkehrsflugzeug jährlich etwa 2.000 Dollar an Treibstoffkosten – und übrigens auch dementsprechend viel CO_2.

Franke liefert schon seit einigen Jahren solche gewichtsoptimierten Lager an die Aerospace-Industrie, bisher allerdings mit konventionell gefertigten Lagerkörpern. Um auszuloten, welche weiteren Einsparungen mit modernsten Technologien wie Topologieoptimierung und additiver Fertigung möglich sind, holte sich Franke für ein Industrieprojekt zwei Partner ins Boot: Zum einen Rosswag Engineering, ein aus einer Freiformschmiede entstandener Spezialist für Metall-3D-Druck, der schon seit längerer Zeit Frankes Lieferant für additiv gefertigte Leichtbaulager ist. Und zum anderen CADFEM aus Grafing bei München, Spezialist für die numerische Simulation, der unter anderem die High-End-Simulationswerkzeuge von Ansys vertreibt, aber auch selbst Engineeringdienstleistungen anbietet.

Auf Seiten von CADFEM beteiligte sich Florian Hollaus von CADFEM Austria an dem Projekt. Hollaus konnte in die Lageroptimierung seine langjährige Erfahrung in zahlreichen Kundenprojekten, in denen er als externer Dienstleister Topologieoptimierungen und andere Simulationen durchführte, einbringen. In vielen dieser Engineeringprojekte, in denen er oft direkt mit dem Kunden und in dessen Team integriert arbeitet, ist zudem die additive Fertigung involviert, sodass Hollaus auch hier aus seinem Erfahrungsschatz schöpfen konnte.

Ausgangspunkt war eine von Franke gelieferte Geometrie des bisher genutzten Lagers, das mit einem konventionell hergestellten Grundkörper aus Aluminium aufgebaut ist. Hollaus erinnert sich: «Das Lager mit einem Durchmesser von etwa 25 Zentimetern besteht aus einem Außenring und einem zweiteiligen Innenring, die aus Aluminium bestanden und schon so weit gewichtsoptimiert war, wie es mit CNC-Bearbeitung möglich ist. Bei additiver Fertigung sind wir wesentlich freier in der Formgestaltung, so dass weitere Materialeinsparungen möglich sind, beispielsweise indem man Vollmaterial durch Gitterstrukturen, sogenannte Lattices, ersetzt.»

Hollaus importierte die von Franke gelieferte Geometrie in die Ansys Workbench, um sie für die Simulation vorzubereiten. Grundsätzlich ist die Definition von Kugellagern in FEM-Simulationen nicht einfach, Hollaus konnte hier aber auf eine erst kürzlich von CADFEM selbstentwickelte Erweiterung namens CADFEM Rolling Bearing inside Ansys zurückgreifen: «Jede Kugel kann theoretisch an vier einzelnen Punkten Kontakt mit den Drahtringen haben, was im FEM-Netz schwierig darzustellen ist. Unsere Erweiterung modifiziert das Modell automatisch so, dass die Berechnung optimale Ergebnisse liefern kann.»

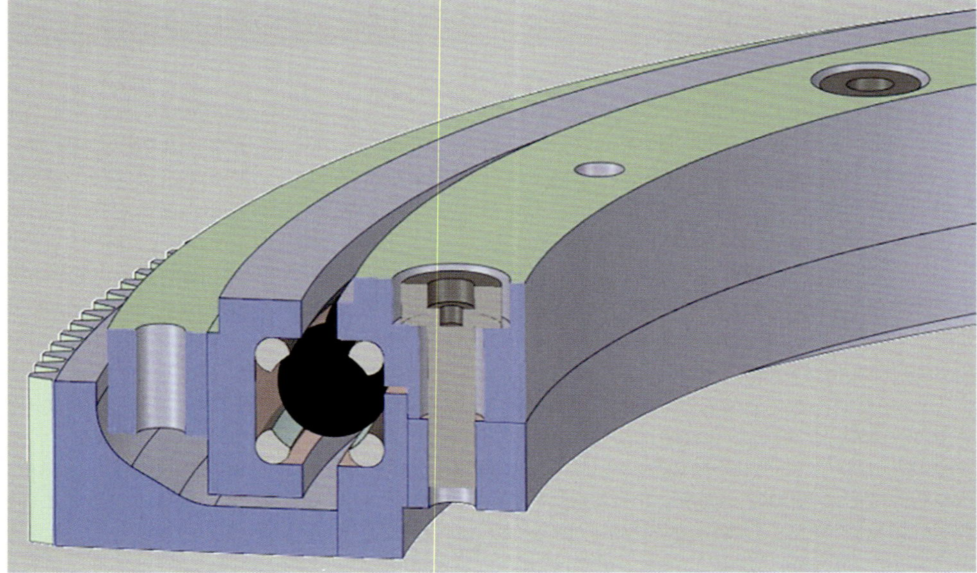

Die CADFEM Extension Rolling Bearing inside Ansys modifiziert automatisch das Modell, damit die Simulation optimale Ergebnisse hinsichtlich des Steifigkeitsverhaltens des Wälzlagers liefern kann.

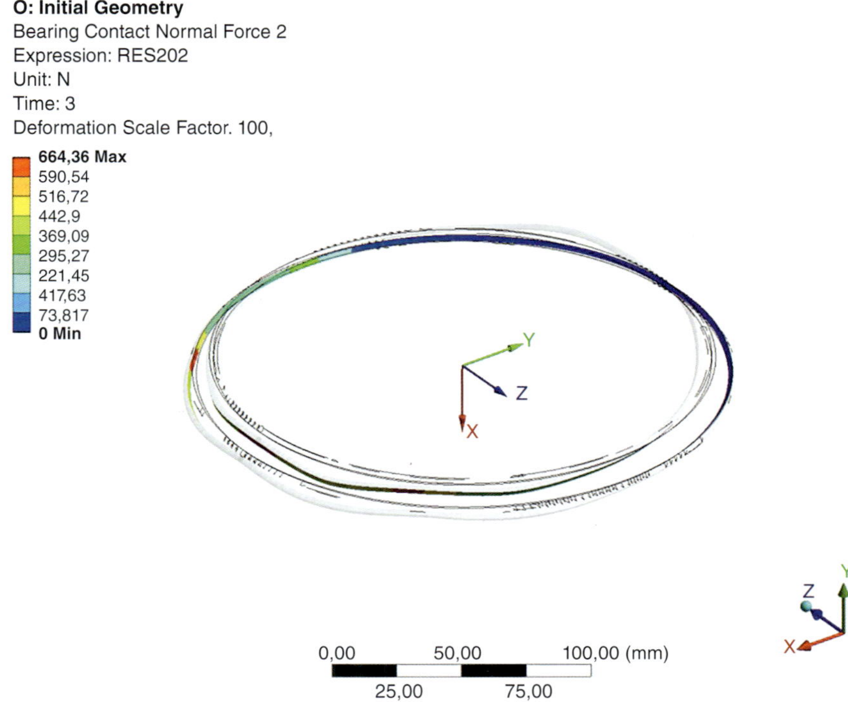

Lagerkräfte können mit Rolling Bearing inside Ansys schnell und einfach ermittelt werden.

Franke lieferte auch die Belastungen auf das Lager. Dabei wurden zwei Fälle gerechnet: Zum einen die realen Belastungen aus dem Flugbetrieb und zum anderen die wesentlich höheren Belastungen, die in den Zulassungsbestimmungen verankert sind. Zudem mussten die Biegemomente im Lager berücksichtigt werden.

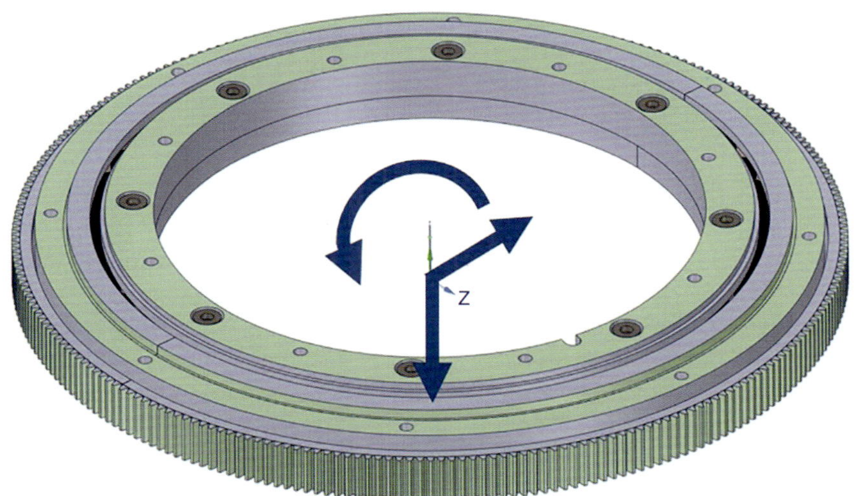

Eine wesentliche Vorbereitung der Topologieoptimierung ist die exakte Lastfalldefinition.

Nach dem Definieren aller Lasten und der unveränderlichen Geometriebereiche des Lagers wurde die Topologieoptimierung gestartet.

Diese ergab interessante Ergebnisse, so errechnete Ansys in einem ganzen Bereich des Grundkörpers lediglich vernachlässigbare Spannungen und die Topologieoptimierung entfernte an diesen Stellen das Material komplett.

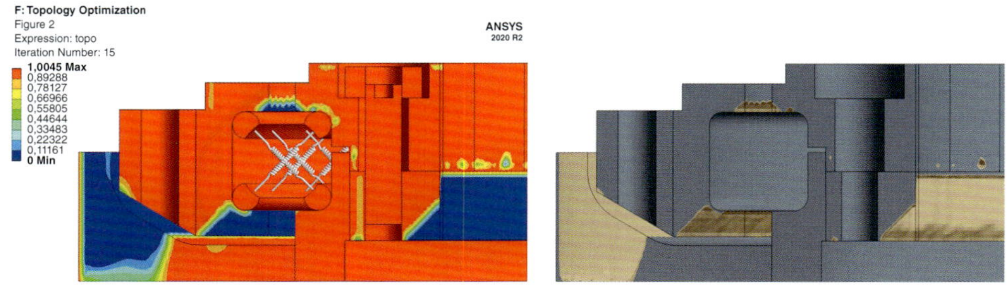

In der Topologieoptimierung werden Bereiche, die für die Stabilität keine Rolle spielen (blau dargestellt), entfernt.

Hollaus importierte die optimierte Geometrie in das in Ansys integrierte CAD-System SpaceClaim und füllte den Bereich mit einer Gitterstruktur, englisch Lattice genannt. Lattices bringen bei sehr geringem Gewicht zusätzliche Steifigkeit ins Modell.

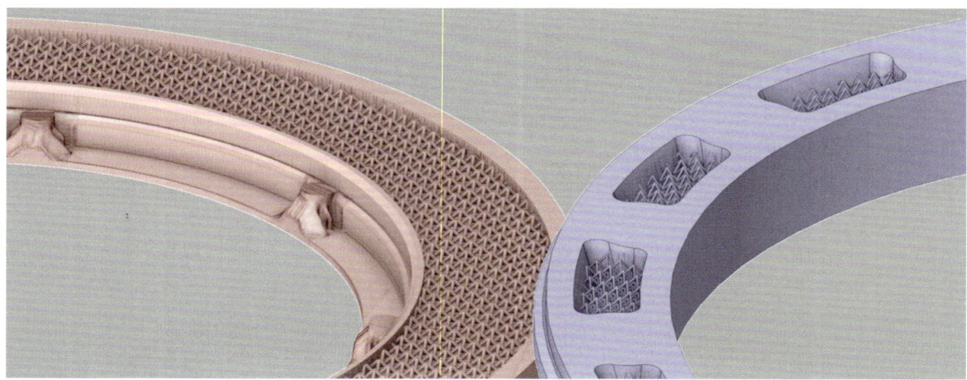

Lattice Strukturen geben den Hohlräumen zusätzliche Stabilität.

Mit Hilfe der Topologieoptimierung gelang es, das Gewicht des 3D-gedruckten Lagerkörpers gegenüber dem konventionell gefertigten Pendant, das ja auch schon stark optimiert war, um weitere 16 Prozent zu verringern – ein sehr gutes Ergebnis.

Ein zweites wichtiges Einsatzgebiet für die Simulation ist der Druckprozess an sich. Beim Metall-3D-Druck im Pulverbettverfahren wird durch fokussierte Laserstrahlen an den gewünschten Stellen die benötigte Energie eingebracht, um die Metallpulverpartikel vollständig aufzuschmelzen. Durch schnelle Abkühlraten und hohe Temperaturgradienten entstehen im Werkstück starke Spannungen. Um die Wärmeleitung während dem additiven Fertigungsprozess zu ermöglichen und entstehende Kräfte und Spannungen aufzunehmen, werden «Stützstrukturen» benötigt.

Einerseits sind Stützstrukturen damit wichtig für das Gelingen des Druckprozesses, andererseits sind sie auch Kostentreiber durch den benötigten Material- und Zeiteinsatz.

Hollaus verdeutlicht: «In dieser Simulation mit der Additive Suite von Ansys arbeiten wir mit Materialparametern, die in langwierigen Versuchsreihen für genau dieses verwendete Material gewonnen wurden. Einige der Materialdaten im Lieferumfang von Ansys Additive Suite wurden übrigens von Rosswag Engineering entwickelt. Mit diesen Daten haben wir eine sehr genaue Repräsentation des realen Geschehens, beispielsweise wie sich der Schmelzepool bildet, wenn der Laserstrahl auf das Pulver trifft und wie die Verteilung der Wärme durch die Scanstrategie während jeder Schicht ist. Um den Verzug zu minimieren, wird nicht wie bei einem Kunststoff-Filamentdrucker in einer Linie gearbeitet, sondern der Laserstrahl springt über die gesamte Druckfläche hin und her.»

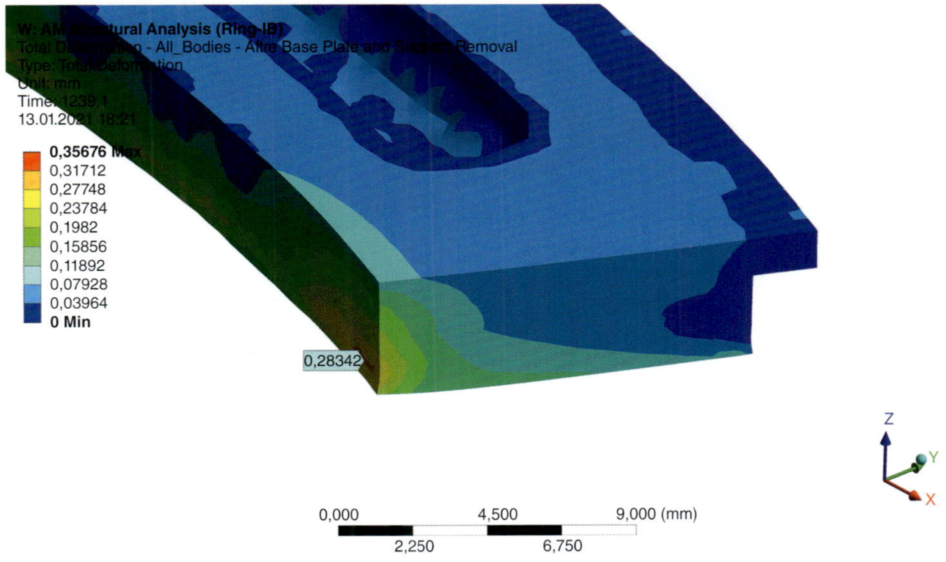

Bauteilverformungen können bereits vor dem Druck begutachtet werden.

«Trotzdem bringt ein Laserstrahl die Hitze extrem punktuell in das Material ein – das ist ja der Sinn der Sache, um feine Details drucken zu können», so Hollaus weiter. «Deshalb müssen die Druckteile fixiert werden, damit sie sich nicht verziehen oder gar nach oben biegen, wo sie dann beim Auftragen der nächsten Schicht mit der Beschichterlippe kollidieren. Andererseits müssen diese Strukturen manuell entfernt werden und verbrauchen Material, so dass man eine Balance zwischen zu wenig und zu viel Stützstruktur finden muss – dazu variiert man Druckparameter wie Geschwindigkeit und Einwirkzeit des Lasers, aber auch die Orientierung des Bauteils im Raum. Genau diese optimale Einstellung entwickeln wir in der Additive Suite und vermeiden so eventuelle Fehldrucke.»

Hollaus arbeitete bei der Simulation des Druckprozesses eng mit Philipp Schwarz, Projektingenieur bei Rosswag, zusammen. Schwarz erinnert sich an die Zusammenarbeit: «Jeder von uns brachte seine Erfahrung ein, wir brachten beispielsweise auf die von CADFEM berechnete Geometrie gezielt Material an den Stellen auf, wo eine spanende Nachbearbeitung notwendig wird, beispielsweise im Lagersitz. Wir definierten zudem die Positionierung und die Stützstrukturen, das Gesamtmodell ging dann zurück an CADFEM zur Simulation des Bauvorgangs.»

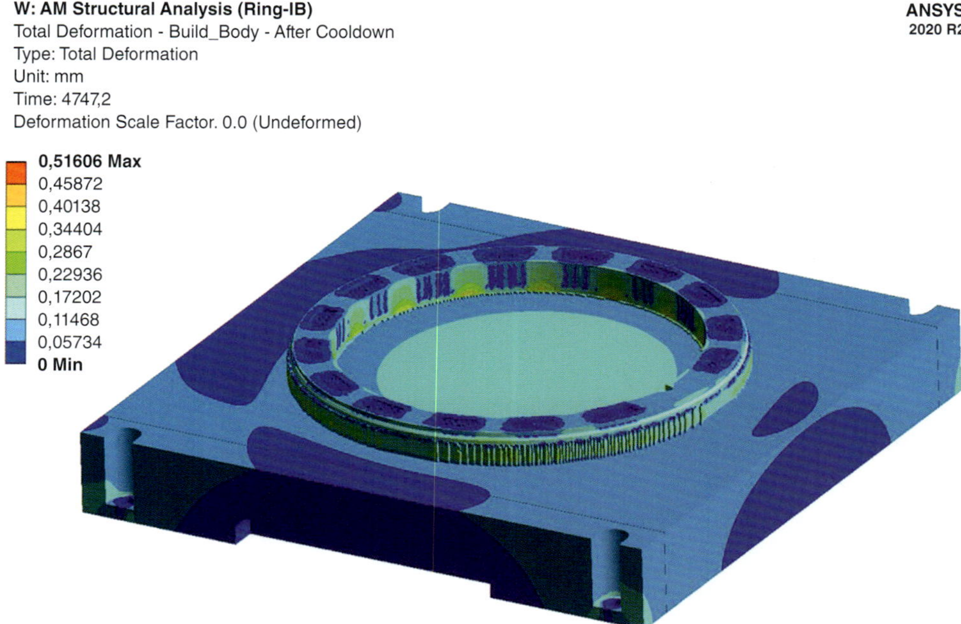

In der Prozesssimulation werden alle Bestandteile des 3D-Drucks berücksichtigt: Bauteil, Supports und Bauplatte.

Hollaus fügt an: «Wir konnten in der Ansys Additive Suite den Bauvorgang Schicht für Schicht berechnen und damit die optimale Druckeinstellung finden, mit denen sich die Lagerkörper zuverlässig, präzise und mit möglichst wenig Nacharbeit herstellen ließen – was sich dann ja auch im Druck bei Rosswag bestätigte.» Schwarz stimmt zu: «Das ist richtig, die drei Komponenten konnten ohne Komplikationen gedruckt werden. Für die jetzigen Prototypen nutzten wir den Standardwerkstoff AlSi10Mg, im nächsten Schritt denken wir aber auch an neue Legierungen, die bisher nicht in der Additive Suite zur Verfügung stehen. In der Vergangenheit haben wir bereits in enger Kooperation mit Ansys eigene Materialmodelle zur Additive Suite hinzufügen können. Die Erarbeitung aller theoretischer und experimenteller Daten für das Materialmodell einer leistungsfähigeren Aluminiumlegierung wäre der nächste große Schritt in diesem Projekt.»

Schließlich generierte Schwarz in Ansys Additive Prep die Daten für die Metall-3D-Druckanlage von SLM Solutions, auf der alle Teile gefertigt wurden. Die fertig gedruckten Lagerkörper wurden schließlich an Franke geliefert, wo sie wiederum bearbeitet und mit den Lagerbestandteilen – Drahtringe, Wälzkörper und Käfig – vervollständigt wurden. Franz Öhlert, Konstrukteur bei Franke, erläutert die Bearbeitung. «Auf der CNC-Fräsanlage werden die Sitze für die Drahtringe, die Kontaktflächen der zwei Innenringteile mit dem Außenring sowie die Stellen, an denen das Lager mit anderen Bauteilen verbunden wird, bearbeitet. Bisher ist es nicht möglich, diese Flächen so sauber zu drucken, dass sie ohne weitere Bearbeitung genutzt werden können.»

Nahezu das komplette Projekt lief unter Coronabedingungen ab, lediglich das Kickoff-Meeting konnte noch kurz vor dem Lockdown im März als reales Treffen abgehalten werden. Die weiteren Absprachen liefen dann über Microsoft Teams. Dabei bewährten sich die 3D-Darstellungen aus Ansys als Kommunikationsmittel. Dank der Einfärbung der 3D-Modelle mit den unterschiedlichen Spannungen im Bauteil konnten Problemstellen auch im Videomeeting klar kommuniziert und Lösungen gefunden werden.

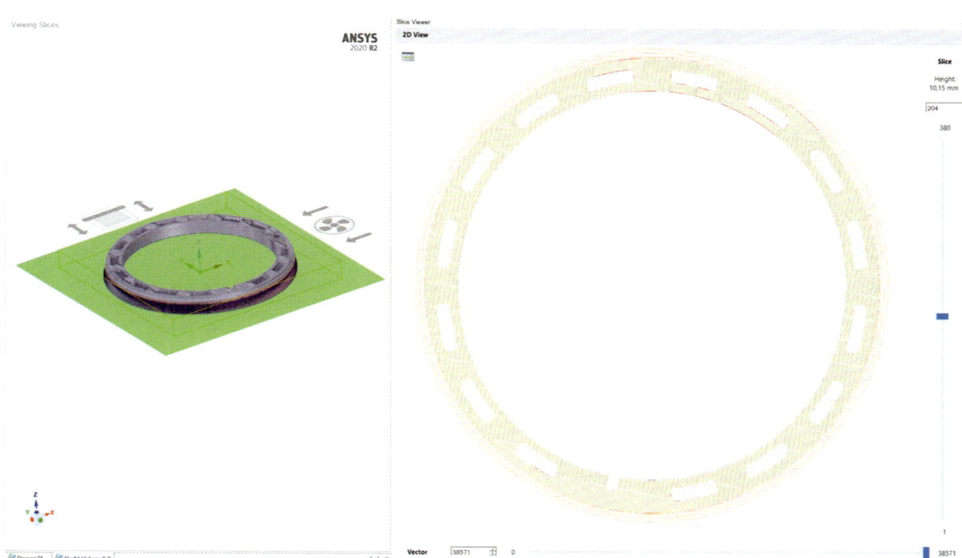

Direkte Schnittstelle zur Maschine: Die SLM Datei wird in Ansys erzeugt und kann direkt von der Maschine oder der Simulation gelesen werden.

Die Simulation zeigt bereits vorab, wie das gefertigte Bauteil aussieht.

Franz Öhlert ist mit der Zusammenarbeit in der Partnerschaft sehr zufrieden: «Es handelte sich hier zwar nicht um einen realen Kundenauftrag, sondern wir wollten aus eigenem Antrieb herausfinden, welche Einsparungen sich mit Topologieoptimierung und additiver Fertigung erreichen lassen. Trotzdem war es eine sehr realistische Zusammenarbeit, auch in realen Projekten hätten wir mit Rosswag und CADFEM zusammengearbeitet – beziehungsweise haben es schon getan. Die Zusammenarbeit zwischen Franke als Lagerspezialist, Rosswag mit seiner Erfahrung im 3D-Druck und mit Metallwerkstoffen sowie CADFEM als Experte für die numerische Simulation war effizient und sehr angenehm. Wir kamen mit annehmbarem Aufwand zu einem tollen Ergebnis und wir werden die Erfahrungen aus diesem Projekt sicherlich in der Praxis nutzen können.»

Gedruckte Lagerringe

Auch Florian Hollaus ist zufrieden mit dem Projekt: «Wir konnten zeigen, dass wir mit der Software der Additive-Serie von Ansys den Druckvorgang so realistisch simulieren und optimieren können, dass der Druckprozess sauber durchläuft. Und die erreichten 16 Prozent Gewichtseinsparung an einem schon optimierten Bauteil sind sicher auch ein Statement, was Topologieoptimierung und die Freiheiten des 3D-Drucks zu erreichen in der Lage sind.»

Philipp Schwarz schließt: «Wir als erfahrener Dienstleister profitieren von der Optimierung des Bauprozesses, die wir mit CADFEM umgesetzt haben. Metall-3D-Druck erfordert sehr hohe Investitionen in Maschinen, Material und Know-how, so dass jeder vermiedene Fehldruck eine spürbare Einsparung darstellt. Die Ansys Additive Suite hat uns nicht nur in diesem Projekt überzeugt, sondern wird auch von uns schon seit mehreren Jahren erfolgreich im Tagesgeschäft eingesetzt.»

Dipl.-Ing. Ralf Steck ist freier Fachjournalist für die Bereiche CAD/CAM, IT und Maschinenbau in Friedrichshafen. E-Mail: rsteck@die-textwerkstatt.de

ÜBER FRANKE

Ingenieur Erich Franke erfand im Jahr 1936 ein besonders platzsparendes Wälzlager. Statt stählerner Innen- und Außenringe, zwischen denen kugel- oder rollenförmige Wälzkörper laufen, setzte Franke auf geschliffene Drahtringe. 1949 gründete der Erfinder eine eigene Firma, um diese Drahtwälzlager zu fertigen und zu vertreiben. In den 60er Jahren werden die Drahtlaufringe erstmals in Edelstahl- oder Aluminiumkörper integriert – der Leichtbau hält im Wälzlagerbau Einzug. Im Jahr 1970 wird das Franke-Prinzip auf lineare Bewegungen übertragen, diese Linearsysteme steuern heute etwa ein Viertel zum Gesamtumsatz bei.

Die Drahtwälzlager können sowohl mit etwas geringerer Genauigkeit und dafür sehr preiswert hergestellt werden als auch mit sehr hoher Präzision. So steht beispielsweise beim Einbau der Franke-Lager in Rundstrickmaschinen der Preis im Vordergrund, während die riesigen Lager für den Röntgenring von Computertomographen extrem genau und dabei sehr leise sein müssen. Die Möglichkeiten, die Lager an den Anwendungsfall anzupassen, sind nahezu unendlich –Wälzkörper und Käfige aus unterschiedlichen Materialien, unterschiedliche Geometrien machen unter anderem schmiermittelfreie oder lebensmittelfähige Lagerungen möglich, sogar im Weltall sind Drahtwälzlager von Franke im Einsatz.

Die Flexibilität dieser Technologie ermöglicht ein breites Einsatzspektrum – je etwa ein Drittel, der Kunden kommt aus den Branchen Maschinenbau und Medizintechnik, das letzte Drittel aus einer breiten Spannweite von Industrien. Heute sind etwa 280 Mitarbeiter am Standort Aalen tätig, die Lager mit bis zu zwei Metern Durchmesser entwickeln und fertigen. Dabei werden nur rund fünf Prozent der ausgelieferten Lager nach Katalog bestellt, der Rest sind individuell auf den Kundenwunsch abgestimmte Lager.

www.franke-gmbh.de
info@franke-gmbh.de

ÜBER CADFEM

Die CADFEM GmbH wurde 1985 gegründet und zählt zu den Pionieren der Anwendung Numerischer Simulation. Sie beschäftigt rund 180 Mitarbeiter an 5 Standorten in Deutschland und ist Teil der weltweit agierenden CADFEM Group, einem der größten internationalen Anbieter von Simulationstechnologie.

Die CADFEM GmbH unterstützt Unternehmen, Forschungs- und Hochschuleinrichtungen dabei, das Potenzial der Numerischen Simulation im gesamten Produktentwicklungsprozess bestmöglich zu nutzen. Als Ansys Certified Elite Channel Partner setzt CADFEM dazu auf die führende Technologie von ANSYS, Inc. Weil Software allein noch keinen Simulationserfolg garantiert, profitieren CADFEM Kunden von einem umfassenden Angebot an ergänzenden Produkten, Services und Wissensangeboten - alles aus einer Hand.

CADFEM®

www.cadfem.net/additive
produkt@cadfem.de

Abkürzungen

3M	Muda, Mura und Muri
3MF	3D-Manufacturing-Format; Dateiformat
AM	Additive Manufacturing; Additive Fertigung
AMF	Additive Manufacturing File; Dateiformat
B2B	Business-to-Business
B2C	Business-to-Customer
BJ	Binder Jetting
CAD	Computer Aided Design
CFK	Carbonfaserverstärkter Kunststoff
CT	Computertomograph(ie)
DLP	Direct Light Processing
DMLS	Direct Metal Laser Sintering (s. SLM)
DMU	Digital Mock-Ups
EBM	Elektronenstrahlschmelzen
ERP	Enterprise Resource Planning
ETM	Erfahrungs-Transfermodell
FDM	Fused Deposition Modelling
FE	Finite Elemente
FEM	Finite-Elemente-Methode
GEO	Geostationärer Orbit
IGES	Initial Graphics Exchange Specification; Dateiformat
KPI	Key Performance Indicators
KVP	Kontinuierlicher Verbesserungsprozess
LCC	Life Cycle Costing
LEO	Low Earth Orbit
MFI	Melt Mass-Flow Index; Schmelze-Massenflussindex
MIM	Metal Injection Molding
MJ	Material Jetting
MRT	Magnet-Resonanz-Tomograph(ie)
MVR	Melt Volume-flow Rate; Schmelze-Volumenfließrate
NDT	Non-destructive Testing
NPV	Net Present Value; Nettokapitalwerte
NURBS	Non-uniform rational B-Splines
OEM	Original Equipment Manufacturer; Erstausrüster
PDM	Produktdatenmanagement
PJ	Photopolymere Jetting
PLM	Product Life Cycle Management
RSM	Rapid Shell Modeling
SADM	Solar Arrays Drive Mechanism
SIMP	Solid Isotropic Material with Penalization
SL	Stereolithografie
SLM	Selective Laser Melting; (selektives) Laserschmelzen
SLS	Selective Laser Sintering; (selektives) Lasersintern
STEP	Standard for the Exchange of Product model data; Dateiformat
STL	Standard Transformation Language; Standard Triangle Language; Surface Tessellation Language; Dateiformat
UAV	Unmanned Aerial Vehicle

Lebensläufe

Dr.-Ing. Christoph Klahn
Design for New Technologies, inspire AG

Christoph Klahn leitet seit 2013 bei der inspire AG die Gruppe Design for New Technologies. Ziel dieser Gruppe ist es, gemeinsam mit Schweizer Unternehmen die Potenziale additiver Fertigungsverfahren in ihren Produkten zu finden und erfolgreiche AM-Produkte zu realisieren. Ein wesentlicher Aspekt ist dabei die Unterstützung der Konstrukteure über den gesamten Produktentwicklungsprozess.

Christoph Klahn studierte Maschinenbau mit der Fachrichtung Flugzeugsystemtechnik an der TU Hamburg-Harburg. Im Rahmen seiner Diplomarbeit untersuchte er 2008 für Airbus das Potenzial des Laserschmelz-Verfahrens. An einem metallischen Befestigungselement aus dem Kabinenbereich konnte er die konstruktiven Möglichkeiten, aber auch Herausforderungen der geometrischen Gestaltungsfreiheit für den Leichtbau zeigen.

Nach seinem Studium arbeitete Christoph Klahn bei Airbus in Sevilla und Toulouse im A350XWB Manufacturing Engineering und den Final Assembly Lines für den A400M und den A380, wo er Erfahrungen in der Industrialisierung von neuen Fertigungsprozessen und Produkten sammelte. Ende 2009 wechselte er als wissenschaftlicher Mitarbeiter zum Institut für Laser- und Anlagensystemtechnik der TU Hamburg-Harburg und zur Laser Zentrum Nord GmbH, um dort den norddeutschen Maschinen- und Anlagenbau bei der Einführung der Additiven Fertigung zu beraten. Im Rahmen seiner Promotion entwickelte er eine luftdurchlässige, additiv gefertigte Struktur, die erfolgreich in Druckluftauswerfersystemen für Spritzgießwerkzeuge eingesetzt wird.

Die inspire AG ist strategischer Partner der ETH Zürich für den Technologietransfer zur Schweizer Metall-, Elektro- und Maschinenbau-Industrie. Sie betreibt Forschung für die Industrie, entwickelt Technologien, Methoden und Prozesse und löst Probleme auf allen Wissensgebieten der Produktinnovation und der Produktionstechnik. inspire ist ein durch den Schweizer Staat gefördertes Technologiekompetenzzentrum, entstanden durch eine gemeinsame Initiative des Branchenverbands Swissmem und der Eidgenössischen Technischen Hochschule Zürich.

Prof. Dr.-Ing. Mirko Meboldt
pd|z Product Development Group Zurich, ETH Zürich; inspire AG

Mirko Meboldt ist seit 2012 ordentlicher Professor für Produktentwicklung und Konstruktion an der ETH Zürich und Leiter der von ihm gegründeten pd|z Product Development Group. Er ist Leitprofessor der Gruppe Design for New Technologies der inspire AG.

Die Schwerpunkte der Forschungstätigkeit von Prof. Meboldt sind neue Methoden und Technologien in der Produktentwicklung im Bereich des Maschinenbaus und der Medizintechnik. Im Zentrum seiner Forschung steht die Konstruktion für die Additive Fertigung von Serienprodukten, nutzerzentrierte Produktentwicklung und durchgängige Validierungsmethoden mit agilen Entwicklungsansätzen.

Für Prof. Meboldt liegt der Schlüssel zu einer exzellenten Ausbildung in der gezielten und gut abgestimmten Verbindung von Forschung und Lehre. Seine Lehre wurde mehrfach national und international ausgezeichnet.

Vor seinem Wechsel an die ETH war Mirko Meboldt als Global Process Manager für Forschung und Entwicklung bei der Hilti AG in Liechtenstein tätig. Er absolvierte sein Maschinenbaustudium an der Universität Karlsruhe (TH), wo er auch promovierte.

Dr. sc. ETH Zürich Filippo Fontana

pd|z Product Development Group Zurich, ETH Zürich

Filippo Fontana promovierte 2019 an der Produkt Development Group der ETH Zürich, pd|z. In seiner Forschung konzentrierte er sich darauf, wie State-of-the-Art-Technologien der Additiven Fertigung von Unternehmen genutzt werden können, um innovative Geschäftsmodelle zu entwickeln und ihre Abläufe zu beschleunigen. In diesem Zusammenhang erarbeitete er in seiner Doktorarbeit Methoden und Werkzeuge, um die Bereiche einer betrieblichen Wertschöpfungskette zu erfassen, in denen die Implementierung von Additiver Fertigung vorteilhaft ist, mit besonderem Augenmerk auf die Auswirkungen ihrer Anwendung in etablierten Prozessen. Filippo Fontana ist Mitbegründer der in Zürich ansässigen Innovationsagentur EMBRIO, die Unternehmen bei ihrer digitalen Transformationen durch die Anwendung neuer Technologien unterstützt.

Dr. sc. ETH Zürich Bastian Leutenecker-Twelsiek

Hochschule Düsseldorf

Bastian Leutenecker-Twelsiek ist seit 2020 Professor für Produktentwicklung und Rapid Prototyping an der Hochschule Düsseldorf.

Der Fokus in der Lehre von Prof. Leutenecker-Twelsiek liegt in der praxisnahen Vermittlung der benötigten Kompetenzen, Werkzeuge und Methoden in einem interdisziplinären Umfeld. Hierbei ist ein enger Austausch mit der Industrie genauso relevant wie eine anwendungsorientierte Forschung im Bereich der Produktentwicklung und Additiver Fertigung, um die so gewonnenen Erkenntnisse wiederum in die Lehre einfließen zu lassen.

Bastian Leutenecker-Twelsiek studierte an der Universität Karlsruhe (KIT) Maschinenbau, promovierte an der ETH Zürich und baute dort, in der neu geschaffenen pd|z Product Development Group Zurich, den Forschungsbereich Konstruktion für Additive Manufacturing mit auf. In einer Vielzahl von Forschungs- und Industrieprojekten arbeitete er an der Evaluation und Weiterentwicklung methodischer Werkzeuge, die die Identifikation und das AM-Re-Design unterstützen, sowie an deren Transfer in die industrielle Praxis. Er wechselte 2017 in den Bereich Additive Manufacturing der TRUMPF Laser- und Systemtechnik GmbH und leitete dort die Beratung zur Additiven Fertigung sowie den Bereich der AM-Materialien und Metallographie.

Daniel Omidvarkarjan

inspire AG

Daniel Omidvarkarjan studierte Maschinenbau an der ETH Zürich mit Fokus auf Produktentwicklung und Konstruktion. Nach Abschluss seines Studiums begann er sein Doktorat in der pd|z Product Development Group Zurich der ETH Zürich. Im Rahmen seiner Tätigkeit als wissenschaftlicher Mitarbeiter der Inspire AG untersucht er die wertschöpfungsgetriebene Einführung von Additive Manufacturing in der Industrie. Seine Forschung zielt darauf ab, Organisationen bei ihren AM-Umsetzungsbestrebungen mithilfe neuer Methoden und Werkzeuge zu unterstützen. In diesem Kontext befasst er sich auch mit der Anwendbarkeit neuartiger Entwicklungsansätze wie z.B. agile Hardware-Entwicklung. Er entwickelte unter anderem ein spielbasiertes Schulungsmodul zur Vermittlung von agilen Prinzipien.

Jasmin Jansen

pd|z Product Development Group Zurich, ETH Zürich; inspire AG

Jasmin Jansen ist Wissenschaftsjournalistin mit den Schwerpunktbereichen Medizin und Technik. Sie studierte Molekularbiologie an der Universität Karlsruhe (TH). Nach ihrem Diplom und kurzer

Forschungstätigkeit absolvierte sie ihre Weiterbildung zur Fachjournalistin und begann, freischaffend zu arbeiten.

Jasmin Jansen ist derzeit in der Product Development Group der ETH Zürich angestellt. Sie ist zudem für verschiedene Projekte in der Gruppe Design for New Technologies der inspire AG tätig und arbeitet auch weiterhin freischaffend.

Literaturverzeichnis

Kapitel 1

AHN, S.; MONTERO, M.; ODELL, D.; ROUNDY, S.; WRIGHT, P. K.: Anisotropic material properties of fused deposition modeling ABS. *Rapid Prototyping Journal 8 (2002) 4*, S. 248–257.

DIN ISO/ASTM 52900: 2017. *Additive manufacturing - General principles – Terminology.*

BALDINGER, M.; DUCHI, A.: Price benchmark of laser sintering service providers. High Value Manufacturing: Advanced Research in Virtual and Rapid Prototyping – Proceedings of the 6th International Conference on Advanced Research and Rapid Prototyping, *VR@P 2013 (2014)*, S. 37–42.

BERGER, U.; HARTMANN, A.; SCHMID, D.: *Additive Fertigungsverfahren – Rapid Prototyping, Rapid Tooling, Rapid Manufacturing*. Haan-Gruiten: Europa Lehrmittel, 2013.

BREUNINGER, J.; BECKER, R.; WOLF, A.; ROMMEL, S.; VERL, A.: *Generative Fertigung mit Kunststoffen. Konzeption und Konstruktion für Selektives Lasersintern*. Berlin, Heidelberg: Springer, 2013.

DIN 8580:2003. *Fertigungsverfahren – Begriffe, Einteilung.*

GEBHARDT, A.: Generative Fertigungsverfahren. *Additive manufacturing und 3D-Drucken für Prototyping – Tooling – Produktion*. München: Hanser, 2013.

GIBSON, I.; ROSEN, D.; STUCKER, B.: *Additive manufacturing technologies. 3D printing, rapid prototyping, and direct digital manufacturing*. New York: Springer, 2015.

KLAHN, C.: *Laseradditiv gefertigte, luftdurchlässige Mesostrukturen. Herstellung und Eigenschaften für die Anwendung*. Light Engineering für die Praxis. Berlin, Heidelberg: Springer, 2015.

KRUTH, J.-P.; MERCELIS, P.; VAN VAERENBERGH, J.; CRAEGHS, T.: Feedback Control of Selective Laser Melting. *Proceedings of the 3rd International Conference on Advanced Research in Virtual and Rapid Prototyping*. Leira, Portugal 2007, S. 521–527.

MEINERS, W.: *Direktes selektives Laser-Sintern einkomponentiger metallischer Werkstoffe*. Berichte aus der Lasertechnik. Aachen: Shaker, 1999.

POPRAWE, R.: *Lasertechnik für die Fertigung: Grundlagen, Perspektiven und Beispiele für den innovativen Ingenieur*. Berlin, Heidelberg, New York: Springer, 2005.

SCHMID, M.: Selektives Lasersintern (SLS) mit Kunststoffen. Technologie, Prozesse und Werkstoffe. München: Hanser, 2015.

SEYDA, V.; KAUFMANN, N.; EMMELMANN, C.: Investigation of aging processes of Ti-6Al-4V powder material in laser melting. *Physics Procedia 39 (2012),* S. 425–431.

SUN, Q.; RIZVI, G. M.; BELLEHUMEUR, C. T.; GU, P.: Effect of processing conditions on the bonding quality of FDM polymer filaments. *Rapid Prototyping Journal 14 (2008) 2*, S. 72–80.

TÜRK, D.-A.: *Exploration and Validation of Integrated Lightweight Structures with Additive Manufacturing and Fiber-Reinforced Polymeres*. ETH Zürich, Dissertation. Zürich, 2017.

VDI 3405:2014. *Additive Fertigung: Grundlagen, Begriffe, Qualitätskenngrößen, Liefervereinbarungen.*

VDI 3405:2013 Blatt 2. *Additive Fertigungsverfahren - Strahlschmelzen metallischer Bauteile Qualifizierung, Qualitätssicherung und Nachbearbeitung.*

VOLLERTSEN, F.: *Laserstrahlumformen, lasergestützte Formgebung. Verfahren, Mechanismen, Modellierung*. Bamberg: Meisenbach, 1996.

WOHLERS, T. T.; CAMPBELL, I.; DIEGEL, O.; KOWEN, J. (Hrsg.): *Wohlers report 2017*. 3D printing and additive manufacturing state of the industry: annual worldwide progress report. Fort Collins, CO: Wohlers Associates, 2017.

YADROITSEV, I.; SMUROV, I.: Surface Morphology in Selective Laser Melting of Metal Powders. *Physics Procedia 12 (2011)*, S. 264–270.

Kapitel 2

Concept Laser GmbH (Hrsg.): *Prozessrichtlinien LaserCUSING*. Lichtenfels, 2007.

Klahn, C.: *Laseradditiv gefertigte, luftdurchlässige Mesostrukturen*. Herstellung und Eigenschaften für die Anwendung. Light Engineering für die Praxis. Berlin, Heidelberg: Springer, 2015.

Meboldt, M.; Fontana, F.; Jansen, J.: *Additive Fertigung in der industriellen Serienproduktion – ein Statusreport.* Zürich: AM Network, 2016.

Menges, G.; Michaeli, W.; Mohren, P.: *Spritzgießwerkzeuge – Auslegung, Bau, Anwendung*. München: Hanser, 2007.

Michaeli, W.; Schönfeld, M.: Komplexe Formteile kühlen. *Kunststoffe 8 (2006),* S. 37–41.

Sehrt, J. T.: *Möglichkeiten und Grenzen bei der generativen Herstellung metallischer Bauteile durch das Strahlschmelzverfahren*. Aachen: Shaker, 2010.

Stoll, P.; Klahn, C.; Leutenecker-Twelsiek, B.; Spierings, A. B.; Wegener, K.: Temperature Monitoring of a SLM Part with Embedded Sensor. In: Meboldt, M., Klahn, C. (Hrsg.): Industrializing Additive Manufacturing. *Proceedings of Additive Manufacturing in Products and Applications – AMPA2017*. Springer 2017, S. 273-284.

Türk, D.-A.; Kussmaul, R.; Zogg, M.; Klahn, C.; Spierings, A. B.; Könen, H.; Ermanni, P.; Meboldt, M.: Additive Manufacturing with Composites for Integrated Aircraft Structures. *Journal of Advanced Materials (2016) 3*, S. 55–69.

Türk, D.-A.; Triebe, L.; Meboldt, M.: Combining Additive Manufacturing with Advanced Composites for Highly Integrated Robotic Structures. *Procedia CIRP 50 (2016)*, S. 402–407.

Kapitel 3

3MF Consortium (Hrsg.): 3D Manufacturing Format – Core Specification & Reference Guide, 2015.

Bendsøe, M. P.: Optimal shape design as a material distribution problem. *Structural Optimization 1 (1989) 4,* S. 193–202.

Bendsøe, M. P.; Sigmund, O.: *Topology optimization*. Theory, methods, and applications. Berlin, New York: Springer, 2004.

Berger, U.; Hartmann, A.; Schmid, D.: *Additive Fertigungsverfahren – Rapid Prototyping, Rapid Tooling, Rapid Manufacturing*. Haan-Gruiten: Europa Lehrmittel, 2013.

DIN ISO/ASTM 52900: 2017. *Additive manufacturing – General principles – Terminology.*

Gebhardt, A.: *Generative Fertigungsverfahren*. Additive manufacturing und 3D-Drucken für Prototyping – Tooling – Produktion. München: Hanser, 2013.

ISO/ASTM 52915:2016. *Standard Specification for Additive Manufacturing File Format (AMF) Version 1.2.*

Kraus, K.: Photogrammetry. *Geometry from images and laser scans*. De Gruyter Textbook. Berlin, New York: Walter de Gruyter, 2007.

Sauer, A.: *Bionik in der Strukturoptimierung*. Würzburg: Vogel Communications Group, 2018.

Schmit, L. A.; Mallett, R. H.: Structural Synthesis and Design Parameters Hierarchy. Journal of the Structural Division. *Proceedings of the American Society of Civil Engineers 89 (1963) 4*, S. 269–300.

Schumacher, A.: *Optimierung mechanischer Strukturen*. Grundlagen und industrielle Anwendungen. Berlin, Heidelberg: Springer Vieweg, 2013.

Tanskanen, P.; Kolev, K.; Meier, L.; Camposeco, F.; Saurer, O.; Pollefeys, M.: Live Metric 3D Reconstruction on Mobile Phones. *IEEE International Conference on Computer Vision ICCV 2013*. S. 65–72.

VDI 3405:2014. *Additive Fertigung: Grundlagen, Begriffe, Qualitätskenngrößen, Liefervereinbarungen.*

Vogel, H.: *Konstruieren mit CAD*. Das Lernpaket für 3D-Modellieren im Maschinenbau. München: Hanser, 2011.

Weiss, J.: Strukturoptimierung auf Basis von bionischen Prinzipien. Topologieoptimierung zur Verbesserung des Schwingungsverhaltens von Bauteilen. *IVW-Schriftenreihe, Bd. 51*. Kaiserslautern: IVW, 2005.

Wiora, G.: *Optische 3D-Messtechnik: Präzise Gestaltvermessung mit einem erweiterten Streifenprojektionsverfahren*. Heidelberg: Ruprecht-Karls-Universität, 2001.

Wohlers, T. T.; Campbell, I.; Diegel, O.; Kowen, J. (Hrsg.): *Wohlers report 2017*. 3D printing and additive manufacturing state of the industry: annual worldwide progress report. Fort Collins, CO: Wohlers Associates, 2017.

Kapitel 4

Berumen, S.; Bechmann, F.; Lindner, S.; Kruth, J.-P.; Craeghs, T.: Quality control of laser- and powder bed-based Additive Manufacturing (AM) technologies. *Physics Procedia 5 (2010)*, S. 617–622.

du Plessis, A.; le Roux, S. G.; Booysen, G.; Els, J.: Quality Control of a Laser Additive Manufactured Medical Implant by X-Ray Tomography. *3D Printing and Additive Manufacturing 3 (2016) 3*, S. 175–182.

Grießbach, V.: Rapid Technologien: *Toleranzmanagement*. Praxis Maschinenbau. Berlin, Wien, Zürich: Beuth, 2016.

Kurr, F.: *Praxishandbuch der Qualitäts- und Schadensanalyse für Kunststoffe*. München: Hanser, 2014.

Mix, P. E.: *Introduction to nondestructive testing*. A training guide. Hoboken, N.J: Wiley 2005

Munsch, M.: Reduzierung von Eigenspannungen und Verzug in der laseradditiven Fertigung. *Schriftenreihe Lasertechnik, Bd. 6*. Göttingen: Cuvillier, 2013.

Rehme, O.: *Cellular Design for Laser Free Form Fabrication*. Göttingen: Cuvillier, 2010.

Salbert, G.: Metallographie: Grundlagen und Anwendungen. *Materialkundlich-technische Reihe, Bd. 14*. Stuttgart: Borntraeger, 2015.

Schiebold, K.: *Zerstörungsfreie Werkstoffprüfung – Eindringprüfung*. Berlin, Heidelberg: Springer Vieweg, 2014.

Schiebold, K.: *Zerstörungsfreie Werkstoffprüfung – Magnetpulverprüfung*. Berlin, Heidelberg: Springer Vieweg, 2014.

Schiebold, K.: *Zerstörungsfreie Werkstoffprüfung – Durchstrahlungsprüfung*. Berlin, Heidelberg: Springer Vieweg, 2015.

Schiebold, K.: *Zerstörungsfreie Werkstoffprüfung – Sichtprüfung*. Berlin, Heidelberg: Springer Vieweg, 2015.

Schiebold, K.: *Zerstörungsfreie Werkstoffprüfung – Ultraschallprüfung*. Berlin, Heidelberg: Springer Vieweg, 2015.

Schmelzle, J.; Kline, E. V.; Dickman, C. J.; Reutzel, E. W.; Jones, G.; Simpson, T. W.: (Re)Designing for Part Consolidation: Understanding the Challenges of Metal Additive Manufacturing. *Journal of Mechanical Design 137 (2015) 11*, 111404.

Schmid, M.: *Selektives Lasersintern (SLS) mit Kunststoffen*. Technologie, Prozesse und Werkstoffe. München: Hanser, 2015.

Schumann, H.: *Metallographie*. John Wiley & Sons, 2004.

Shull, P. J.: Nondestructive evaluation. Theory, techniques, and applications. *Mechanical engineering, Bd. 142*. New York: M. Dekker, 2002.

Slotwinski, J. A.; Garboczi, E. J.; Hebenstreit, K. M.: Porosity Measurements and Analysis for Metal Additive Manufacturing Process Control. *Journal of Research of the National Institute of Standards and Technology 119 (2014)*, S. 494.

Spierings, A. B.; Schoepf, M.; Kiesel, R.; Wegener, K.: Optimisation of SLM productivity by aligning 17-4PH material properties on part requirements. *Rapid Prototyping Journal 20 (2013) 6*.

Steinko, W.: *Optimierung von Spritzgießprozessen*. München: Hanser, 2008.

Wang, M.: Industrial tomography. Systems and applications. *Woodhead Publishing series in electronic and optical materials, Bd. 71*. Sawston, Cambridge, UK: Woodhead, 2015.

Kapitel 5

Atzeni, E.; Salmi, A.: Economics of additive manufacturing for end-usable metal parts. *International Journal of Advanced Manufacturing Technology 62 (2012) 9–12,* S. 1147–1155.

Baldinger, M.; Duchi, A.: Price benchmark of laser sintering service providers. High Value Manufacturing: Advanced Research in Virtual and Rapid Prototyping. Proceedings of the 6th International Conference on Advanced Research and Rapid Prototyping. *VR@P 2013 (2014)*, S. 37–42.

Baldinger, M.; Levy, G.; Schönsleben, P.; Wandfluh, M.: Additive manufacturing cost estimation for buy scenarios. *Rapid Prototyping Journal 22 (2016) 6,* S. 871–877.

Baumers, M.; Dickens, P.; Tuck, C.; Hague, R.: The cost of additive manufacturing: Machine productivity, economies of scale and technology-push. *Technological Forecasting and Social Change 102 (2016),* S. 193–201.

Lindemann, C.; Jahnke, U.; Moi, M.; Koch, R.: Analyzing product lifecycle costs for a better understanding of cost drivers in additive manufacturing. *International Solid Freeform Fabrication Symposium 23 (2012),* S. 177–188.

Ruffo, M.; Hague, R.; Tuck, C.: Cost estimation for rapid manufacturing – Laser sintering production for low to medium volumes. Proceedings of the Institution of Mechanical Engineers, Part B. *Journal of Engineering Manufacture 220 (2006) 9,* S. 1417–1427.

Ruffo, M.; Tuck, C.; Hague, R.: An empirical laser sintering time estimator for Duraform PA. *International Journal of Production Research 44 (2006) October*, S. 5131–5146.

Kapitel 6

Ahn, D. G.: Applications of laser assisted metal rapid tooling process to manufacture of molding & forming tools - state of the art. *International Journal of Precision Engineering and Manufacturing 12 (2011) 5,* S. 925–938.

Berman, B.: 3-D printing: The new industrial revolution. *Business Horizons 55 (2012) 2,* S. 155–162.

Cardenas, T.; Schmidt, D. W.; Peterson, D. S.: Additive Manufacturing Capabilities Applied to Inertial Confinement Fusion at Los Alamos National Laboratory. *Fusion Science and Technology 70 (2016) 2,* S. 288–294.

Enkel, E.; Perez-Freije, J.; Gassmann, O.: Minimizing Market Risks through Customer Integration in New Product Development: Learning from Bad Practice. *Creativity and Innovation Management 14 (2005) 4,* S. 425–437.

Fontana, F.; Klahn, C.; Meboldt, M.: Value-driven clustering of industrial additive manufacturing applications. Journal of Manufacturing Technology Management 29 (2018) 2, S. 372–397.

Hilletofth, P.; Eriksson, D.: Coordinating new product development with supply chain management. *Industrial Management & Data Systems 111 (2011) 2,* S. 264–281.

Hines, P.; Holweg, M.; Rich, N.: Learning to evolve: A review of contemporary lean thinking. *International Journal of Operations & Production Management 24 (2004) 10,* S. 994–1011.

Hu, S. J.: Evolving paradigms of manufacturing: From mass production to mass customization and personalization. *Procedia CIRP 7 (2013),* S. 3–8.

Leutenecker-Twelsiek, B.; Klahn, C.; Meboldt, M.: Designing a Power Tool to show the Potentials of Additive Manufacturing – Effects of Additive Manufacturing on the Product Development Process. *Solid Freeform Fabrication Symposium (2016),* S. 1900–1909.

Lopez, S. M.; Wright, P. K.: The role of rapid prototyping in the product development process: A case study on the ergonomic factors of handheld video games. *Rapid Prototyping Journal 8 (2002) 2,* S. 116–125.

Minderhoud, S.; Fraser, P.: Shifting paradigms of product development in fast and dynamic markets. *Reliability Engineering & System Safety 88 (2005) 2*, S. 127–135.

Sanchez-Fernandez, R.; Iniesta-Bonillo, M. A.: The concept of perceived value: a systematic review of the research. *Marketing Theory 7 (2007) 4,* S. 427–451.

Schönsleben, P.: *Integral logistics management: operations and supply chain management within and across companies.* CRC Press, 2016.

Tao, F.; Cheng, Y.; Zhang, L.; Nee, A. Y C: Advanced manufacturing systems: socialization characteristics and trends. *Journal of Intelligent Manufacturing (2015).* Chan, 2001.

Tuck, C. J.; Hague, R. J. M.; Ruffo, M.; Ransley, M.; Adams, P.: Rapid manufacturing facilitated customization. *International Journal of Computer Integrated Manufacturing 21 (2008) 3,* S. 245–258.

Kapitel 7

Klahn, C.; Fontana, F.: Impact and Assessment of Design on Higher Order Benefits. In: Silva, Fernando Moreira da; Bártolo, H. M.; Bártolo, P.; Almen, R.; Roseta, F.; Almeida, H. A.; Lemos, A. C. (Hrsg.): Challenges for Technology Innovation: An Agenda for the Future. *Proceedings of the International Conference on Sustainable Smart Manufacturing (S2M 2016)*. Lisbon. Taylor & Francis, 2017.

Klahn, C.; Leutenecker, B.; Meboldt, M.: Design for Additive Manufacturing – Supporting the Substitution of Components in Series Products. *Procedia CIRP 21 (2014),* S. 138–143.

Klahn, C.; Leutenecker, B.; Meboldt, M.: Design Strategies for the Process of Additive Manufacturing. *Procedia CIRP 36 (2015),* S. 230–235.

Lindemann, C.; Jahnke, U.; Reiher, T.; Koch, R.: Towards a sustainable and economic selection of part candidates for Additive Manufacturing. *Proceedings of the Twenty-Fifth Annual International Solid Freeform Fabrication (SFF) Symposium*. Austin, TX 2014, S. 935–950.

Kapitel 8

Adam, Guido A. O.: Systematische Erarbeitung von Konstruktionsregeln für die additiven Fertigungsverfahren Lasersintern, Laserschmelzen und Fused Deposition Modeling. *Forschungsberichte des Direct Manufacturing Research Centers, Bd. 1*. Herzogenrath: Shaker 2015.

Ahn, D.; Kim, H.; Lee, S.: Fabrication direction optimization to minimize post-machining in layered manufacturing. *International Journal of Machine Tools and Manufacture 47 (2007) 3–4,* S. 593–606.

Bargel, H.-J.; Schulze, G.: *Werkstoffkunde*. Springer-Lehrbuch. Berlin: Springer, 2012.

Bellini, A.; Güçeri, S.: Mechanical characterization of parts fabricated using fused deposition modeling. *Rapid Prototyping Journal 9 (2003) 4,* S. 252–264.

Buchbinder, D.; Schilling, G.; Meiners, W.; Pirch, N.; Wissenbach, K.: Untersuchung zur Reduzierung des Verzugs durch Vorwärmung bei der Herstellung von Aluminiumbauteilen mittels SLM. *RT eJournal 8 (2011),* S. 1–15.

Cooke, W.; Anne Tomlinson, R.; Burguete, R.; Johns, D.; Vanard, G.: Anisotropy, homogeneity and ageing in an SLS polymer. *Rapid Prototyping Journal 17 (2011) 4,* S. 269–279.

Danjou, S.: *Mehrzieloptimierung der Bauteilorientierung für Anwendungen der Rapid-Technologie*. Göttingen: Cuvillier, 2010.

Ehrlenspiel, K.; Kiewert, A.; Lindemann, U.; Mörtl, M.: *Kostengünstig Entwickeln und Konstruieren: Kostenmanagement bei der integrierten Produktentwicklung*. Berlin, Heidelberg: Springer Vieweg, 2014.

FORD, P.; DEAN, L.: Additive manufacturing in product design education: out with the old and in with the new? In: BOHEMIA, E., ION, W., KOVACEVIC, A., LAWLOR, J., MCGRATH, M., MCMAHON, C., PARKINSON, B., REILLY, G., RING, M., SIMPSON, R., TORMEY, D. (Hrsg.): Design Education – Growing our future. *Proceedings of the 15th International Conference on Engineering and Product Design Education (E&PDE 2013).* Glasgow: Design Society 2013, S. 611–616.

GURRALA, P. K.; REGALLA, S. P.: DOE Based Parametric Study of Volumetric Change of FDM Parts. *Procedia Materials Science 6 (2014),* S. 354–360.

i.materialise (Hrsg.): *3D Printing Materials Design Guides*. 2015.

JHABVALA, J.; BOILLAT, E.; ANTIGNAC, T.; GLARDON, R.: On the effect of scanning strategies in the selective laser melting process. *Virtual and Physical Prototyping 5 (2010) 2*, S. 99–109.

KLAHN, C.: *Laseradditiv gefertigte, luftdurchlässige Mesostrukturen*. Herstellung und Eigenschaften für die Anwendung. Light Engineering für die Praxis. Berlin, Heidelberg: Springer, 2015.

KRANZ, J.; HERZOG, D.; EMMELMANN, C.: Design guidelines for laser additive manufacturing of lightweight structures in TiAl6V4. *Journal of Laser Applications 27 (2015) S1, S14001*.

KRUTH, J.-P.; FROYEN, L.; VAN VAERENBERGH, J.; MERCELIS, P.; ROMBOUTS, M.; LAUWERS, B.: Selective laser melting of iron-based powder. *14th Interntaional Symposium on Electromachining (ISEM XIV) 149 (2004) 1–3,* S. 616–622.

KRUTH, J.-P.; DECKERS, J.; YASA, E.; WAUTHLE, R.: Assessing and comparing influencing factors of residual stresses in selective laser melting using a novel analysis method. *Proceedings of the Institution of Mechanical Engineers, Part B: Journal of Engineering Manufacture 226 (2012) 6,* S. 980–991

LEUTENECKER-TWELSIEK, B.: *Additive Fertigung in der industriellen Serienproduktion: Bauteilidentifikation und Gestaltung*, ETH Zürich, Dissertation. Zürich, 2019.

LINDEMANN, U. (Hrsg.): *Handbuch Produktentwicklung*. München: Hanser, 2016.

MERCELIS, P.; KRUTH, J.-P.: Residual stresses in selective laser sintering and selective laser melting. *Rapid Prototyping Journal 12 (2006) 5,* S. 254–265.

MUNSCH, M.: Reduzierung von Eigenspannungen und Verzug in der laseradditiven Fertigung. *Schriftenreihe Lasertechnik, Bd. 6.* Göttingen: Cuvillier, 2013.

NIEBLING, F.: Qualifizierung einer Prozesskette zum Laserstrahlsintern metallischer Bauteile. *Fertigungstechnik – Erlangen, Bd. 156*. Bamberg: Meisenbach, 2005.

OVER, C.: *Generative Fertigung von Bauteilen aus Werkzeugstahl X38CrMoV5-1 und Titan TiAl6V4 mit «Selective Laser Melting»*. Berichte aus der Lasertechnik. Aachen: Shaker, 2003.

PONN, J.; LINDEMANN, U.: *Konzeptentwicklung und Gestaltung technischer Produkte: Systematisch von Anforderungen zu Konzepten und Gestaltlösungen*. Berlin: Springer, 2011.

RADAJ, D.: Eigenspannungen und Verzug beim Schweissen: Rechen- und Messverfahren. *Fachbuchreihe Schweisstechnik, Band 143*. Düsseldorf: DVS 2002.

ROTH, K.: Konstruieren mit Konstruktionskatalogen. Berlin: Springer, 2000.

SCHMELZLE, J.; KLINE, E. V.; DICKMAN, C. J.; REUTZEL, E. W.; JONES, G.; SIMPSON, T. W.: (Re)Designing for Part Consolidation: Understanding the Challenges of Metal Additive Manufacturing. *Journal of Mechanical Design 137 (2015) 11,* 111404.

SCHMID, M.: *Additive Fertigung mit Selektivem Lasersintern (SLS): Prozess- und Werkstoffüberblick.* Wiesbaden: Springer 2015.

SCHMID, M.: *Selektives Lasersintern (SLS) mit Kunststoffen*. Technologie, Prozesse und Werkstoffe. München: Hanser 2015.

SCHMUTZLER, C.; TEUFELHART, S.; REINHART, G.; ZÄH, M. F.: Neue Produktionstechnologien am Beispiel der additiven Verfahren. In: LINDEMANN, U. (Hrsg.): *Handbuch Produktentwicklung*. München: Hanser 2016, S. 953–977.

SHIOMI, M.; OSAKADA, K.; NAKAMURA, K.; YAMASHITA, T.; ABE, F.: Residual Stress within Metallic Model Made by Selective Laser Melting Process. *CIRP Annals – Manufacturing Technology 53 (2004) 1,* S. 195–198.

SOE, S. P.: Quantitative analysis on SLS part curling using EOS P700 machine. *Journal of Materials Processing Technology 212 (2012) 11,* S. 2433–2442.

Thomas, D.: *The Development of Design Rules for Selective Laser Melting, Cardiff.* University of Wales Institute 2009.

VDI 3405:2013 Blatt 2. *Additive Fertigungsverfahren – Strahlschmelzen metallischer Bauteile Qualifizierung, Qualitätssicherung und Nachbearbeitung.*

VDI 3405:2015 - Blatt 3. *Additive Fertigungsverfahren – Konstruktionsempfehlungen für die Bauteilfertigung mit Laser-Sintern und Laser-Strahlschmelzen.*

Wegner, A.; Witt, G.: *Design rules for laser sintering. Journal of Plastics Technology 8 (2012) 3,* S. 253–277.

Withers, P. J.; Bhadeshia, H.: Residual stress. Part 1 – Measurement techniques. *Materials Science and Technology 17 (2001) 4,* S. 355–365.

Zaeh, M. F.; Branner, G.: Investigations on residual stresses and deformations in selective laser melting. *Production Engineering 4 (2010) 1,* S. 35–45.

Ziemian, C.; Sharma, M.; Ziemian, S.: Anisotropic mechanical properties of ABS parts fabricated by fused deposition modelling. In: Gokcek, M. (Hrsg.): Mechanical Engineering. *InTech 2012,* S. 159–180.

Kapitel 9

Meboldt, M.; Fontana, F.; Jansen, J.: *Additive Fertigung in der industriellen Serienproduktion – ein Statusreport.* Zürich: AM Network, 2016.

Meboldt, M.; Biedermann, M.: Swiss AM Guide 2018 – Exploring new applications in additive manufacturing. Zürich: AM Network,2018.

Meboldt, M.; Omidvarkarjan, D.: Swiss AM Guide 2019 – Exploring new applications in additive manufacturing. Zürich: AM Network,2019.

Kapitel 10

Achillas, C.; Aidonis, D.; Iakovou, E.; Thymianidis, M.; Tzetzis, D.: A methodological framework for the inclusion of modern additive manufacturing into the production portfolio of a focused factory. *Journal of Manufacturing Systems 37 (2015),* S. 328–339.

Cohen, D. L.: Fostering mainstream adoption of industrial 3D printing: Understanding the benefits and promoting organizational readiness. *3D Printing and Additive Manufacturing 1 (2014) 2,* S. 62–69.

Haberfellner, R.; de Weck, O.; Fricke, E.; Vössner, S.: *Systems Engineering: Grundlagen und Anwendung.* Zürich: Orell Füssli, 2012.

Leutenecker-Twelsiek, B.; Ferchow J.; Klahn, C.; Meboldt, M.: The Experience Transfer Model for New Technologies - Application on Design for Additive Manufacturing. In: Meboldt, M.; Klahn, C. (Hrsg.): Industrializing Additive Manufacturing. *Proceedings of Additive Manufacturing in Products and Applications – AMPA2017.* Berlin: Springer 2017, S. 337–346.

Mellor, S.; Hao, L.; Zhang, D.: Additive manufacturing: A framework for implementation. *International Journal of Production Economics 149 (2014),* S. 194–201.

Schniederjans, D. G.: Adoption of 3D-printing technologies in manufacturing: A survey analysis. *International Journal of Production Economics 183 (2017).*

Quellenverzeichnis der Bilder

Bilder 1.1, 1.3, 1.4, 1.5, 1.6, 1.7, 1.8, 1.12, 1.13, 1.14, 1.20;
Bilder 2.1, 2.2, 2.3;
Bilder 3.1, 3.2, 3.3; 3.4; 3.5, 3.6, 3.9, 3.10, 3.11, 3.12;
Bilder 4.1, 4.5, 4.7, 4.9, 4.10;
Bilder 5.1, 5.2, 5.7;
Bilder 6.1, 6.2, 6.3, 6.4, 6.5, 6.8, 6.12;
Bilder 7.1, 7.2, 7.3;
Bilder 8.5, 8.6, 8.7, 8.8, 8.13, 8.38;
Bilder 9.3, 9.6, 9.8, 9.9, 9.10, 9.13;
Bilder 10.1, 10.2, 10.6:
ETHZ pd|z (Eidgenössische Technische Hochschule Zürich / Product Development Group Zurich)

Bilder 1.2, 8.52: Additively AG, Zürich, Schweiz
Bild 1.9: Klahn 2015 (nach Yadroitsev/Smurov 2011)
Bild 1.10: Cuvillier, Göttingen (Munsch 2013 nach Vollertsen 1996)
Bild 1.11: Cuvillier, Göttingen (Munsch 2013 nach Meiners1999)
Bild 1.21: ETHZ pd|z (nach Klahn 2015)
Bild 2.4: ETHZ pd|z (nach Türk 2017)
Bild 3.7: ETHZ pd|z (nach Schmit/Mallet 1963)
Bild 3.8: ETHZ pd|z (nach Schumacher/Bendsøe/Sigmund 2004)
Bilder 4.2, 4.6: inspire AG, St. Gallen, Schweiz
Bilder 4.3, 4.4: Cuvillier, Göttingen (Munsch 2013)
Bilder 4.8, 8.31, 8.41: Schmelzle et al. 2015
Bilder 5.3, 5.4: ETHZ pd|z (nach Ruffo/Tuck/Hague 2006)
Bild 5.5: ETHZ pd|z (nach Baldinger 2016)
Bild 5.6: ETHZ pd|z (nach Baldinger/Duchi 2014)
Bild 6.6: TB-Safety AG, Frick, Schweiz
Tabelle 6.2: ETHZ pd|z (nach Enkel et al. 2005)
Bild 6.7: ETHZ pd|z (nach Hu 2013)
Bild 6.9: ETHZ pd|z (nach Tuck et al. 2008)
Bild 6.10: Schunk GmbH & Co. KG, Lauffen am Neckar
Bild 6.11: BMW AG, München
Bilder 8.1, 8.2, 8.3, 8.4, 8,9, 8.10, 8.11, 8.12, 8.14, 8.15, 8.16, 8.17, 8.18, 8.19, 8.23, 8.24, 8.26, 8.27, 8.29, 8.30, 8.32, 8.34, 8.35, 8.36, 8.37, 8.38, 8.39, 8.41, 8.42, 8.43, 8.44, 8.45, 8.46, 8.47, 8.48, 8.49, 8.50, 8.53, 8.54, 8.55: Leutenecker-Twelsiek 2019
Bild 8.22: TRUMPF Laser- und Systemtechnik GmbH, Ditzingen
Bild 8.25: EOS GmbH, Krailling bei München
Bild 8.28: Concept Laser GmbH, Lichtenfels
Bild 8.33: MAPAL Dr. Kress KG, Aalen
Bild 8.52, 9.1: 3D-MetalPrint, Bouchs, Schweiz
Bilder 9.1, 9.2: Rüfenacht AG, Rohrbach, Schweiz

Bilder 9.4, 9.5: Irpd AG
Bild 9.7: Nicolas Mannes
Bild 9.11: Materialise HQ, Leuven, Belgien
Bild 9.12: Dawei et al.
Bild 9.14: noonee AG, Schlieren, Schweiz
Bild 9.15: CSEM
Bild 9.16: Sonova AG
Bilder 9.17, 9.18: Vectoflow
Bild 9.21: trinckle
Bild 9.22: Mecuris
Bild 10.3: ALPA
Bilder 10.4, 10.5: Leutenecker-Twelsiek et al. 2017

Stichwortverzeichnis